美学与文艺批评丛书

高建平　主编

北美环境美学基本问题

从传统对当代的影响视野出发

史建成　著

中国社会科学出版社

图书在版编目（CIP）数据

北美环境美学基本问题：从传统对当代的影响视野出发／史建成著．—北京：中国社会科学出版社，2023.6

（美学与文艺批评丛书）

ISBN 978 - 7 - 5227 - 2352 - 5

I.①北…　II.①史…　III.①环境科学—美学—研究—北美洲　IV.①X1 - 05

中国国家版本馆 CIP 数据核字（2023）第 144930 号

出 版 人	赵剑英
责任编辑	张　潜
责任校对	孙延青
责任印制	王　超

出　　　版	中国社会科学出版社
社　　　址	北京鼓楼西大街甲 158 号
邮　　　编	100720
网　　　址	http://www.csspw.cn
发 行 部	010 - 84083685
门 市 部	010 - 84029450
经　　　销	新华书店及其他书店

印　　　刷	北京君升印刷有限公司
装　　　订	廊坊市广阳区广增装订厂
版　　　次	2023 年 6 月第 1 版
印　　　次	2023 年 6 月第 1 次印刷

开　　　本	710 × 1000　1/16
印　　　张	17
插　　　页	2
字　　　数	262 千字
定　　　价	89.00 元

序

陈望衡

目前，中国美学进入国际领域的主要是环境美学。中国学者与西方学者关于环境美学的对话目前刚刚开始。然而，遇到的问题很多，最大的问题是"环境美学"概念的界定，其中关键的是"环境"的界定。很多学者似乎不在乎"环境"这一概念的特定性，将它与"自然"等同起来，因此这部分学者所谈的环境美学是自然美学或本质是自然美学。另一部分学者则坚持"环境"这一概念的特定性。认为环境与人具有血缘性质的关联性，将环境看成人的又一体。这样，环境就不仅不是自然，而且它还就是人。

除此以外，还有生态立场与文化立场之分。从生态立场来谈环境，将环境美的本质视为生态；而从文化立场来谈环境，将环境美的本质定为文化。当然这种分别是相对的，就是说，生态立场并不排斥文化立场，文化立场也并不排斥生态立场，但因为立场中的关键点不同，它们对于环境美学所得出的一系列看法都不相同。

基于此，目前环境美学对话很艰难。

史建成所著的《北美环境美学基本问题》虽然没有以厘清环境美学核心问题为使命，但是在《导论》中对中国环境美学研究做了一个全面的扫描。这个扫描对于厘清环境美学核心问题具有一定的启发性。这等于为中国环境美学的进一步发展清理出了一个基础。目前，太需要这样的清理了。

本书的主要内容是北美环境美学基本问题。北美主要国家是美国和加拿大，其中美国最重要。的确，国际环境美学的研究北美处于举足轻重的地位。美国的阿诺德·伯林特、加拿大的艾伦·卡尔松是两位代表性的人物。作为西方学者，他们的哲学观具有相当多的共同性，但对环境这一概念的理解以及环境问题的认识有着明显的不同。这种不同与我上面说的学术立场有直接关系。有关于此，本书有着深入细致的分析，也有着属于作者自己的认识。可以说，这种分析也是一个清理，将北美两位大家的观点讲清楚了，对众多于环境美学感兴趣的读者无疑是有启发的，对于环境美学的深入研究也是很有帮助的。

北美环境美学基本问题的清理涉及西方环境美学溯源。环境美学溯源可远可近。就近来说，西方的环境美学与19世纪的环境保护主义者有直接的关系，这一运动导致了环境哲学、环境伦理学、环境美学的产生。最重要的代表作有梭罗的《瓦尔登湖》和利奥波德的《沙乡年鉴》。

《瓦尔登湖》是一部文学散文集，然而它的实质是对环境伦理与环境审美的思考。书中有些篇目光看题目就让人眼睛发亮，如《与野兽为邻》《更崇高的法则》《春天》。文中的一些句子更是让人情感发烫，如"有时我感觉到可以在大自然的任何物体中找到最为甜蜜温柔、最为率真和令人鼓舞的伙伴……生活在大自然中的人只要感官健全，就不可能极度忧郁"。

另一本书就是奥尔多·利奥波德的《沙乡年鉴》了。这部著作真切地描绘了被废弃了的沙乡农场一年十二个月的不同景色，深刻地讲述了作者与家人在这里所进行的恢复生态的艰难探索。书中提出诸多重要概念：如"共同体"的概念，它所说的"共同体"就是环境，环境是人与自然相统一的共同体；如"土地伦理"概念，它说："土地伦理只是扩大了这个共同体的概念……它包括土壤、水、植物和动物"；如"荒野"概念，它说："荒野是人类从中锤炼出那种被称为文明成品的原材料"；如"生态"概念，它认为"对生态学的了解并不来源于被标签为生态学的课程"，换言之，来自于野性的自然。

以上著作并没有明确提出"环境美学"概念，但两位作者在生活实践中对环境（瓦尔登湖、沙乡农场的景色与在此的生活）所感所思是真正的环境审美，这些感受与思考加以归纳就是环境美学。

　　作者史建成是武汉大学哲学学院美学专业的博士。我不是他的指导教师，但是他在校学习期间听过我的《环境美学》课程，而且他的硕士生导师是我的博士生。因此他在校期间，与我有较多的学术交流。现在得知他的博士论文要出版了，我自然非常高兴，借此机会向他表示祝贺，期待他在环境美学研究的道路上取得更大的成绩。

　　是为序。

　　　　　　　　　　　　　　2023 年 3 月 21 日于武大天籁书屋

目　　录

导　　论

第一节　本书研究意义

一　为什么从 20 世纪美学传统切入环境美学研究

当代环境美学是一个全球美学领域的重要话题。从英国学者罗纳德·赫伯恩（Ronald Hepburn）1966 年发表《当代美学与对自然美的忽略》一文开始，环境美学成为当代美学界探讨的重要问题之一。环境美学的兴起，一方面源于后工业时代人与环境关系急剧紧张，人们不能不对如何解决环境问题进行思考，哲学、建筑学、景观学、人文地理学、环境心理学等学科从不同角度探究了环境问题；另一方面，由于现代美学的发展更加集中于对艺术本身的探讨，自然、环境往往成为艺术表达的附属品，但随着当代美学的反叛，理论与实践关系日益紧密，美学摆脱了单纯的艺术话语，转向范围更为广阔的环境研究成为必然。

当代环境美学的产生与分析美学①分不开，但又恰好是对这一传统的反动。在赫伯恩的开创性论文中，他将艺术审美与自然审美加以对比，指出了两者差异：其一，艺术审美是一种外在者的审美，自然审美却可以使人走入自然之内，并成为自然的一部分；其二，艺术有展示自己的框架和边界，使其与周围环境隔离开来，并具有完整的艺术形式，但自然审美没有这些限制。赫伯恩认为，这种不同于艺术的变动性能够超出我们注意力的范围，给予我们更多知觉体验，所以自然审美是独具魅力

---

① 罗纳德·赫伯恩的文章《当代美学与对自然美的忽略》收录在《英国分析哲学》一书中，被认为是环境美学在 20 世纪兴起的先声，其对当代美学的批判就是基于分析美学理论观念。

的，与艺术审美同等重要。尽管传统的西方美学从古希腊到18世纪经验派，再到19世纪、20世纪的自然主义美学都触及了自然审美，但它们都不同于当代环境美学，没有将环境美学确立为一个需要详加探讨的领域。20世纪的分析美学将美学定义为艺术哲学，并将主要任务放在艺术的语言概念分析上。比尔兹利甚至说，如果没有人谈论艺术作品，那就不会有美学问题。在这种理论氛围下，谈论自然审美的独特性恰好就成为一种反叛，并为继之而起的环境美学确立了方向。① 当代环境美学的研究者，一方面试图廓清自然审美同纯粹艺术审美之间多维度的不同，另一方面又试图填补自然审美基础之上的环境审美同艺术审美之间的鸿沟，建构一个综合性的美学新框架。

环境美学不能脱离对环境的评估、设计、规划，涉及与之交叉的学科。这明显受到20世纪美国美学特别是生态伦理美学的影响。环境现实问题需要当代景观设计者、评估者做出实践层面的具体改变，而这种改变首先要有指导思想才能进行。而在北美环境保护运动背景下，逐渐发展起来的生态伦理思想以及其中对自然审美的讨论就成为影响当代环境美学发展的另一来源。奥尔多·利奥波德（Aldo Leopold）的"大地美学"（land aesthetics）将自然美与生态的完整性联系起来，从而引导了当代景观设计和规划的发展方向。20世纪60年代，莱切尔·卡逊（Rachel Carson）、巴里·康芒纳（Barry Commoner）、霍尔姆斯·罗尔斯顿（Holmes Rolston）均从生态伦理视角探讨人与自然关系，成为当代环境设计美学的重要理论来源和支撑。

综上可知，当代环境美学的理论和实践受传统影响深刻，为什么中国学者要去做这一溯源性研究呢？原因有三。

第一，从中西环境美学的交流来看，对西方学说的引进多于研究。中国学者参与到当代环境美学探讨始于陈望衡，他从20世纪90年代开始

---

① 程相占在《论环境美学与生态美学的联系与区别》中认为，环境美学是基于环境审美与艺术审美的联系与区别来为自己划定边界的，是从审美对象的角度来立论的。当代环境美学理论的建构者大体遵循赫伯恩的方向。例如，艾伦·卡尔松的环境美学一直以艺术与自然的鉴赏对比进行理论架构，虽然其理论倾向一直以论述自然审美的独特性为重点，但在这种区分中不免运用更多的分析美学研究方法。

接触研究环境美学，并于 2007 年出版了专著《环境美学》，系统介绍了当代环境美学的理论与发展。他还同美国著名美学家阿诺德·伯林特（Arnold Berleant）合作主编了"环境美学译丛"①。无论是专著还是译书，都开启了环境美学研究先河。曾繁仁、程相占旗帜鲜明地提出了与环境美学不同的生态美学，特别是在生态设计及规划研究方面与西方学者有较为密切的合作②，在理论方面仍较为依赖西方思想。此外，彭锋、薛富兴、毛宣国、陈国雄等学者对于当代环境的讨论基本还处于引进与解读阶段，直接的理论对话还是一个难以完成的愿望。由于中国环境美学起步较晚，对西方思想的引进与反思是一件势在必行的工作。这种反思需要对传统美学影响史进行深入研究，以便为参与诸多话题提供一个坚实的理论前提。

　　第二，从中国当代环境美学建构来看，"破"与"立"并不连续。中国当代环境美学的理论建构，大体可分两派。一派以陈望衡为首，他将当代的生态文明发展作为环境美学建构的重要价值导向③，而把西方问题视域作为反思借鉴对象。他提出环境美的本质是"家园感"，环境美学的主题是"生活"（居），具体分出了五个层面：宜居、安居、利居、和居、乐居。这可谓侧重于面向现实的"立"派。另一派主要以西方现代、后现代理论为架构，融合中国传统自然审美观，较少涉及当代西方的环境美学问题视域，以一种重构方式言说宏大理论。这一派别有曾繁仁的"生态存在论美学"、袁鼎生的"生态艺术哲学"等。此可谓面向基础理论的"破"派。理论建构要面对"破"和"立"，破就应找到精准切入口，立则要找到真正根基。以上两种建构方式往往切口太泛，而建构的根基又很薄弱，"破""立"无法统一，其中不乏对环境美学历史的忽视和误解。从建构的角度来看，对环境美学整体思潮的理论梳理特别是对

---

① 本译丛共有六本图书，分别是《环境美学》《环境之美》《自然与景观》《生活在景观中——走向一种环境美学》《穿越岩石景观——贝尔纳·拉絮斯的景观言说方式》《艺术与生存——帕特丽夏·约翰松的环境工程》。

② 程相占同环境美学家阿诺德·伯林特、环境设计师保罗·戈比斯特以及美籍城市规划师王昕皓共同完成了《生态美学与生态评估及规划》，较好地实现了生态美学理论与实践的结合。

③ 参见陈望衡《再论环境美学的当代使命》，《学术月刊》2015 年第 11 期。

其学术影响史的深刻把握，能够起到正本清源的效果，从而为当代中国环境美学理论的"破"与"立"奠定重要的基础。

第三，从环境美学的未来发展看，建构多元统一的基本美学理论是方向。如前所述，环境美学既有被动解决现实问题的诉求，又有主动扩展研究领域的历史使命。未来环境美学也会在自身领域内继续深化，向一个整体性美学理论前进。伯林特的"参与美学"（engagement aesthet-ics）涵盖了艺术与自然，并且将领域扩展到了全部可感知的世界。① 加拿大学者艾伦·卡尔松（Allen Carlson）的"功能之美"（functional beauty）也试图建立艺术与自然的统一性，将功能视为审美鉴赏的核心。② 由此可见，寻求一种统一性的美学理论似乎可以成为环境美学理论未来发展的根本方向。这种统一性并不意味着艺术与自然、区域和全球在审美领域的完全等同，统一性意义更在于一种基本问题视野。中国学者必须主动参与到未来统一性问题的建构当中。这种视野有着内在的传统性根源，如果不加批判和澄清，中国学者对环境美学的参与将缺乏一种历史理性的视野，只能陷入空谈。

二　为什么选择北美环境美学研究

环境美学肇始于北美，并且它是环境美学理论和实践的主要阵地。自然审美自 20 世纪 60 年代被再次重视起来后，很快引起了北美学者的重视。卡尔松较早认识到环境美学对于当代美学发展的重要意义，发表了《环境美学与审美教育的困境》③，成为他开始环境美学研究的第一步。1978 年，他与一批学者举办了"环境的视觉质量"研讨会，并于 1982 年出版了会议论文集《环境美学阐释文集》。这部文集的参与者从哲学、文学、地理学等学科探讨了人与环境的审美关系，《环境美学阐释文集》也

---

① 参见［美］阿诺德·伯林特《环境美学》，张敏、周雨译，湖南科学技术出版社 2006 年版，第 157 页。

② 参见［加］格林·帕森斯、艾伦·卡尔松《功能之美——以善立美：环境美学新视野》，薛富兴译，河南大学出版社 2015 年版，第 2 章。

③ 参见 Allen Carlson，"Environmental Aesthetics and the Dilemma of Aesthetic Education"，*Journal of Aesthetic Education*，Vol. 10，No. 2，1976。

成为当代环境美学的第一部论著。之后，进入这一领域的学者和规划者越来越多，有斯坦·伽德洛维奇（Stan Godlovitch）、诺埃尔·卡罗尔（Noël Carroll）、托马斯·海德（Thomas Heyd）、艾米莉·布雷迪（Emily Brady），等等。伴随基本理论探讨的深入，生态设计和景观规划领域的理论反思日渐兴起。特别是在《环境美学——理论、研究与应用》论文集出版之后，北美出现了一批生态设计师，他们将设计理念与生态学、环境美学联系起来进行反思。总而言之，北美 20 世纪的环境美学是非常兴盛的，并且日渐发展出相对成熟的理论形态。

北美的环境美学家同中国学者交流较多，并且开展了广泛合作。以北美较为知名的两位环境美学家为例，加拿大的艾伦·卡尔松与美国的阿诺德·伯林特就曾多次受邀访问中国，参与国际环境美学会议和论坛，中国学者对他们作品的翻译也较为丰富。例如，卡尔松的著作已经有三本在国内出版，外加一本中国学者编纂的论文集，伯林特著作的中译本也有五本之多。所以说，北美的环境美学更为中国学者所熟知和关注，对中国当代环境美学影响较大。这种影响既体现在话题领域，又体现在学术思路，例如环境的审美模式问题、农业景观问题、城市景观问题均从北美学者那里得到充分讨论并引入国内。又如，北美的"参与模式""科学认知主义"等研究方法在中国收获拥趸无数。这些问题和方法均在北美得到充分讨论和实践验证，引入中国后成为学界理论潮流。

第二节　北美环境美学的研究现状

一　整体研究

当今国内对北美环境美学的研究较为兴盛，但没有以 20 世纪美国美学作为理论背景来探讨环境美学的专著，与此相关的研究多见于各种汇编论文集以及硕博论文。当然，国内研究有时涉及这种关联，一般较为简略。北美环境美学研究主要聚焦于两种讨论方式：整体研究和个体研究。我们可以通过这种聚焦发掘出一些有意义的亮点。

（一）陈望衡的整体研究

陈望衡是当代中国环境美学的发起者。他从 20 世纪 80 年代发表

《简论自然美》（1981）开始，就表现出对环境审美的关切。1999 年的
《培植一种环境美学》的发表标志着他正式投入环境美学研究领域。2007
年，他出版了具有权威性的环境美学专著《环境美学》。陈望衡所处的学
科发展节点以及自身的学术背景使他的环境美学研究呈现出两大特点：
关注西方问题和侧重学科架构。

　　介入另一种文化的学科视野，必然从问题开始着手。陈望衡将环境
美的理论问题分为两个部分：环境感知和景观评估。特别是在环境感知
上，西方探讨的比较充分，也形成了较为丰富的模式建构，如对象模式、
景观模式、自然环境模式、神秘模式、参与模式、激发模式，等等。陈
望衡从中国传统的美学观念出发，提出了"生活（居）模式"，由此通向
环境美学的根本性质——家园感。他不仅积极参与当今西方环境美学的
焦点问题探讨，还努力将中国传统思想文化进行环境美学阐发。在《环
境美学》中，他将自然、农业、园林、城市作为环境美的主要领域，其
中从中国传统自然审美中阐发出来的"自然至美论""山水园林城市"都
成为这一建构的重要创新。

　　正如其在序言中所写："我的美学体系，有两个理论来源，一是中国
古典美学，二是马克思主义的实践美学。"① 其理论建构倾向恰恰体现出
这两个理论来源的影响。他关注西方问题，但归宿在当代中国；他侧重
学科架构，但关键在指导实践。这就带来了一个问题，那就是他侧重于
环境美学的现实问题，而较为淡化环境美学在美学内部的革新问题，特
别是环境美学与其理论渊源之间的辩证关系没有得到重视。

　　我们认为，在环境美学领域中西方问题与学科架构之间还面临着学
术影响史的研究问题。不解决这一问题，就会使零散的问题成为任意漫
谈的话题，从而使学科架构成为已成熟思想体系的延伸。陈望衡在谈到
西方环境美学与传统的关系时，基本以 18 世纪经验论美学以及 19 世纪的
浪漫主义美学观作为参照进行批判，很少涉及环境美学对 20 世纪现代美
学的继承。学术影响史的问题是一个基础性问题，它暗含在西方环境美
学问题叙述的背后，同时也会直接导向当代环境美学学科架构。基于这

---

① 陈望衡：《环境美学》，武汉大学出版社 2007 年版，序言第 4 页。

一原因，中国学者有必要沿着陈望衡开创的环境美学道路继续探索下去。

（二）程相占的整体研究

程相占于 21 世纪初开始关注环境美学，发表了一系列有关当代环境美学、生态美学理论溯源的文章，重点论述了北美环境美学对于美国分析美学的继承与反叛，其中包括《环境美学对分析美学的承续与发展》（《文艺研究》2012 年第 3 期）、《论环境美学与生态美学的联系与区别》（《学术研究》2013 年第 1 期）、《美国生态美学的思想基础与理论进展》（《文学评论》2009 年第 1 期）。之后，程相占连续出版了《环境美学概论》《当代西方环境美学通论》等著作，进一步总结、深化了他的北美环境美学研究。

在《环境美学对分析美学的承续与发展》中，作者重点探讨了赫伯恩、卡尔松、瑟帕玛三位环境美学家所受分析美学影响，以及他们对这一传统的超越与发展。程相占认为，环境美学兴起的理论背景是分析美学，但环境美学并没有简单地否定分析美学。分析美学区分艺术与自然的基本思路被三位代表性环境美学家赫伯恩、卡尔松和瑟帕玛采用，其论述方式都是比较艺术欣赏与环境欣赏的异同。分析哲学的准确名称应该是"语言（概念）分析哲学"，语言和概念辨析是其基本、核心的探讨方式。当这种哲学涉及或进入美学领域时，美学概念范畴就成了被解析的对象。回答"什么是艺术"，其实就是回答"什么不是艺术"。分析美学家采用的方法通常就是比较艺术与非艺术。尽管他们为定义艺术提出了六套方案，但自始至终都无法令人满意地解决这个核心问题。乔治·迪基的解决方案是限定艺术品的最低条件，他认为艺术品必须是"人工制品"。与此对应的、顺理成章的结论便是：非艺术品是人工制品的反义词"自然物体"。因此，要深入研究艺术，必须研究自然物体以便进行比较。于是，以艺术为核心的分析美学走向对自然的研究，自然美学与环境美学的序幕就这样拉开了。由此，作者认为，我们不能简单地说自然美学和环境美学的基本取向是反分析美学的。

首先，程相占认为赫伯恩所发起的自然美学复兴，有两点值得关注：一是"内外"之别；二是"有无"之别。其一，"内外"问题聚焦欣赏者和艺术、自然的关系。艺术审美中，人与艺术处于分离状态。自然审美中，人是在自然之内的，所以有"内外"之别。其二，"有无"聚焦艺术与自然的形态分析。艺术形态受其框架制约有明确的界限和形式，而自然却是无框架、无边界、无确定性的，这也是造成分析美学对自然忽视的重要原因。赫伯恩正是从这两点出发，认为自然审美的独特性可以丰富我们的体验，并且能够拓展到艺术之外的范围。这为环境美学提供了合法性依据。

其次，程相占认为卡尔松一直倾向于从分析哲学的角度看待美学，并认定他对于美学基本理论不感兴趣，其美学研究的无非就是审美主体对于审美对象的审美欣赏。这是一个主客二元的美学理论框架。他将卡尔松的环境美学界定为两个核心问题：第一个是"欣赏什么"，第二个是"怎样欣赏"。而且，这两个问题都是以艺术哲学为参照的。为此，卡尔松引用了分析美学家阿瑟·丹托"艺术界"的观点。早在1964年，丹托就发表了《赋予现实物体以艺术品的地位：艺术界》一文，提出某物只有经过艺术界的认定才能成为艺术品，艺术界包括艺术理论氛围和关于艺术史的知识等。卡尔松并不完全同意丹托和迪基的理论，也无意深入讨论艺术和艺术界，因为他的论题是如何审美地欣赏自然环境。他认为，对于分析美学的上述理论，不能不加以修正地运用到自然环境欣赏中。所以，他批判了传统艺术欣赏的"对象模式""景观模式"，代之以"自然环境模式"。由于这种模式依然遵循着对于艺术进行审美欣赏的普遍结构，欣赏自然环境就是把这种"普遍结构"运用到不是艺术的事物那里，由此程相占认为，艺术依然是卡尔松环境美学的最终底色。

最后，程相占认为，瑟帕玛试图为环境美学建构一个系统全面、可以普遍运用的理论模式，但这种理论模式背后就是一种分析美学变种。瑟帕玛在《环境之美》中认为，美学一直由三个传统主导着：美的哲学、艺术哲学和元批评。在现代美学中，艺术之外的各种现象从来没有被认真、广泛地研究，这本书的目标是系统地描绘环境美学这个领域的轮廓——它始于分析哲学的基础。程相占认为，瑟帕玛传统美学三个分支的划分，是一种对于美学本义的忽略，并且是对比尔兹利分析美学"元批评"的过分侧重。自鲍姆嘉通提出感性认识以后，美学被广泛接受为一种感性学，瑟帕玛美的哲学的提法被程相占认为是对审美哲学的忽略及对对象性美学的偏袒。比尔兹利的"元批评"理论就是瑟帕玛所谓三传统之一的元批评的直接理论来源。比尔兹利在《美学：批评哲学的各种问题》中提到，美学被设想为一种关注批评的性质和基础的哲学探索，批评性的陈述有三类，即描述性的、解释性的和评价性的。第一类关注艺术作品的非规范性的属性，也就是一般正常人都可以感到的属性；解释性的陈述也是非规范性的，但它关注艺术作品的"意义"，也就是这部作品与外在于它的某物的语义关系；与前两种陈述不同，评价性陈述是规范性的判断，也就是说它要判断一个作品的好坏优劣、如何好与如何坏。瑟帕玛把元批评特别突出出来，与美的哲学、艺术哲学放在一起，并列为美学的三个研究传统。比尔兹利认为批评性的陈述有描述性的、解释性的和评价性的三类，瑟帕玛则直接将环境批评的任务解释为环境描述、环境解释和环境评价三方面。赫伯恩自然环境美学的论证方式是比较艺术欣赏和自然欣赏的差异，瑟帕玛的环境美学继续沿着这个思路前行，只不过是把赫伯恩提及的两点差异扩充为更加详尽的三方面，共十四点。这是由于瑟帕玛的出发点是艺术作品，在这方面，他的论述受到迪基"艺术惯例论"的强烈影响。迪基在《艺术与审美》中认为，一件艺术作品必须具备两个基本条件：第一，它必须是人工制品；第二，它必须由代表某种社会惯例的艺术界中的某人或某些人授予它鉴赏资格。其中，第二个条件更加重要，是艺术惯例论的核心。瑟帕玛由此认为，艺术品是人工制品，是人造的——而（自然）环境则是既定的、独立于人的，或在没有全局规划的情况下形成的。另外，他还认为艺术品产生于、接受于由各种惯例构成的框架之中——环境中则没有这样明确的框架。这无疑是迪基第二个条件的翻版。所以，对瑟帕玛而言，其理论基本上是一种分析美学在环境领域的延续。因此，在程相占看来，瑟帕玛环境美学是分析美学自然与人工之辩的合理延伸。

程相占在《美国生态美学的思想基础与理论进展》中从环境美学的实践层面追溯了当代北美生态规划、景观设计的理论基础。事实上，当代北美生态规划、景观设计的理论基础可以从更早的美国生态伦理美学中找到印记。

首先，程相占认为美国生态美学是西方生态美学的主体部分，利奥波德的大地伦理学和大地美学初步讨论了伦理学与生态审美、生态学知识与生态审美的关系。利奥波德的《沙乡年鉴》（1948）被后世奉为"自然保护运动的圣经"，他将"美"与大地伦理学密切结合起来，探讨了审美活动与伦理意识的关系。在大地伦理学这种规范伦理的基础上，他初步提出了一种"规范美学"，认为在考察任何问题的时候，我们都要根据那些伦理上和审美上正确的标准，也要根据经济上有利的标准。一件事情，只有当它有利于保持生命共同体（biotic community）的完整（integrity）、稳定（stability）和美（beauty）的时候，它才是正确的，否则它就是错误的。程相占将其称为"4Y"原则，并认为大地伦理学是一种规范伦理学，其基本目标是确定道德原则，回答一系列"应该"的问题，诸如我们"应该"如何行为，我们"应该"过什么样的生活，等等。这些原则指导所有的道德行为者去确立道德上"正确"（好）的行为，也就是追求道德上的善。按照同样的逻辑，大地美学是一种"规范美学"。它放弃了审美与自由的关系，转向规范人类"应该"如何审美。通过将美与生态完整性统一起来，利奥波德的大地伦理学提供了一种规范性的论证，对西方的生态管理和生态美学产生了奠基性影响。此外，利奥波德批判了西方传统的如画美学，扩大了自然审美的范围，倡导一切自然环境都是潜在的审美对象，初步完成了从"自然美"向"生态美"的转移。这是当代环境美学家所倡导的"自然全美论"的一个理论先导。利奥波德生态审美观念的关键是"修建依然丑陋的人类心灵的感受力"。这意味着：必须培养敏感性，必须获得"对于自然对象的一种提纯了的纯净趣味"，从而捕捉大地上超越优美和如画风景的审美潜力。这种提纯和修养的基础是自然史，特别是演化的生态学、生物学史。因而，这种概念性行为（conceptual act）改变并促成了感官体验，使感官体验成为强化的审美体验。对于利奥波德来说，乡野的审美诉求与其外在的缤纷色彩和千姿百态关系很小，与其风景品质、如画品质毫无关系，只与其生态过程的完整性相关。程相占从整体上概括了利奥波德的生态伦理美学思想，并从中发掘了当代环境美学诸多话题的原初形态。

其次，程相占探讨了当代美国生态设计师贾苏克·科欧（Jusuck Koh）的景观设计思想。科欧非常重视东亚美学与设计，努力将东西方美学融合在一起。他从 1978 年开始就视阿诺德·伯林特的"审美场"概念为现象学美学的一种普遍理论，并使之与他称为"生态设计"的环境设计理论联结起来，旨在创造一种可以运用于设计实践的美学理论。1982年，他发表了《生态设计：整体哲学与进化伦理的后现代设计范式》一文，较早使用了"生态建筑"和"生态美学"这样的术语，讨论如何将建筑的结构与位置融合到自然景观的特征之中，使建筑与自然景观协调并达到浑然一体的和谐状态。程相占认为，在科欧正式登上学术舞台之前，环境美学已经在西方兴起，科欧的思考基本上是在环境美学的框架内进行的。科欧从 11 个方面对比了形式美学、现象学美学与生态美学，使我们能够非常清晰地了解其思想轮廓和要点。而且，他提出了"包括性统一""动态平衡""补足"三大美学生态范式。程相占敏锐地发掘了贾苏克·科欧的生态设计美学思想，为中国学界带来了北美的设计美学新理念。但这种介绍是单方面的，即过于重视学而没有充分重视思。当然，这种思考也许需要更长的时间才能完成。

最后，程相占探讨了另一位景观管理与设计的学者保罗·戈比斯特（Paul Gobster）的研究。程相占同这位当代生态学者有着较为丰富的合作，其《生态美学与生态评估及规划》就是和戈比斯特共同完成的。这里的介绍也同贾苏克·科欧一样，侧重于对其当代生态设计美学思想的阐发，较少涉及深入反思与对比。保罗·戈比斯特认为，生态健康和多样性最大化的实践有时会与景观审美价值最大化的实践相冲突，所以他从景观感知过程的个体、景观、人—景观互动、成果四个方面着眼，总结出一种森林景观管理的生态美学，从理论上分析了生态审美的基本要素。在《共享的景观：美学与生态学有什么关系？》（2007）一文中，戈比斯特的理论贡献体现在两个方面：一是批判传统风景美学，论证了生态美学的基本要素和理论框架；二是揭示美学与生态学的内在关联，为生态美学的未来发展奠定了良好基础。事实上，在当代生态设计者的美学观念中，已存在自觉地吸收环境美学家的理论成果，如伯林特的审美场、参与美学思想，并且反过来为环境美学理论建设提供更多实践支撑。这种良好的互动无疑有益于环境美学的整体发展。

程相占从理论渊源出发探讨当代北美环境美学，指出在这些话题背后的分析美学背景，具有重要借鉴意义。甚至在很多话题上，他认识到环境美学根本就是分析美学扩大范围后的变体。但其研究主要基于当代环境美学建构的问题考察，试图通过环境鉴赏问题研究反哺生态美学建构，因而在很大程度上未能深入环境美学史的连贯性考察。不得不说，程相占的诸多问题研究存在简单化以及个人理解的错讹。此部分研究突出体现在《审美欣赏理论：环境美学的独特美学观及其对美学原理的推进》（2021）、《自然审美中的认知与感知：环境美学对于审美理论的推进》（2021）、《论范畴的审美感知功能——以沃尔顿的艺术范畴理论及其对当代自然审美理论的影响为讨论中心》（2021）等文章中。在误读语境中，一方面，卡尔松的"鉴赏"概念被泛化为"审美态度"理论的延伸，并且被认定为包容多维感官参与、交融经验表达的普遍性概念；另一方面，"科学认知主义"症结被认定为美感论述缺失的科学认知范畴。但卡尔松并非斯托尔尼茨"审美态度"的继承者，仅仅是其理论个别要素的盗取者。卡尔松将其"同情"成分借鉴过来，又将其不需要的"无利害性"推向更久远的传统，从而人为树立起斯氏理论的内部张力。美感讨论也并未缺失，而是包藏在卡尔松对瓦顿"艺术范畴"结合美感的平行借鉴中，尽管前者片面强调了范畴正确性对感知标准化的绝对引领。基于误读，程相占试图沿卡尔松的道路建立起认知与美感的关联，却同样落入规范美学的窠臼。事实上，对于西方环境美学与艺术哲学内在连续性研究的欠缺为程相占的环境美学研究蒙上了一层阴影。

（三）彭锋的整体研究

另一位对环境美学进行传统研究的是彭锋，他于2005年出版的《完美的自然——当代环境美学的哲学基础》是一部较早对环境美学进行追溯式研究的著作。严格意义上来说，这不是一部关于环境美学的专题研究。就其内容而言，它是一部有关中西自然审美观念的专著。所谓的哲学基础涉及康德、杜夫海纳、阿多诺的自然美观念，作者只是在各自理论语境下阐发他们的思想，并无涉及与环境美学的影响关系。所以，这本书的标题与内容是不相符的。但从这本有关环境美学的著作里，我们仍然可以看到十几年前的学者是如何从整体把握环境美学与传统美学的关联的。

1. 自然全美的旨趣

注重环境保护的美学家往往赞成一个观点，即所有的自然物都具有肯定的审美价值，这个观点也就是"自然全美"。秉持这一观点的除了艾伦·卡尔松之外，还有伊顿、伽德洛维奇、哈格洛夫，等等。彭锋梳理了古希腊、浪漫主义艺术、环境改革运动以及当代环境保护主义的自然全美观念。其中，对于自然秩序和规则的认识成为古希腊人自然全美观念的本体论基础；19 世纪浪漫主义文学特别是自然抒情诗最能体现对于纯粹大自然的歌颂；19 世纪北美的环境改革运动，也使得博物学家、地理学家普遍地形成自然全美的观念；20 世纪的环境主义者，其中包括很多生态学家、伦理学家，他们继承了自然全美的思想，特别是罗尔斯顿更是将自然界定为具有肯定的审美性质和价值。彭锋的论述并没有特别多的分析，只是就卡尔松的著作中提及的历史进行简单复述，但这种复述足以使读者认识到，当代环境美学家所秉持的观点有着深刻的历史渊源。

2. 环境经验的介入与分离

彭锋在著作中论述了两种环境的审美经验：一为介入；二为分离。两种经验分别列举了西方与中国古典的例子。西方例子转引自卡尔松的《美学与环境》，是以密西西比河上驾驶员的形式审美为例。驾驶员在不熟悉河上驾驶的时候，看到的河流中的浮木、漩涡、河底的石头以及波纹都是极具形式美感的，但当他熟悉了河流航行之后，这些形式标志变成具有暗示意味的标识语，审美经验自然也就在此消退。这里涉及的就是现代美学中极为重要的审美无利害性。彭锋将其认定为一种分离的环境经验。此外，他举出了苏轼与好友文与可探讨画竹的例子。文与可"朝与竹乎为游，暮与竹乎为朋，饮食乎竹间，偃息乎竹阴，观竹之变也多矣"（《栾城集》第 17 卷），这样一种与竹子朝夕相处，经过长期观察获得的审美体验，彭锋认为是一种介入式的环境经验。在彭锋这里，环境美学就其整体而言，是倾向于介入式的环境审美的，而与之对立的现代美学传统中的审美则是分离式的。

（四）张超的整体研究

张超的博士学位论文《当代西方环境审美模式研究》以环境美学中

的一个讨论话题为研究对象，具体梳理了环境审美模式理论的提出背景、内涵特征、典型模式、争论焦点以及解决方案。这种问题式研究，在理论背景方面需要更多的探索和追问，因而我们可从中发掘出更多传统关联。

在环境审美模式的理论背景一章，作者谈到了这一问题的现代美学传统。她认为，环境的"美学改造"直接源自"审美无利害性"哲学基础及其延伸发展理论，提倡一种介入的美学，对康德以来的"审美无利害性"进行了一定程度的颠覆、重释与改造。环境美学的兴起与发展也起源于这种背景。作者认为，现代美学所强调的审美和艺术的自律性"所指"就是"审美无利害性"及其延伸理论对审美经验和艺术的经典论述。也就是说，艺术审美对象的自律性和独特性意味着，审美主客体之间关系分离，审美经验与日常经验、科学知识、宗教思想等其他相关维度相割裂。

在文本中，张超提到了丹托的"艺术界"理论以及杜威的经验论美学。对于丹托的分析，她主要借鉴了彭锋的观点，即丹托介入的是一种理论氛围，而不是艺术自身。对于杜威的评价，她承认这种美学打破了日常经验与审美经验之间的界限，建立了日常经验与审美经验的"连续性"。但伯林特的介入美学沿着杜威经验美学的路径更进一步，提出了"审美场""审美介入""环境的连续性""审美的身体化""参与模式"等，将感知者、感知对象、感知环境及其相关因素在审美知觉的情境中结成一个经验整体。这不仅拓展了审美经验研究的范围和空间，也从根本上消解了现代美学主客二分审美模式。

总之，张超对于西方美学传统主要持一种批判态度，但对现代美学的实用主义以及分析美学的批判变得缓和，并赞同环境美学路径对它们的继承。但从理论阐发来看，其目的在于证明环境美学的审美模式要比杜威更进一步，有意忽视这种历史关联的连续性，同时也没有对杜威"一个经验"的连续性进行真正把握，仅将其归为主客二分的产物。其局限性存在的根本原因是，理论叙述要为环境美学审美模式问题划定合法性界限。但这种划定显然过于生硬。

二　个体研究

（一）薛富兴的个体研究

薛富兴是当代中国环境美学研究的重要代表，他于 2007 年跟随加拿大环境美学家艾伦·卡尔松学习环境美学。所以，他的主要研究对象就是卡尔松的环境美学。他将卡尔松的研究划分为两个阶段：第一个阶段为 20 世纪下半叶；第二个阶段为 2008 年《功能之美》发表之后。第一个阶段为自然环境美学阶段，也是其环境美学的理论建构期。薛富兴认为，他编译的《从自然到人文——艾伦·卡尔松环境美学文选》代表了本时期卡尔松思想的基本特色。这一阶段卡尔松的思想以"科学认知主义"（scientific cognitivism）为主要特征，主要体现在他强调自然审美过程中科学知识（包括地质学、生物学、生态学等）的关键作用。第二个阶段为功能美阶段。随着《功能之美》的出版，卡尔松将其理论观照扩展到自然之外的建筑、工艺和艺术等领域。薛富兴的研究也可以从这两个方面来概括，他的大部分成果以论文形式呈现，集中体现于结集出版的《艾伦·卡尔松环境美学研究》一书中。

他第一阶段的研究成果体现在《艾伦·卡尔松的科学认知主义理论》《对肯定美学的论证》《论艾伦·卡尔松的环境模式》等文章当中。薛富兴认为，艾伦·卡尔松的"科学认知主义"是一种独特的自然美学理论，其宗旨是强调科学知识在自然审美欣赏中的作用：确定欣赏边界、揭示审美特性、提升审美境界，甚至是审美价值之源。就有力地呈现出科学认知理性在审美感性中的重要作用而言，它对自然美学基础理论研究有普遍的启示意义；就仅仅从科学认知理性解释自然审美而言，它是一种极富个性的自然美学。在自然对象论、理性认知功能分析、理性因素与感性因素关系等问题上，它尚需进一步深化。难能可贵的是，薛富兴几乎在每篇文章最后，都有关于卡尔松理论的反思和质疑。他的质疑主要体现在以下几点：首先，"科学认知主义"理论缺乏对自然对象的系统分析；其次，卡尔松的"科学认知主义"理论缺乏对人类理性认知要素的深入分析；再次，卡尔松的"科学认知主义"没有对认知理性因素之外的其他非认知因素，以及它们与认知理性之间的相互关系做出说明；最后，"科学认知主义"与环境美学关系紧张，这主要体现在科学知识与环境的全方位参与鉴赏的矛盾。

薛富兴第二阶段的研究体现于《艾伦·卡尔松论人文环境的功能之美》《艾伦·卡尔松论建筑美学的生态学方法》《艾伦·卡尔松论功能不确定与转化问题》等文章。在这一阶段，艾伦·卡尔松将功能之美观念贯穿到自然、人文环境，具体地考察了三类对象的功能之美。他反思了现代主义建筑的主观、抽象观念表达误区，提倡重新将功能作为建筑审美理解基础性观念。他总结了日常生活对象——工艺品区别于艺术品的一系列特性，强调其功能性存在、功能性价值之特殊面貌。他同样用功能观念重新阐释艺术价值，构成对整个近代西方美学艺术观念的反动。薛富兴认为，功能之美观念不仅是卡尔松环境美学的新成果，同时也代表了20世纪中期以来西方当代美学的新观念、新趋势。这种统筹性的功能观念，使得环境美学从自然、建筑、园林、艺术等研究范畴扩展到了更大的生活领域，这是卡尔松更为宏观的理论架构。

总之，从中国古典美学转入环境美学领域的薛富兴，为中国学者打开了一扇了解世界美学的窗户。这不仅体现在他大量翻译和编辑北美学者的环境美学前沿著作上，还体现在他的大部分研究是以问题为主，也即如何参与环境审美的问题上。在这些讨论中，他同西方学者有着良好互动。但问题也在这里，他对于西方学者的理论关注停留在问题层面，并且回答更多的是从中国古典美学的思想观念中提取、糅合出一种折中方案，这还不足以解答我们对很多问题的困惑，反而使问题更多。所以，深入挖掘学术影响史的价值非常必要，这也是一个需要时间才能完成的基础性工作。

（二）宋艳霞的个体研究

宋艳霞的博士学位论文《阿诺德·伯林特审美理论研究》较早地从学术史视野考察伯林特环境美学的根本内核。这一内核从艺术美学延续至环境美学、城市文化美学，所以从审美理论本身出发来研究伯林特更能切中前后两个分期一以贯之的理论精神。

宋艳霞从哲学根源、审美场理论、艺术与环境中的审美交融、审美感知力四个部分来研究伯林特理论。在哲学根源部分，论文从胡塞尔、梅洛－庞蒂、杜夫海纳、杜威等经典美学家的观念入手来讨论伯林特思路的来源，其中对悬置、知觉理论、知觉现象学、审美经验现象学、杜威经验论做了全面描述，并通过伯林特以及第三方学者的叙述建立起可能性关联。但这种关联有一些牵强之处，如对于胡塞尔现象学中悬置的论述实际上同伯林特没有很大关联，对杜夫海纳的接受在伯林特那里并没有理论性的阐释加以佐证。可能更需要关注的问题在于，宋艳霞将诸种理论来源并置起来突出强调现象学对伯林特影响的根源意义，"经验"还是"现象"问题何者在伯林特那里更具根本意义是她没有认真考察的。

在审美场理论部分，该文对伯林特的博士学位论文《审美场：一种审美经验现象学》做了前设理论、建构过程、概念分析、未来走向的讨论。宋艳霞注意到"审美场"中四要素的联结需要"审美交互"（aesthetic transaction）作为一个统合标准来限制各种具体问题思考，这一点是非常重要的。但遗憾的是，这一话题并没有得到进一步深究和评判。"审美交互"一方面是来自杜威晚期著作《知与所知》的重要探索，另一方面也在伯林特哲学中扮演着最为重要的认识论前提的角色，具有统合话题的作用。尽管存在缺憾，宋艳霞还是提供了非常多的伯林特早期文献资料并给予理论分析和评价。

在审美交融部分，该文将"交融"视为伯林特统筹自然、艺术、生活的重要审美概念，将其描述为具有一元论的连续性、知觉合作（perceptual integration）、参与性三个特征。其中，一元论的连续性显然从杜威美学处着手，这也构成伯林特美学的重要理论视野。知觉合作的中文翻译存在一些问题，我们认为其内涵使用"知觉一体"表达更为合适，因为各种感觉器官并非简单合作关系，而是相互交融、成为一体。这里当然有借鉴梅洛－庞蒂的身体感知理论，但伯林特有着非常多的实践例证以及超越直接肉身的文化身体意涵。参与性也面临意义确证的难题，participation在伯林特那里更多的是面向审美实践的指导，在理论重要性上无法同engagement相比，它只应被视为前两个特征的伦理实践要求。

在审美感知力部分，宋艳霞从审美再认识、社会美学两部分讨论伯林特在艺术、环境两种美学分支中逐渐深化的美感理论，以及由此逐渐开拓出的社会美学、政治美学、文化美学、伦理美学，对伯林特美的经验主义情境论、感知价值的弥漫性、审美价值与功能的多元性有深刻认识，但认为伯林特将直觉性审美经验与认知完全对立起来是我们无法认同的，因为伯林特的审美经验理论一直将认知作为一种经验类型收纳其中，尽管他自身也很难对这一可能给予充分证明。

应当说，宋艳霞从个体视角对环境美学与传统美学关系做了有新意且有深度的探索，但并没有对诸多理论思考做一个影响意义的归纳和评判，更多的是直接引证伯林特以及其他学者的评价作为自己观点的佐证，很多有价值的问题还需要进一步解答。

第三节　本书研究思路与方法

在先锋性的环境美学家视野中，环境美学拥有同艺术美学和传统观念截然不同的理论方向和价值追求，本书试图说明北美环境美学的兴起和基本问题深受 20 世纪美国美学和生态伦理学传统的影响，它们是美国宏大传统的延续。

本书基于北美环境美学的几大基本问题，主要是审美领域、审美鉴赏、审美经验、审美价值四个方面，考察 20 世纪美国美学和生态伦理学传统如何影响北美环境美学的产生、发展、建构，并在此基础上进一步考察两者的互动。这四个方面分别涉及：对什么进行审美、如何进行审美、审美如何发生、审美具有什么价值。具体体现在：对于审美领域扩展的关注，研究从艺术到自然再到环境的审美可能性问题；对于审美鉴赏主观条件的限定，研究从无利害的审美态度到融合利害的恰当鉴赏的反思；对审美经验发生的呈现，研究从"美感""一个经验"到"描述美学"的转变；对于审美价值、意义的考量，研究从整体论的"大地伦理"到"生态整体主义"的连续性问题。

总体来看，这一思路紧扣环境美学自身的基本问题、建构形态、理论视域。本书以传统美学与环境美学共同关注的问题为出发点，这种理论探讨的共同问题是切入影响研究的重要起点。从问题出发，探讨环境美学对于传统观念的继承与反驳，并最终涉及环境美学的建构形态。所以，从影响研究的深层次来看，问题中内含环境美学自身独特的建构。

从基本问题到理论形态的建构是一种横向发展的深化。从纵向历史的角度来看，它综合了基本问题的理论形态本身，内在地继承了传统艺术的理论视野，也就是理论视域问题。理论视域是将本书连接成文的内在思路，也是环境美学与艺术美学、环境伦理学交叉互通和无法割裂的基本背景。

　　所以，本书是从艺术美学、环境伦理学与环境美学相关联理论视域的几个逻辑站点形成写作思路的。在方法上，一种基本的方法是历史描述与逻辑阐发相统一，将学术史的时间性演变同学术思想的批判性反思结合起来；一种内在的方法是，影响史研究奠基审美理论建构，从影响的接受到自身的言说实则是一体两面。此外，本书还充分运用文献收集、影响研究、解释学等方法阐发、论述各个具体问题。

第 一 章

20 世纪的美学传统与
北美环境美学

虽然当代中国对于国外环境美学的引介主要集中在北美，但关注焦点主要在问题视域而不在学术史视域。问题视域将视野投向环境美学理论建构的必要性、可能性以及现实性，但这些努力无疑需要一定的理论积淀与支撑。中国环境美学建构滞后于西方乃至对外国理论亦步亦趋，主要在于我们只关注问题而不关注问题源出。所以，我们将视野投向环境美学的学术影响史研究，并试图厘清北美环境美学的理论根源及其创新出路。为大家所熟知的是，环境美学被追溯到 1966 年英国学者赫伯恩发表的《当代美学与对自然美的忽视》一文，但真正为其兴盛做出贡献的应是北美学者。我们认为，只有从根源处把握环境美学理论架构，才能为当代中国环境美学建构提供有效的现实反思与未来导向。基于此，第一章将按照时间与逻辑顺序对 20 世纪美国美学、北美环境美学内容进行讨论并梳理两者关系。

第一节　美国美学的理论背景

20 世纪美国美学兴起并产生世界性影响主要基于两个原因：第一，两次世界大战使得自然科学、人文科学领域的众多专家学者流亡美国，为美国本土带来了当时欧洲具有世界影响力的学术思想。美学领域的分析美学成为美国 30 年代之后的学术主流。第二，19 世纪末美国兴起的实用主义思想，体现了独特的"美国精神"。实用主义美学虽然在 20 世纪遭受了英国分析美学的冲击，但顽强的本土特质还是使得"新实用主义"在借鉴分析美学之后于美国重新崛起，使美国美学处于当今世界美学的核心位置。

一　实用主义美学、分析美学的两大理论背景

实用主义（pragmatism）是美国的本土哲学思想，被称为美国的"国家哲学"。pragmatism 词根来源于希腊文 pragma，其原始含义是行动、行为。它由皮尔士（Pierce）在 1872 年的一次演讲中首次提出，并在 1902 年写入《心理学哲学词典》。皮尔士不是一位专业的实用主义哲学家，他的主要研究领域是逻辑学，pragmatism 的内涵主要是一种解释符号、语词、意义以推动现实行动的方法论。另一位实用主义开创者詹姆斯（James）主要从事心理学研究，他在 19 世纪末将皮尔士的实用主义概括为"皮尔士原则"并于 1907 年出版了《实用主义》一书。实用主义系统的阐述与传播是从詹姆斯开始的。他希望运用实用主义原则来解决形而上学的争论问题，试图以此来清晰解释一些细微概念的区分。他认为："从根本上来说，所有我们思想上的差别，无论怎么微小，其确定的事实是：这些思想差别没有一个会如此的精细以致不存在于可能的实际差别中。"[①] 但真正对艺术进行系统阐发的学者是约翰·杜威（John Dewey）。他的《艺术即经验》作为直接探讨艺术的唯一代表作，被舒斯特曼称为"实用主义美学的开始与终结"。学界通常将 20 世纪 30 年代之前的实用主义称为"古典实用主义"，与之相对应，60 年代之后复兴的实用主义被称为"新实用主义"。

就整体而言，古典实用主义对传统的理性哲学持一种批判态度，认为传统观念中并不存在知识的必然性、合法性基础，知识本身就是相对不确定的，并且对各种批评开放。他们认为，这种不确定性不仅不会导致怀疑主义，而且会为人类的探索提供更多可能。实用主义者往往重视

---

① ［美］詹姆斯：《詹姆斯文集》，万俊人等译，社会科学文献出版社 2007 年版，第 220 页。

科学实验的作用，并将科学式的实验精神融入哲学思考当中。另外，他们反对科学上的机械决定论，强调偶然性、主体间性，这一倾向返回到社会观念上就是一种社会进程中的"改良主义"。

作为古典实用主义的主要代表，杜威的实用主义美学观主要体现在以下两点。

一是自然主义的美学。自然主义概念较为模糊，它同唯物主义、泛神论、实证论等概念有所交织，但总体而言，它的主要观点是"从自然本身解释和探寻种种自然现象的原因，而不是求之于神灵或某种超自然原因或其他神秘力量"①。杜威的自然理论受到爱默生"自然观"的影响。爱默生从两个方面使用"自然"一词：普通意义和哲学意义。他认为普通意义上对空气、水、植物等自然物的探讨并不会扰乱人的反思，并且自然本身不仅包括未被人改造过的自然事物，也包括了人为改造的自然。爱默生认为："当人面对自然而全然敞开心扉时，所有的自然之物都给人以相似的印象。自然永远是恢宏大度的，不曾带有卑琐的外观。最聪明的人也不能追究出它的秘密，而且即使他发现自然的所有的完美，他也不会丧失对自然的好奇。"② 对于自然的好奇与探索伴随 19 世纪自然科学的发展越来越成为一个具有包容性的社会思潮——自然主义。杜威在《经验与自然》中就是以经验与自然的内在依存关系来探讨自然的哲学理论，这被杜威称为"经验主义的自然主义"或"自然主义的经验主义"。杜威的自然观，可以称为"最广泛、深刻的本义"上的自然。这里的自然是人同环境在经验结合下的广泛所指，它不仅包含我们特定时空中的个体经验，还包含了科学探索中所触及的跨时空经验。杜威提到科学推论的经验"预测在某些地方还有某些尚未经验到的事物将被观察到，然后再努力设法把它们变成经验范围以内的东西"③。所以，就自然主义的最终目标而言，杜威艺术论的广义背景也是在探讨人与自然的交互

① 毛崇杰：《实用主义的三副面孔：杜威、罗蒂和舒斯特曼的哲学、美学与文化政治学》，社会科学文献出版社 2009 年版，第 45 页。

② ［美］爱默生：《自然沉思录：爱默生自主自助集》，博凡译，天津人民出版社 2009 年版，第 8 页。

③ ［美］杜威：《经验与自然》，傅统先译，江苏教育出版社 2005 年版，第 3 页。

经验。

二是经验主义的美学。如果说杜威美学的最终目标是考察自然，那么他核心的观念与路径则是"经验"。我们说杜威的自然主义带有人本主义倾向，实际是在说杜威的经验观念试图弥合自然与主体之间的二元架构，从而使其自然主义拒绝机械的、还原论的自然论。杜威试图破除审美经验同日常经验的分立，追求"一个经验"的理论架构。杜威指出，"一件作品以一种令人满意的方式完成；一个问题得到了解决；一个游戏玩结束了；一个情况，不管是吃一餐饭、玩一盘棋、进行一番谈话、写一本书，或者参加一场选战，都会是圆满发展，其结果是一个高潮，而不是中断"①，这就是杜威认同的作为一个整体的"一个经验"。杜威的"一个经验"本身就具有审美的性质，认为"经验如果不具有审美的性质，就不可能是任何意义上的整体"②。此外，"一个经验"拒绝对实践、理智因素的排斥，认为"审美的敌人不是实践，也不是理智。它们是单调；目的不明而导致的懈怠；屈从于实践和理智行为中的惯例"③。杜威的经验理论是对传统英国经验主义二元论的重要反驳，它不是基于人与环境、自然的二分，而是建立于两者结合的基石之上。杜威的经验主义美学强调艺术经验与日常经验的连续。艺术经验的孤立并非艺术自身的必然诉求，而是外在条件使然。就根本性质而言，艺术经验不过是日常经验的特殊化。杜威认为美的艺术的区分性有其历史原因："资本主义的生长，对于发展博物馆，使之成为艺术品的合适的家园，对于推动艺术与日常生活分离的思想，都起着强有力的作用。"④ 基于此，杜威的经验主义美学才更加具有开拓性的意义。

20 世纪 30 年代后期，古典实用主义思想被人诟病为松散、混乱，缺乏严格的论述，分析哲学、美学开始成为主流。这一时期，欧洲处于战乱的动荡之中，一批哲学家包括卡尔纳普等逻辑实证主义者纷纷逃亡美国，客观上促成这一学术主流的转换。分析美学（analytic aesthetics）是

① ［美］杜威：《艺术即经验》，高建平译，商务印书馆 2010 年版，第 41 页。
② ［美］杜威：《艺术即经验》，高建平译，商务印书馆 2010 年版，第 47 页。
③ ［美］杜威：《艺术即经验》，高建平译，商务印书馆 2010 年版，第 47 页。
④ ［美］杜威：《艺术即经验》，高建平译，商务印书馆 2010 年版，第 9 页。

将分析哲学（analytic philosophy）的方法运用于美学的产物。分析哲学由英国哲学家摩尔（Moore）于《伦理学原理》中创立，并由维特根斯坦（Ludwig Wittgenstein）发扬光大，其主要目的在于用语言精确、明晰的分析来确定意义。分析美学的突出特点是运用语言逻辑方法分析概念，特别是对长期以来艺术、美的定义提出质疑。在 20 世纪 40 年代的美国，对分析美学感兴趣的学者开始致力于学术共同体以及共同学术话语的建立。1941 年《美学与艺术批评杂志》创立，第二年美国美学学会成立，这样一个较为固定的组织和学术交流平台成为美国分析美学得以发展壮大的堡垒。这一时期出现了莫里斯·维茨（Morris Weitz）、门罗·比尔兹利（Monroe Beardsley）、乔治·迪基（George Dickie）、阿瑟·丹托（Arthur Danto）、尼尔森·古德曼（Nelson Goodman）、约瑟夫·马戈利斯（Joseph Margolis）等一批分析美学家。

后期维特根斯坦的"语言游戏""家族相似"学说为分析美学发展奠定了基础，维茨就曾说："维特根斯坦已经给当代美学的任何一种发展提供了出发点。"① 但早期的分析美学发展并不顺利，分析美学强调的数理逻辑方法也并不把美学作为研究的领域。柯提斯·卡特（Curtis Carter）就说过："特别对于实证主义者而言，艺术被认为是以情感或者感性而非理性为基础的。至于艺术，与美学一样似乎与他们的科学世界观皆不相关。"② 早期的分析哲学运用的是逻辑实证主义（logical positivism）方法，它将语言分析建立在数理逻辑之上。艺术语言的非明晰性为具体操作带来困难。与之不同的是，重视日常语言的分析流派则更加重视艺术问题，这主要体现于后期分析美学的"整体论"（holistic）分析模式③。这一倾向主要体现在门罗·比尔兹利的"元批评"理论上。比尔兹利在《美学：

---

① 朱狄：《当代西方美学》，武汉大学出版社 2007 年版，第 100 页。

② 刘悦笛：《分析美学史》，北京大学出版社 2009 年版，第 3 页。

③ 刘悦笛借鉴冯·赖特在《知识之树》的论述，将早期分析美学界定为"部分论"（merisitc）哲学思路，将后期分析美学界定为"整体论"（holistic）哲学思路。部分论的特点在于，整体要依赖于部分的特性来解释。整体论的特性是，部分的特点和功能要参照由之组成的整体。"部分论"以罗素、早期维特根斯坦思想为典型，"整体论"以后期维特根斯坦思想及其影响下的奥斯汀（Austin）、赛尔（Searle）等一大批关注"日常语言"的分析美学家为主要线索。

批评哲学中的问题》中认为，如果没有艺术批评问题，也就没有美学问题，所以他将注意力集中到了对"艺术批评进行批评"，即"元批评"。他把针对艺术的语言陈述分为三类，即描述性的、解释性的、评价性的。三个方面具有逻辑上的推进关系：描述性关注的是艺术展现出来的感觉属性，是一般人都可以进行的陈述；解释性关注的是对艺术作品意义的陈述，也就是艺术作品同其外延的关系；评价性关注主要关乎艺术本身的好坏、优劣，是一种具有规范性的判断，是前两种陈述进一步发展的结果。在以比尔兹利为代表的 20 世纪五六十年代，摆脱了逻辑实证主义的分析美学开始了自身关注艺术的独立建构。

下面就来探讨一下分析美学的三个重要话题。

一是分析美学的方法。关于分析美学的方法，中国学者刘悦笛认为："可以看到，'分析美学'也运用'逻辑分析'和'概念分析'的方法，追求'限定的术语'（define terms）并提供对于相关主题的'清晰的公式'（explicit formulation），倾向于采取本体论上的'简约'（parsimony）、科学上的'现实主义'（realism）和心灵上的'物理主义'（physical-ism），从而追求客观真实性，这些无疑都是'分析美学'在方法论的基本特性。"① 此外，卡罗尔精要地概括了如何进行概念分析。他认为，"非常标准的路数"是一种叫作"必要条件与充分条件的方法"。顾名思义，对一个事物的分析要看其是否符合特定概念的必要条件以及充分条件。概念本身被分解为必要条件、充分条件两个要素，这样就使概念的具体含义得到分解。卡罗尔说："这个标准方法把概念视为范畴。把某个概念用于一个物件是一桩为它分类的事，是把它划为相关范畴的一个成员。把一个物件叫作艺术品，涉及判断它满足那个范畴的成员资格的标准或条件。分析概念是一桩把这个概念打碎为它组成部分的事情，那些组成部分是使用这个概念的一些条件。"② 例如"单身汉"的概念分析，它包含了两个条件：（1）男人的身份；（2）未婚的状态。如果将"单身汉"

① 刘悦笛：《分析美学史》，北京大学出版社 2009 年版，第 12 页。
② ［美］诺埃尔·卡罗尔：《艺术哲学：当代分析美学导论》，王祖哲等译，南京大学出版社 2015 年版，第 8 页。

的概念用于一个事物，那么这一事物必须符合这两个条件：他必须是男人且还未婚。这两个条件分别作为必要不充分条件，联合起来就是充分必要条件。将这样一个概念进行拆分，目的就在于用这种方式为事物设定条件并区别于他物。卡罗尔将这种"X 当且仅当 Y"的模式定义为"本质定义法"。事实上，这种方法在图像再现、艺术形式以至艺术品概念上有着广泛的应用，是分析美学概念分析的普遍方法。

二是艺术定义问题。分析美学试图通过语言分析为艺术寻找一个定义，但往往会发现存在更多难题。维特根斯坦的"家族相似"理论在根本上否定了艺术具有共同定义的基础，认为艺术是一个拥有众多重叠相似特征的集合体。阿瑟·丹托在 1964 年发表的《赋予现实物以艺术品地位：艺术界》中阐述了一种"艺术界"（art world）理论。他认为界定艺术作品重要的支撑是"艺术理论的氛围与艺术史的知识"，这种氛围和知识为解释艺术品资格提供了较好的解释。两者建构的艺术界使得艺术品与普通生活物品区分开来，艺术品也就成为艺术史以及艺术理论阐述下的独特物品。乔治·迪基在"艺术界"理论的基础上提出了"艺术惯例论"（the institutional theory of art）。迪基认为，首先，艺术应当是人工制品，非人工制品的物体都不能是艺术品；其次，艺术品依赖于一批人根据惯例机制对其进行资格认定。"艺术惯例论"的艺术定义，事实上存在诸多问题，如它将艺术品资格看作被人为授予。面对学界对"授予"这一说法的诟病，迪基在 1984 年的《艺术圈》中对"艺术惯例论"进行了修补，认为艺术品是为了提交给艺术界的公众而创造出来的，艺术界是一个艺术家与公众的系统整体。这种论述在一定程度上弥补了早期论述的瑕疵，但就整体而言，"艺术惯例论"典型地体现了分析美学运用语言逻辑所进行的外在化分析。

三是对艺术批评概念进行分析。对艺术批评进行批评，也被称为元批评，它主要是针对艺术批评的逻辑概念进行分析。传统的分析哲学擅长将一门科学的科学语言与科学事实区分开来。比如说，物理学所研究的对象是物理事实，形而上学研究的是一种形而上学的事实，那么这种物理事实、形而上学事实的学问就同研究的对象区分开来，自成一种话语体系。分析哲学所要分析的就是这种语言表达的逻辑。彭锋认为："根据分析哲学的本体论主张，任何一种语言如果自身违反了语言本身的逻辑真理，无论它是否符合它所描述的事实，都必然是假的。任何一种语言如果本身符合语言的逻辑真理，它一定与它所描述的事实相一致。"①由此可以知道，就艺术领域来看，分析美学核心的探讨方式是面向艺术批评的语言，而不是艺术对象自身。这一研究的典型代表是上文论述过的比尔兹利，这里不再赘述。

分析美学所关注的话题、运用的方法越来越近似于一门自然科学，这就使得该领域同真正的艺术实践、艺术史研究、艺术化的生活越来越远，分析美学似乎陷入了一个死胡同。20 世纪后半叶，更多的分析美学家认识到分析方法自身的局限，纷纷将视野投向美学史、艺术心理学、社会文化等方面，试图突破逻辑、语言的单纯分析，如关注视觉艺术的丹托、古德曼，专注于电影美学、媒介艺术的卡罗尔。甚至就环境美学的创立者卡尔松而言，其理论也是分析美学在后期试图自我突破的尝试。柯提斯·卡特指出："新一代分析美学家们在 20 世纪后半叶开始出现并跨入到了 21 世纪，他们更明确地理解到了分析方法与其他哲学发展相结合的必要，这些哲学发展包括了西方美学史的发展、当前大陆哲学的发展，还有在非西方传统当中的美学发展。"② 事实也证明，有相当多的后期分析美学家转向了美国传统的实用主义美学，如罗蒂、马戈利斯、舒斯特曼，等等。他们本身都是以分析美学作为自己的学术起点，随着当代分析美学与实用主义的交融，他们纷纷开始以新实用主义标榜自己的学说。马戈利斯在《实用主义：回顾与展望》中说："实用主义的第二阶段几乎没有对古典实用主义增添任何新的概念。它主要关涉于普特南与罗蒂之间的关于杜威哲学的理解与对话。罗蒂从后现代主义的角度重新叙述了实用主义，力图消解形而上学与认识论对哲学的规范的承诺。他宣称作为一个实用主义者应认为不存在确定的科学知识，也无法阐明实在的真实性。而普特南则反对这种改变，在形而上学与认识论上坚持更

---

① 彭锋：《从分析哲学到实用主义——当代西方美学的一个新方向》，《国外社会科学》2001 年第 4 期。

② 刘悦笛：《分析美学史》，北京大学出版社 2009 年版，第 5 页。

为规范的实在论的描述，力图避免人们用相对主义指责实用主义。"① 其实，无论是从欧陆后现代派撷取资源还是从分析哲学转向实用主义，新实用主义本身的成分非常多元。在美学领域，包括罗蒂、舒斯特曼在内的新实用主义美学代表都积极投入当代对种族、民主、多元文化等全球问题的讨论当中。

20 世纪末分析美学与实用主义美学的交融并不是本书论述的重点。在一定意义上说，环境美学自身的发展同这一现象的出现也存在着一种平行关系，两者都是当代西方（主要是美国）较为前沿的理论话题。我们试图探讨的环境美学影响史主要集中在古典实用主义、分析美学建构时期的理论，因为以上两种理论恰好是环境美学诞生期的基本氛围，它们对当代环境美学理论的影响应该说是比较核心、关键的。

二　传统美国美学与环境美学的关联

（一）关联性的展开

正如上文所谈到的，环境美学理论的诞生与发展有着非常特殊的理论氛围与时代语境。尽管环境美学在建构过程中以分析美学、传统的艺术美学为标靶进行批判并以此树立自身的合法性，但很多时候，它依据的仍然是传统套路，根本的架构仍是分析的或是经验主义的。如果不能将这种内在的关联解释清楚，我们对于西方环境美学的理解也就难以深入，更不要谈中西思想的真正互动。为此，阐明这种内在关联的机制就成为当代环境美学研究的一项重要任务。

正如西方环境美学开端人物赫伯恩在 1966 年的《当代美学与对自然美的忽视》中所说："在当代，美学著作几乎排他性地走向艺术并且事实上要么很少涉及自然美，要么以最敷衍的方式。美学甚至被本世纪中叶的作者定义为'艺术哲学''批评哲学'或者在描述和鉴赏艺术对象时的语言概念分析。"② 分析美学在 20 世纪中期的英美学界占据了支配地位，

---

① 刘德林：《舒斯特曼新实用主义美学研究》，山东大学出版社 2012 年版，第 22—23 页。
② Allen Carlson and Arnold Berleant, eds., *The Aesthetics of Natural Environments*, Peterborough：Broadview Press, 2004, p. 43.

几乎所有的理论阐发都不能摆脱这种影响。环境美学概念的提出者卡尔松在《斯坦福哲学百科全书》中对环境美学做了如下定义："环境美学是哲学美学的新近分支。它是20世纪近30年在分析美学中孕育产生。在此之前，分析传统下的美学主要关注艺术哲学。环境美学作为对此的回应而诞生，转而寻求对自然环境审美鉴赏的考察。"① 可见，将环境美学视为分析美学的延续与发展应该是一种较为普遍的观点。但环境美学又不仅仅体现为分析的特性，它还有着传统实用主义美学的痕迹。杜威的经验主义美学在根本上是反对二元论的，并且有着自然主义的强烈特质。伯林特环境美学中的"经验"概念就直接借鉴于杜威，他认为杜威美学的核心洞见仍然可以通过审美鉴赏的转换为更宽广的理论提供支持。伯林特发展了杜威的"一个经验"，同时将"经验"概念视为环境审美理论的核心。伯林特早期的"审美场"（aesthetic feild）理论概括了审美经验发生的"境域"（situation）。在这个境域中，关键的四个要素是"创造的"（creative）、"鉴赏的"（appreciative）、"聚焦的"（focal）、"表演的"（performative）。四者构成审美经验发生中不同要素的相互作用。这一理论在后期被解释为"审美参与"（aesthetic engagement）。参与理论作为伯林特理论的关键词，在很大程度上要归功于杜威经验理论的启发。伯林特将杜威的经验理论看作当今越来越成为热点的"日常生活美学"（aesthetics of everyday life）的先驱，并认为诸如"排除鉴赏者的艺术品不是艺术品""审美感知不能区分主体与客体"等观念有着重大意义。伯林特说："这些内容一直在确认一种超越'一个经验'的更广泛的美学，另外它们看起来预示了最近被描述为'审美参与'的审美鉴赏理论。这一观念详细阐发了对于艺术、自然的鉴赏，其中鉴赏者'动态的经验性交融'（active experiential involvement）是核心特色。像杜威的理论一样，它聚焦于鉴赏的感知经验并且不对经验强加任何形式要求。另外，它重视在特

① Allen Carlson, "Environmental Aesthetics", *Stanford Encyclopedia of Philosophy*, ed. E. N. Zalta（Stanford：SEP，2007，revised 2010，2015）：http：//plato. stanford. edu/entries/environmental-aesthetics.

定场景中直接、亲密的经验性交融。"①

正如上文所描述的，环境美学的理论阐发带有浓厚的传统印记，那为何这一学科既要反对传统艺术美学的局限，又无法摆脱艺术美学呢？

一方面，环境美学同 20 世纪美国美学的关系体现了学科发展的历史性关联。不可否认的是，环境美学自 60 年代提出自然鉴赏开始，确实是一种对于"美学即艺术批评"观念的弥补，但这种理论自觉更多的是一种关注领域的转换。虽然环境美学学者高度重视这一学科的开创意义，但对于自身理论视野的反思却往往非常滞后。在伯林特看来，分析美学的架构不是一个广泛涵盖性的体系，也没有超越静观的阶段（speculative stage）。他指出："在这些基础（指由美学自身学科原因导致无法建立一个普遍性理论）之上，作为认知学科的美学的排他性获得了近期哲学运动的巨大支持，这些哲学运动将它们同科学的问题、过程以及标准联系在一起。特别是当代的实证主义，通过赋予规范判断（normative judgments）的评价内涵以非认知地位，促成了排他性的美学作为合理的知识学科。"② 显然，伯林特对于美学借助科学基础而否定非认知性的价值评判、规范判断、实践经验等要素非常不满。而这一美学形态其实正是当时分析美学的惯常建构。那些被分析美学所排除的诸如艺术活动、艺术评价、美的经验等要素恰好是美学理论中非常重要的部分。以卡尔松、瑟帕玛为首的分析美学家在对环境美学进行界定时也很少涉及具体的审美经验、艺术活动等非认知部分，理论论述的缺点非常明显。

另一方面，环境美学自身的特性还没有完全得到彰显。环境美学自身具有什么样的独特性呢？是不是伯林特以经验为核心的"参与美学"就是这一学科的最终架构呢？现代哲学、美学经历了从理性向存在的转向，当代环境美学的出现也印证了另一次重大转向，即生态转向。环境美学的出现就是这一潮流的彰显与深化。生态与存在的关系显然不是对立的，而是进一步加深，是对生存关系的内在探讨。当代环境美学家们

---

① Arnold Berleant, *Aesthetics Beyond the Art*: *New and Recent Essays*, Farnham: Ashgate, 2012, p. 165.

② Arnold Berleant, *The Aesthetic Field*: *A Phenomenology of Aesthetic Experience*, Springfield: Charles C Thomas, 1970, p. 5.

非常重视这一特征，但问题在于如何将环境美学自身的生态性深入阐发为审美。伯林特在《美学超越艺术：新近论文集》（2012）中指出，生态学思维会为环境美学"带来根本性变革"。伯林特所理解的"生态性"视野是将环境看作相互影响、相互依赖的构成要素所组成的系统。如此来看，人类作为这一系统语境中的构成者之一从自身视角来界定，环境也就成为语境中的经验（contextual experience）①。那么，"生态性"如何影响人的经验呢？伯林特对经验、生态学、环境美学、环境做了如下建构。

环境美学的经验顺序如下②：

经验

　　→生态学

　　　→作为感性（感知）的美学

　　　　→被生态地、审美地经验的环境

伯林特意图要说明的是，人与世界的关系首先来自经验。在人类所能把握的最大的感知语境（the largest perceptual context）之中，生态学的多样性关联以及变动性都能得到较好的反映。这种反映不在于生物学的背景以及物理境况，而在于构成要素的相互依赖、相互影响。再进一步，伯林特认为经验的中心是人类感知者，将语境中所有方面结合在一起的是感知经验，这种经验就是一种审美经验。这样环境美学就具有了合法性，并且在一定意义上来说是一种生态美学。伯林特的阐释试图将生态因素融合进他的环境美学理论，但问题在于从最大的感知语境出发并将整个语境视为一个有机整体，这种经验是否仅仅是一种整体的生态意识？这一整体性的感知如何作为审美而存在呢？最大的问题，可能是伯林特所遵从的"感知经验"的理论基石。尽管伯林特从传统的视觉、听觉等审美感官释放出感知经验，赋予嗅觉、味觉、触觉以审美合法地位，但

---

①　这里环境的定义看似前后矛盾，实则有着内在递进关系。从理性的整体观来看，伯林特将环境视为一个多样因素构成的动态系统；从感知的主体视角来看，环境则又变换为主体经验到的整个范畴，环境也就成为经验本身。正如伯林特所言，"人类必须被理解为他们语境中的组成部分，并从中理解和经验"，语境中人类的经验也就构成环境的本义。

②　参见 Arnold Berleant, *Aesthetics Beyond the Art：New and Recent Essays*, Farnham：Ashgate, 2012, p. 123。

过分重视特定审美境域的规范性划分则无异于将环境美学类比于艺术鉴赏。如果要跳出这一窠臼，可能一方面需要从人类对环境、生态依存过程奠定的历史性经验来思考人与生态的感性关系；另一方面，则需从个体与环境现实的生态关系出发来思考物理的与心理的、理性的与感性的关系。

总体而言，环境美学的自身建构依赖于在批评与反思中发展自身。它需要在多元学科共同参与的基础上，提出自身具有识别性的理论关切。现阶段值得我们重视的一个问题是：环境美学理论的源出问题。这也是本书考察的焦点。20世纪美国美学的独特理论形态与历史影响构成当代北美环境美学建构的学术背景，这一影响是内在的、深刻的。这不仅体现出当代学术与传统之间的历史性关联，同时也显露了环境美学自身发展的阶段性特征。

（二）中国学者的溯源性探讨

当代中国学者对于北美环境美学的接受与研究是从20世纪90年代开始的。陈望衡、曾繁仁、程相占、薛富兴、彭锋等一批学者翻译、介绍了北美学者的诸多著作，并在一定意义上进行了当代环境美学的元理论阐释。但中国学界以问题研究为主，侧重于在审美鉴赏、审美经验、审美模式等理论模型上与西方展开对话，真正深入、客观的溯源性研究还较少。这无疑对中西深入的、具有启发性的互动造成障碍。

陈望衡是当代中国环境美学的发起者。陈望衡从中国传统的美学观念出发，提出了"生活（居）模式"，希望由此通向环境美学的根本性质——家园感。他不仅积极参与当今西方环境美学的焦点问题探讨，还努力将中国传统思想文化进行环境美学阐发。在《环境美学》中，他将自然、农业、园林、城市作为环境美的主要领域，从中国传统自然审美中阐发出来的"自然至美论""山水园林城市"成为这一建构的重要创新。他关注西方问题，但归宿在当代中国；他侧重学科架构，但关键在指导实践。这就造成他更加关注环境美学的现实问题，而较为淡化环境美学内部的发展、变革关系，特别是环境美学与其理论渊源之间的辩证关系并没有得到重视。陈望衡的西方环境美学研究成绩主要体现在翻译和引进相关问题上。

曾繁仁通过融合西方环境美学、马克思主义自然观、海德格尔存在论以及中国古典天人关系系统阐发了他的"生态存在论"美学，在此基础之上的"生态美学"也为环境美学进一步挖掘理论深度、彰显时代特征提供了契机。

薛富兴专注于北美环境美学家艾伦·卡尔松的学术思想研究，他通过编辑文集、翻译著作等方式将卡尔松的学说引进中国，并对其"科学认知主义""功能主义"理论做了卓有成效的批评和评价。

彭锋在2005年出版了《完美的自然——当代环境美学的哲学基础》一书，并大量地引用、评价了北美环境美学思想，特别是对"肯定美学"、环境审美模式的探讨富有前瞻性。

但总体来说，以上研究触及的都是环境审美问题，缺乏深入的学术史反思与语境关切。

程相占于21世纪初开始关注环境美学，发表了一系列有关当代环境美学、生态美学理论溯源的文章。其理论探索主要体现于以下三个方面。

第一，重视环境美学同生态美学的来源差异。在《论环境美学与生态美学的联系与区别》（《学术研究》2013年第1期）一文中，程相占认为环境美学同生态美学具有相对独立的起源。他将分析美学家赫伯恩视为环境美学的理论开端，并描述了赫伯恩如何以分析美学的手法来建构自然环境的审美。另外，他将生态美学追溯至加拿大的生态文学家约瑟夫·米克。米克倡导依据生物学、生态学理论来改造美学对于人文精神的过分夸大。他运用"生物稳定性""生物完整性""生态整体性"等观念来解读艺术自身所具有的生态特性，试图为生态审美建立根基。在这种异质性的源流描述中，环境美学与生态美学的差异显现出来。

第二，侧重以分析美学的源流演变来梳理卡尔松的鉴赏理论。在《环境美学对分析美学的承续与发展》（《文艺研究》2012年第3期）一文中，程相占认为环境美学兴起的理论背景是分析美学，但环境美学并没有简单地否定分析美学。他将卡尔松的环境美学界定为两个核心问题：一是"欣赏什么"，二是"怎样欣赏"。而且，这两个问题都是以艺术哲学为参照的。1964年，丹托就提出某物只有经过了艺术界的认定才能成为艺术品，艺术界包括艺术理论氛围和关于艺术史的知识等。卡尔松认为，分析美学的上述理论不能不加修正地运用到自然环境欣赏中。所以，他批判改造了传统艺术欣赏的"对象模式""景观模式"，取而代之以"自然环境模式"。由于这种模式依然遵循着对艺术进行审美欣赏的普遍结构，欣赏自然环境就是把这种"普遍结构"运用到不是艺术的事物那里，由此程相占认为，艺术依然是卡尔松环境美学的最终底色。

第三，重视美国传统生态伦理美学的理论意义。程相占在《美国生态美学的思想基础与理论进展》（《文学评论》2009年第1期）中在环境美学的实践层面追溯了当代北美生态规划、景观设计的理论基础。他认为美国生态美学是西方生态美学的主体部分，利奥波德的大地伦理学和大地美学初步讨论了伦理学与生态审美、生态学知识与生态审美的关系。利奥波德初步提出了一种"规范美学"：当审美有利于保持生命共同体的完整、稳定和美的时候，它才是正确的，否则它就是错误的。程相占将其称为"4Y"原则，并认为大地伦理学是一种规范伦理学，大地美学是一种"规范美学"。此外，利奥波德对于西方传统如画美学的批判，对于一切自然环境都是潜在的审美对象的倡导，引起了程相占的重视。程相占认为，利奥波德初步完成了从"自然美"向"生态美"的转移，这对当代环境美学家所倡导的"自然全美论"是一个理论先导。

程相占从理论渊源出发探讨当代北美环境美学，指出这些话题背后的分析美学、生态伦理美学背景，具有重要的借鉴意义。但他的这种研究以个体探讨、问题研究为主，还没有深入美学理论的结构性考察。也就是说，我们不仅要看环境鉴赏的具体理论模型如何同艺术美学具有继承关系，还要从环境美学的内在思路考察其与传统美学关联的必然性。抓住北美环境美学同传统分析美学、实用主义美学乃至生态伦理美学的内在一致性，才是我们深化研究的重要方向。正如中国古人所言，"以人为镜，可以明得失"，北美环境美学内在理论的整体研究无疑会为中国当代环境美学的进一步结合古今、更加深入地参与到国际对话提供机遇。

第二节 北美环境美学的源出与发展

从20世纪60年代开始，北美环境美学从景观的视觉品质问题出发开始寻求美学理论的开拓。从根源来说，环境美学源于后工业时代人与自然、人与人、人与社会关系的紧张。人类需要从多学科、多向度探讨环境问题。在学科发展上，美学、伦理学、建筑学、景观学、城乡规划学纷纷介入进来。在学科向度上，理论与实践更加紧密地结合在一起，并且成为环境美学发展中不能分割的两个环节。在这样一种多元、多向度的理论形态中，我们试图对其源出、建构、面向问题进行宏观的描述。

一　景观危机的缘起与视觉品质的核心关切

关于环境美学的起源，学界往往将其追溯至英国学者罗纳德·赫伯恩于1966年发表的《当代美学与对自然美的忽视》。但事实上，环境美学概念的真正提出者是加拿大学者艾伦·卡尔松①。环境美学在中国的兴起，肇始于陈望衡的大力提倡。他于20世纪90年代初结识了环境美学创建者之一阿诺德·伯林特，这为当代中国视域下的环境美学研究打开了一扇窗户。在陈望衡看来，环境美学应属于"应用科学"。② 这一观点源于他对一些基本问题的判定。他认为艺术美的本体在意境，与之相对的环境美的本体在景观，因此，对于环境美学的具体探讨就要从景观分出的园林、农村、城市、荒野等出发。这就使理论更加倾向于生活化的实践图景。陈望衡认为环境美的本质在于家园感，"居"概念③也就成为环境美学的主题。实际上，就环境美学源出的西方语境来说，"应用"品性更加明显。伯林特与瑟帕玛均在其专著中承认环境美学的应用美学品性。伯林特在《环境美学》序言中说道："环境美学，某种程度上属于我的芬

---

① 卡尔松在1974年美国美学协会召开的会议上，做了题为"环境美学与'滑稽'敏感"的发言，并于1976年在《美育》杂志第10卷发表文章《环境美学与美育困境》。在与薛富兴的对话中，卡尔松坦言自己是最早使用环境美学这一概念的学者。

② 参见《培植一种环境美学》，《湖南社会科学》2000年第5期。这篇文章开启了当代语境下环境美学的研究。作者说道："环境美学的基础理论虽然是两个很重要的哲学问题，但环境美学本身并不是基础理论，而应属于应用科学。作为应用科学，环境美学的基本原则只有一个，那就是'宜人性'。"

③ 在其专著《环境美学》中，陈望衡提出了作为环境美功能的"宜居""乐居"，并以"乐居"作为最高功能。在论文《环境美学的当代使命》中，这一论述扩充为"宜居""利居""乐居"；在论文《再论环境美学的当代使命》中，作者进一步论述为"宜居""安居""利居""和居""乐居"五个层次。

兰友人称作的'应用美学'。所谓应用美学，指有意识地将美学价值和准则贯彻到日常生活中、贯彻到具有实际目的的活动与事物中，从衣服、汽车到船只、建筑等一系列行为。"① 约·瑟帕玛更早的专著《环境之美》，具体勾勒了环境教育、环境批评以及诸多环境美学应用领域的基本框架。

有所不同的是，中国环境美学首先在理论上发端而后映射到实践②，而西方环境美学的崛起源自环境"视觉品质"的荒芜。令人遗憾的是，中国学界往往重视 20 世纪 80 年代中后期环境美学家们所做的哲学总结，却相对忽视了 70 年代在北美兴起的一系列针对景观危机所做的多学科研讨。正因为有着多学科探讨的现实基础，哲学美学的理论总结才更为急迫，理论本身也就带有了明显的应用品性。

美国休闲与自然美委员会（The President's Council On Recreation and Natural Beauty）早在 1966 年就颁布报告文件：《从大海到闪亮的大海》。这一文件意在保护大海景观，使之对人们生活福祉起到促进作用。在城市与区域的规划方面，景观的审美功效也得到重视，特别是伊安·麦克哈格（Ian McHarg）于 1969 年出版的《设计结合自然》就是这方面的经典之作。1972 年，一批学者聚集在一起，思考美国的视觉荒芜问题并呼吁在更广阔领域行动。当然，这一呼吁主要还局限于地理学领域。1978年 9 月，加拿大阿尔伯塔大学举办了"环境的视觉品质"讨论会。在这次会议上，哲学、文学、景观建筑学以及地理学等诸多学科的学者参与

---

① ［美］阿诺德·伯林特：《环境美学》，张敏、周雨译，湖南科学技术出版社 2006 年版，第 1 页。

② 在《培植一种环境美学》发表之前，只有寥寥几位学者（郑光磊、黄浩、齐大卫、李欣复等）零散地探讨过环境美学，并没有西方学术语境下的环境美学理论阐发。在环境保护问题上，人文学科仍然没有系统理论与环境保护、规划相适应。由于缺乏实践的基石，陈望衡虽然以生活起居作为环境美学的面向，但在理论的建构上则不得不直接寻求中国古典思想与西方理论模式的结合。在《环境美学的兴起》一文中，他认为"环境美学首先是一种哲学，或者它是环境哲学的直接派生物"，这一论述展现了其理论的本体化倾向，同时也展现了理论建构先行于实践操作的策略。然而，西方特别是北美环境美学首先是从景观学（其中包含大量的城市规划、景观设计、风景评估等具体操作经验）的困境出发，寻求改变现状的理论探索。所以，环境美学更多的是从景观学出发，在结合了实践经验与反思之后走向美学理论，而非单纯哲学建构下的产物。这种理论差异可以说是发展基础的先天不同，应当引起重视。

了环境美学问题的讨论。会议论文集《环境美学：阐释文集》作为西部地理学丛书的一辑于 1982 年出版。这一文集出版的目标是对作为一门艺术的环境美学现状提供建议性评论。文集以环境的审美品质为主题，整合了多学科的探讨内容，并且体现了北美地区环境美学如何由景观地理学向多学科交叉融合演进的过程。在此进程中，环境美学理论的早期建构带有浓厚的景观学印记。

《环境美学：阐释文集》的编辑者认为，作为一门学科的环境美学是同当代风景的变化紧密关联在一起的。但不同于我们能够直观感受到的景观荒芜，一些要素隐藏于城市以及现代化工业进程之中，这些无形力量让人难以觉察。对于环境审美的破坏，其本质与范围并不仅仅局限于视觉的非统一性。一些学者认为，这一现状更多的是由现代技术社会政治、经济力量的塑造功能造成的。景观建筑师克里斯托弗·腾纳德（Christopher Tunnard）与鲍里斯·普什卡廖夫（Boris Pushkarev）认为，"早期在紧凑的城市、乡村、荒野景观中体现的聚落形态区分性，正在被亚城市发展的无形式蔓延所冲淡，并表现出了无形式性与同质化的视觉特点"[1]。基于这样的现状，环境形貌的变化在区域与国家范围内广泛出现，并形成一种隐藏于城市化进程中的破坏力。巴里·萨德勒（Barry Sadler）和艾伦·卡尔松（Allen Carlson）认为，"景观批评者被要求对类似于'场所感''区域特点'等概念具体化的传统兴趣进行重新探索，以期确定环境语境中审美品质的特点与价值"[2]。两位学者作为《环境美学：阐释文集》的编辑者，敏锐地觉察到景观品质问题不仅仅涉及视觉舒适性，同时也暗含于当代的景观文化整体。所以，要探索景观品质问题，应当发展一种特殊能力，或者说一种融合的视野，将风景敏感性与充满模式、过程知识的符号学说结合起来。这是因为，如果缺失了对风景的敏感性，风景评估就有可能陷入贫乏、枯燥的数据材料之中；但如果缺少了符号论，风景评估则有可能陷入浅薄化的境地。两位学者为环境美

---

[1]　Tunnard, C. and Pushkarev, B., *Man-made America：Chaos or Control?* New Haven：Yale University Press, 1963, p. 3.

[2]　Barry Sadler and Allen Carlson, eds., *Environmental Aesthetics：Essays in Interpretation*, Victoria：University of Victoria, 1982, p. 2.

学的未来探讨提供了一个整体方法论，它强调艺术、人文学科同环境科学的紧密结合，即"基于一种探索、洞察力与规划、设计相关事务的结合"① 视角。这样一种结合，为景观品质探索摆脱单纯技术操作与景观批评的分立奠定基础。

这样一种融合视野的整体方法论为环境美学的进一步发展指明了方向。但正如上文所提到的，早期的环境美学缘起于景观学、地理学等学科的实际关注，这在很大程度上影响了环境美学对于景观品质的侧重。因而，环境美学议题的开启、深化以及理论架构有着无法回避的时代印记。这些因素在当下的环境美学研究中往往被学者忽视。技术与人文相结合的整体研究方法建基于成熟的景观技术化研究以及长期的景观批评实践。这一研究方法的产生与发展经历了三个阶段。

首先，景观品质的技术化评估开启了环境美学的议题。加拿大地理学家菲利普·迪尔登（Philip Dearden）曾撰文梳理了从 1968 年到 1980 年北美环境品质研究的方法论。他将这些研究方法分为三类：基于场所的方法（field-based method）、代理方法（surrogate method）、测量技术方法（measurement technique）。基于场所的方法是最早的景观评估系统方法，它倾向于由观察者直接通过判断景观的构成要素来做出视觉评判。迪尔登以英格兰的格洛斯特郡委员会的方法为例，详述了这一方法。这一方法有三个区分原则：一是最高的景观品质要有特别好的风景轮廓的范围以及痕迹，景观的元素一般要很集中并能形成一幅很优美的画作；二是中间品质，指绝大多数是令人愉悦的田园式风光，其中的轮廓、树木、色彩或是三者的融合能够引起人们的兴趣；三是缺乏视觉趣味的景观，比如一些地方的篱笆墙和树木被铁丝网所取代，轮廓的优美也不足以弥补这种缺失。迪尔登认为，"很明显，这种类型的方法在潜在的可靠性和合理性上还有很多不足之处，其完全缺乏控制力，这让个体在判断过程中极易产生变易"②。代理方法强调用数字变量的统计方法，在对象上则

① Barry Sadler and Allen Carlson, eds., *Environmental Aesthetics*: *Essays in Interpretation*, Victoria: University of Victoria, 1982, p. 2.

② Philip Dearden, *Landscape Assessment*: *The Last Decade*, Canadian Geographer, issue3, 1980.

以摄影图片代替真实风景。谢弗（Shafer）的团队就首先倡导了这一方法，并将其应用于北美以及苏格兰的景观评估。但由于数字变量总是基于照片的分析，所以其是否具有适用于实际风景的可靠性有待怀疑。基于这一点，迪尔登认为，"在有关自然的实验中，这些研究并没有证明照片与真实风景可以完全等同，研究者在使用照片的时候也应被建议要非常小心"①。测量技术方法是前两种方法进一步发展的结果，更加侧重于构成要素的价值赋予以及对整体风景品质影响的评估。这一方法可以通过算数程序，也可以通过如"多元回归"（multiple regression）的统计程序对整体风景质量进行评估。总体而言，这一方法面临如何统合构成要素以达到对整体风景品质进行定义的难题。在迪尔登看来，应当结合统计方法与回归模型并通过增加抽样的多样性来提高整体评估数据的可靠性。可见，北美自1968年到1980年的风景品质研究试图用技术手段解释美学关切，在现实意义上则导向景观规划。其缺陷在于，由于量化的技术手段总是存在单向的分析解释，它很难精确描述人与景观之间的互动关系，也很难穷极景观质量的构成要素。

其次，美学理论的基础性反思介入景观品质的定义。越来越多的技术化评估为景观品质制定规范，但暗含于景观品质的中心命题——人与环境的审美关系往往并不清晰。如果说单纯的景观学在于将品质问题归于客观化条件的话，那么景观美学或者说早期的环境美学则开始将人与景观的感性关系呈现出来，环境美学真正的理论变革开始了。巴里·萨德勒和艾伦·卡尔松认为，环境美学的理论应当类比于艺术美学。二者援引苏珊·朗格的审美定义（即审美是象征着人类情感之形式的有意创造），认为环境景观的品质也应当包含形式品质（formal puality）与表现品质（expressive quality）。形式品质是平衡、对比、色彩、体积等物理形式，它类比于具体艺术的形式；表现品质则是雄伟、平静、优美等精神情感因素，它类比于苏珊·朗格提到的艺术情感。这种类比于艺术的双面品质为景观审美品质研究提供了两条基本路径，即客观化路径与主观

① Philip Dearden, *Landscape Assessment: The Last Decade*, Canadian Geographer, issue3, 1980.

化路径。迪尔登、谢弗等人所从事的景观量化工作就归属于客观化路径，这一路径具有更强的实证性，因而也更容易把控。但与之相对的主观化路径则更注重人文因素，不仅面临着文化、历史、风俗等因素的考量，而且也面临着日常经验、参与心理等极为私人化要素的介入。相较而言，后者很难被景观的量化评估所界定。在开始阶段，对于景观品质的美学反思并没有摆脱传统艺术美学的框架，而仅仅被看作研究范围的扩大。传统艺术哲学的研究方式实现了从美学、艺术理论、艺术批评向环境领域的转移。

最后，景观自身的物理与人文因素建构起了环境美学的基本框架。尽管美学的理论反思介入了景观品质研究，但相较于纯粹审美心理建构而言，早期模型更多的是一种对象化探讨。这突出体现于巴里·萨德勒和艾伦·卡尔松将环境看作一个被组织起来的呈现集合（units of display）。这一集合从纵横双向上对景观对象进行了区分。在纵向上，景观的范围是由小到大，例如由一棵树的景观到一整片森林，或是由一尊雕像到一整片街区；在横向上，景观特征则是从自然特征为主逐渐过渡到人造特征。这样一种纵横交叉的坐标轴为所有景观进行了大概的定位。值得注意的是，在北美的环境美学家们看来，小范围的景观更容易被类比为艺术品，因而也就更多地具有了审美价值。大范围环境甚至地理学意义上的环境往往更倾向于人类生存、居住的实用目的，因为它们往往给人一种"规则感、合适感以及适合于功能与社区地点特色的形式感"①。所以，无论是自然特色为主的环境还是人造特色为主的环境，在当代视域下都比较缺乏美学的积极参与。建立一个基于物理自然向人文社会因素渐进的框架，无疑吻合了当代环境美学建构面临的多维度要求。此外，对于同一处景观进行自然与人文价值的综合考量成为 20 世纪 70 年代到80 年代环境美学深化的另一个重要方面。审美鉴赏在不同时代、不同地

---

① 参见 Barry Sadler and Allen Carlson, eds., *Environmental Aesthetics: Essays in Interpretation*, Victoria: University of Victoria, 1982, p. 11. 巴里·萨德勒和艾伦·卡尔松认为，从小范围的对象到大范围的环境，人的感知以及人与环境的交互性都发生了变化，在环境的应用与景观设计领域，环境审美因素往往被忽略。归根而言，得出这一结论的原因在于，两者认为环境审美品质"仅仅是人在面对环境时的一种有意识的、有组织的表达"。

域有着不同的审美取向（aesthetic orientation），而这一取向往往受到自然、人文双重因素的影响。美国的荒野曾被视为危险与荒凉的地方，但受北美自然保护运动的影响，荒野已经成为具有审美价值且需要保护的对象。城市曾经被视为文明的象征，但伴随近代工业化发展问题的出现，北美城市越来越成为知识分子和公众批评的对象。所以，对一处景观不能仅仅从感官感受上进行评价，还应当重视地域性、历史性的审美取向以及文化连续性问题。这种物理与人文因素的关联，推动景观评价拓展了广度与深度，从而为环境美学的独立理论架构开启了可能性。

　　建立于景观视觉质量问题的发现、反思和改造是北美环境美学的现实兴起基础。特别是早期环境美学研究者所确立的景观批评同技术规划相结合的融合视野为其应用美学品性奠定了基础。这种对环境视觉性的强调，对北美环境美学的建构和发展产生了重大影响。一方面，以分析美学为底色的"认知派"环境美学延续了对自然、人文环境进行对象化解构式的研究，将自然知识、人文历史知识视为一切"恰当"鉴赏的必要条件，而这些知识的审美参与往往是视觉性的。这一点其实同景观视觉要素的解剖一脉相承。另一方面，景观地理学研究者将环境美学视为艺术领域的一部分，并将其规定为人文、自然呈现的集合。北美环境美学的部分学者视环境为艺术领域的延续和扩大化，由此寻找从经典艺术审美向环境审美过渡的审美要素。"科学认知主义"的代表卡尔松就倾向于从艺术理论的判断中类比出环境审美的理论形态，而这种方法在景观地理学家那里就已经得到广泛认同。这种环境反思对于艺术理论的依附关系在环境美学理论建构与发展过程中表现得尤为明显。

二　景观、环境、艺术话语的张力

　　从地理学意义上的景观探讨到多学科交融背景下美学的反思，环境美学一步步从单纯的应用性操作走向理论价值的探索。然而，不容忽视的是，景观品质的美学反思所遵循的理论标杆是艺术。环境的艺术话语在环境美学起始阶段曾经是一种无意识的言说，景观的审美品质也以艺术品质为衡量标准。在环境美学源头式人物罗纳德·赫伯恩那里，环境的审美经验更多需要从景观分析入手，无论是特定感官对象构成物还是风景经验的形而上学解读。但随着北美学界对于"环境"概念本身的自觉，环境美学话语开始了相对独立的建构。不过，艺术话语同环境话语千丝万缕的内在关联却一直存在，两者的内在统一性虽受冲击却未曾断裂。

正如上文所谈到的，景观危机促成了多学科化的环境探讨，那么倡导新兴环境美学的理论家们如何看待景观与环境的关系，以及如何对环境进行哲学界定呢？卡尔松认为，"就多样性而言，环境美学从原生自然延伸到某些传统艺术形式，甚而涵盖后者。在这一领域之中，环境美学对待的事物从荒野到田园景观，从乡村直到都市风景，左邻右舍，超市，购物中心甚至更远"①。卡尔松认定环境是一个具有广泛涵盖性的领域，它将已经受到重视的自然景观、城市景观囊括在内，并且扩展到大大小小的非景观领域。虽然卡尔松强调环境的审美领域在多样性、丰富性以及品质上是没有界限的，但在对环境进行界定的过程中，他还是倾向于对其做外在的、对象化的定义，认为"作为'审美对象'的鉴赏对象就是我们的环境，就是环绕着我们的一切"②。卡尔松的理论并不否认环境审美的多感官参与，他甚至也认同时空运动变化是不能被框定的，这种变动性使得参与者与环境处于相互影响的动态关系中。但当问题涉及环境自身的界定时，卡尔松就转向了更倾向于主体之外的"一处环境""一个环境"③ 的论述。

基于地理学意义对视觉质量进行考察是环境美学的触发点。这一点是无法忽视的。美国学者伯林特在论及景观与环境的关系时也持有与卡尔松类似的观点，认为在地理学家那里，景观是"从观察者的眼睛到地

---

① ［加］艾伦·卡尔松：《自然与景观》，陈李波译，湖南科学技术出版社 2006 年版，第12 页。

② ［加］艾伦·卡尔松：《环境美学——自然、艺术与建筑的鉴赏》，杨平译，四川人民出版社 2006 年版，第 5 页。

③ 曾跟随卡尔松学习的芬兰学者约·瑟帕玛持有同其老师近似的观点。他认为在环境中，"我们作为观察者位于它的中心"，"观察者在其中活动，选择他的场所和喜好的地点"。虽然他认同环境与我们存在密切关系，但人与环境终归是"感知者"与"外部世界"的关系。

平线的那片区域"①，但如果扩大我们对于景观的理解，"可能会认为它与环境美学或自然美学同义"②。建筑、城市、狭义的景观均是环境美学研究领域的组成部分，它们之间的界限并非完全明晰，在一定意义上可能还存在重叠部分。伯林特认为传统的景观可以被重新定义，风景对象的景观可以被理解为一种"参与性景观"。这种景观主要从人的知觉融合于环境，并且拒绝任何与环境的分裂来进行界定。"生活在景观中"的著作标题也意在表达这种"参与性景观"新理念。在此种意义上，景观美学也就是环境美学。在环境的哲学定义上，伯林特展现了同卡尔松理论的差异。伯林特是坚定的"人—环境分离论"的反对者，他在根本上否定了卡尔松意义上"一处环境"的场所内涵。他认为，"这个环境"的描述是身心二元论的产物，它指引人们超出自身对环境进行有距离的思考。那么，何为环境呢？伯林特认为外在的物理环境、社会文化氛围是同人自身相互联结与贯通的，正是这些看似外在的因素构成个体生存的形态与内容。伯林特认定"外在的世界并不存在"③。所以，在伯林特看来，人即是环境，环境也即是人，二者相互构成。伯林特试图重新建构的环境观基于一种人与环境的连续性而非分裂与对立。

由卡尔松与伯林特提出的新环境观具有一定的代表性，体现了环境美学从景观到环境转变过程中的不同理论侧重。两者均认同从景观扩大到环境研究的必要性。但在环境定义上，一方倾向于对象化的环绕观念，另一方倾向于人与环境的融合参与。既然要建立环境美学的合法性，理论思路则不得不面对传统艺术美学同新兴环境美学的一番较量。两者从不同的环境观念出发，涉及环境美学与传统艺术美学的交叉、分立甚至融合，较为鲜明地体现了环境美学独特的理论内涵。

基于人与环境之间的连续性理论，伯林特在反思艺术与环境张力关

---

① ［美］阿诺德·伯林特：《生活在景观中——走向一种环境美学》，陈盼译，湖南科学技术出版社2006年版，第24页。

② ［美］阿诺德·伯林特：《生活在景观中——走向一种环境美学》，陈盼译，湖南科学技术出版社2006年版，第26页。

③ ［美］阿诺德·伯林特主编：《环境与艺术：环境美学的多维视角》，刘悦笛等译，重庆出版社2007年版，第9页。

系的时候侧重于二者的融合，这也同其"参与美学"观念相协调。20 世纪下半叶，分析美学在北美大行其道，美学的研究对象被称为"艺术哲学"或"艺术批评"。早在 70 年代即对环境问题有所关注的伯林特警觉地发现了艺术领域的扩大问题，他认为 20 世纪现代艺术正在突破传统边界，越来越扩大到无所不包的环境范畴。他说道：

> 在达达派与许多追随其后的创新运动那里，绘画已经将禁忌材料、主题和使用文本整合在图像当中，从而打破了油画的藩篱并超越了其架构。雕塑已经放大和扩展了其尺寸和表现形式，以至于我们能在其上、在其中穿行，雕塑已经被拓展到环境当中，既是被封闭的又是在户外的……音乐已经采取了由音调生产的新的模式和排列，这既出现在合成器那里，又出现在对噪音及其他传统的非音乐音响的运用当中……戏剧与其他艺术一道，已经发展成需要观者能动参与的形式。①

就传统艺术而言，原有的呈现方式、批评方式都在发生改变。对此伯林特认为，艺术与环境正在发生一种融合，"艺术的拓展引导我们超出了对象的广阔范围，从而成了不能被轻易限定和划分的事物和情境"②。这种融合的发生影响了传统艺术美学的学科架构。于是，伯林特将视野投向了 18 世纪美学的起始阶段，将其作为环境美学理论建构的重要批驳对象。18 世纪的英国掀起了一股自然审美的热潮，其中"如画"（picturesque）观念成为当时诗歌、绘画以及旅游等领域具有指导意义的规则。威廉·吉尔平（William Gilpin）、理查德·佩恩·奈特（Richard Payne Knight）和尤维达尔·普莱斯（Uvedale Price）是主要代表，他们认为自然审美应当选取具有绘画艺术感的风景作为对象。这种关注尤为重视风景对象的线条、色彩、构图等要素，并以是否符合绘画的表现力、是否

---

① ［美］阿诺德·伯林特主编：《环境与艺术：环境美学的多维视角》，刘悦笛等译，重庆出版社 2007 年版，第 2 页。

② ［美］阿诺德·伯林特主编：《环境与艺术：环境美学的多维视角》，刘悦笛等译，重庆出版社 2007 年版，第 6 页。

给人以艺术审美愉悦为评判法则。"如画"观念通过对风景的对象化、艺术化最终导向了审美主体主观心灵的体验。① 伯林特认为，"'如画性'是对18世纪美学那绅士派头的沉思的观察风格的典型写照"②。这种趋于艺术化的自然审美方式成为众矢之的。尤其当这种理论演变为康德"无利害"的静观（disinterested contemplation）的时候，审美主体在对象本身寻求一种排他性的、自足的审美体验。伯林特认为，虽然康德的审美判断理论主要来自对自然的鉴赏，但最终的发展却导向了有距离感的静观。这让伯林特深深怀疑自18世纪一直延续下来的"静观""距离""普遍性""非功利性"等概念在当代的合理性。伯林特说："从根本上说，就跟静观、距离和普遍性等相关概念一样，非功利性有赖于经验的分裂。它把审美感知者与艺术欣赏对象分离开来……通过把审美改头换面成为外在的认识论和哲学形态，把它们与一些放弃了审美的突出优先性的牵强关系联系起来。"③ 基于对现代美学强调的哲学认识论的批驳，伯林特将美学从整体意义上拉回到人与环境具有连续性的感觉过程之中。伯林特的环境与艺术的张力体现在两个方面。一方面，环境与艺术、人与世界具有连续性与不可分割性。伯林特将现代艺术领域的扩大化看作环境、艺术一体性的重要表征，并据此强化了人与环境连续性的论断。另一方面，环境与艺术同属于"审美"的范畴，"审美"在伯林特那里就是一种内在价值经验的获得，自然、人文等环境因素的介入恰能使得艺术自身摆脱孤立的境地。所以，总体来看，伯林特希望建构一个整体性的新美学，它以审美感知为核心，囊括艺术、环境这两种相对独立的领域。艺术美学与环境美学作为分别面向艺术与环境的学科话语，在伯林特这里呈现出交融与一体的格局，成为两者张力呈现的重要结晶。

同伯林特有所不同的是，卡尔松似乎更愿意将环境与艺术进行对比研究而非统而言之。在早期的自然环境美学研究中，他改造了分析美学

---

① 具体参见周泽东《论"如画性"与自然审美》，《贵州社会科学》2007年第5期。

② ［美］阿诺德·伯林特：《生活在景观中——走向一种环境美学》，陈盼译，湖南科学技术出版社2006年版，第21页。

③ ［美］阿诺德·伯林特：《美学再思考：激进的美学与艺术学论文》，肖双荣译，武汉大学出版社2010年版，第62页。

家肯达尔·瓦尔顿的"艺术范畴"理论并提出了与之相对的"自然范畴"。这一新理论的提出正是着眼于赫伯恩 1966 年提出的自然美的忽视问题。所谓的"自然范畴",是建立在自然科学、博物学基础之上的客观知识范畴。在卡尔松看来,只有以"自然范畴"作为前提的审美鉴赏才是恰当、充分的环境审美。显然,卡尔松的美学观念强调美、真一体,排除规范性审美就否定了审美本身。"自然范畴"所规定的自然相较于艺术有三方面差异:一是主体的人是沉浸于作为鉴赏对象的自然,并通过视觉、听觉、嗅觉、味觉、触觉等感官形成一种密切、全面、包含的经验;二是自然不受时空限制,其变动具有永久性;三是自然不存在艺术品中的"设计者—产品"的二元结构,自然过程的发展变化没有人为意义或本质的赋予。建立在这些差异基础之上的"自然范畴"否定了艺术史、艺术理论介入自然鉴赏的可能性,同时也为环境话语的独特发展开拓了路径。但在卡尔松的核心观念中,环境美学更多的是将审美关注移植到环境领域,即明确对象之属性并寻求合适范畴对其进行规范性鉴赏。这使其"自然"的独特观念并没有真正融入理论建构之中。他更加关注鉴赏何物以及如何鉴赏的问题而非美感本身,时空变动性所引起的知识相对性也被忽略了。这种研究方式实际上隐藏了审美主体自身参与的批判,而仅仅以对象的适宜性、合理性为依据,使得环境美学与艺术美学的研究方式同源而异出。在确立环境美学合法性的论述中,卡尔松同样批判了 18 世纪开始的"无利害"观与"如画"性,并对 20 世纪初的形式主义美学进行批评。针对 18 世纪夏夫兹伯里、哈奇生、阿里生的"无利害"观,卡尔松认为排除了认知利害的心灵状态并不一定就是真正的审美经验的本质。他说:"或许真正空灵而自由的心灵以及甚至排除各种认识维度的心灵根本不具有审美经验。"① 在这一反驳中,卡尔松质疑了"无利害"鉴赏作为唯一审美鉴赏方式的独断。在批驳 20 世纪形式主义的时候,卡尔松并不完全否定环境具有形式特征。英国理论家克莱夫·贝尔曾提出著名的"有意味的形式",强调线条、色彩、形状是审美的重

---

① ［加］艾伦·卡尔松:《环境美学——自然、艺术与建筑的鉴赏》,杨平译,四川人民出版社 2006 年版,第 45 页。

要维度。卡尔松认为这种对景观环境的鉴赏方式有其合理性，因为表象的景观形式也是审美的重要来源，但如果仅凭形式要素鉴赏进而走向纯粹的形式主义，那么环境自身的复杂性和不确定性就将这一方式推向边缘。所以，就卡尔松而言，无论是对"无利害"性的批判还是对形式主义的反思都存在一个基础：环境类比于艺术。从其路径来看，传统的艺术审美观移植于环境美学虽然不完善，但至少具有一定合理性，这种合理性就来源于环境与艺术内在结构相似性的分析。例如，在对"无利害"性的思考中，卡尔松强调知识要素对于艺术、环境鉴赏一致性①的价值；在"形式主义"批判中，他认为形式要素在艺术中的组织性在环境中较为缺乏。卡尔松将环境与艺术的各个方面进行差异化类比，分析方法却是传统美学的方式，这种理论思路体现了其作为折中主义者的身份。卡尔松善于发掘传统艺术美学的合理要素，并将其合理性视野移植到环境美学之中。环境与艺术虽然分立，但理论方法却可通用。

三 美学价值与伦理价值在交融中面向实践

环境美学的发起阶段关注的主要是自然审美、景观审美，这同人与自然关系的紧张有很大关联。这一紧张关系引发了人们关怀自然与环境，并通过哲学反思重构人与环境的关联。美学价值与伦理价值就在这一反思当中相互启发。卡尔松的"科学认知主义"认为自然鉴赏要获取生态学、植物学等自然知识作为恰当鉴赏的条件，以此使得美学与伦理学和谐一致。20 世纪的景观规划与建筑设计也经历了从实证主义向生态设计理念转型的过程。在此过程中，人类中心论的设计美学逐渐被人与环境、生态交融和谐的生态设计取代。所以，无论是审美活动还是审美设计，两者都受到生态运动、环境伦理学发展的积极影响，并在理论与实践中得到体现。

就环境伦理学的历史而言，审美与价值的反思也由来已久。法国启蒙思想家卢梭在 18 世纪就倡导"回归自然"。卢梭认为，"自然状态下人

---

① 卡尔松所认同的鉴赏一致性，在于对象自身能够得到如其所是的鉴赏，不会因为鉴赏者的个性、身份、文化背景等要素而产生较大的差异。

与人之间的差别比社会状态下人与人之间的差别要小得多，人为的不平等必定会使自然的不平等大大加深"①。这一倡议更多的是对社会状态下人类不平等的批判，但客观上引发了公众对于自然审美的关注。19 世纪英国浪漫主义诗人柯勒律治和华兹华斯对自然的赞颂广为流传，他们对自然风光、田园景观的歌颂透露出丰富的感官体验，在精神上展现出泛神论的宗教情怀。20 世纪之前的自然伦理与审美更加倾向于浪漫主义的荒野体验。美国作家梭罗被唐纳德·沃斯特称为生态学产生前的生态学家，他认为自然存在一种超灵的道德力，人要通过直觉去把握物质表象之下的世界整体。R. F. 纳什称这种整体主义观念为"神学生态学"。他既是沉浸于自然天地的审美参与者，也是对人与环境进行伦理反思的思想者，两种品格集中体现于其著作《瓦尔登湖》。虽然梭罗没有有意识地建构环境生态思想，但他将自然万物看作有生命的、不断变动的共同体，这一理念已经暗合了当代的环境伦理学观念。并且更重要的是，他将湖畔耕种、沉思、游历、感受的诗意生存与人和自然关系的反思融为一体。另一位自然主义者约翰·缪尔也持同梭罗类似的观点，他认为"大自然也是那个人属于其中的、由上帝创造的共同体的一部分"②。缪尔终生致力于保护美国西部的荒野，并通过政治参与推动了美国国家公园的建立。他倡导人是自然共同体中的普通一员，无论是植物、动物还是石头、水，作为上帝的创造物都将净化人的心灵并使人获得审美满足，使人身体得到休息、元气得到恢复。对于荒野自然的纯朴之爱，在梭罗、缪尔那里是结合审美与伦理的关键要素，两者倡导的自然有机体观念对于 20 世纪环境伦理学具有启发意义。

余谋昌在《生态哲学》中认为，19 世纪的生态学还处于描述性阶段，20 世纪上半叶才是经典生态学的发展时期。20 世纪生态学理论的迅猛发展为人与自然关系的反思注入了更多的理性精神而不是浪漫的宗教情怀，关注的焦点也由荒野自然转移到了生态系统与人居环境。曾建平认为，

---

① ［法］卢梭：《论人类不平等的起源和基础》，高煜译，广西师范大学出版社 2009 年版，第 121 页。

② ［美］R. F. 纳什：《大自然的权利》，杨通进译，青岛出版社 1999 年版，第 40 页。

"如果说生态伦理思想在孕育期大多借助于直观、感觉、想象等手段来表达自己的观点，那么在创立阶段则已通过抽象、反思、批判等形式对欧美文化传统进行梳理从而呈示自己的主张"①。"生态学"虽然于 1866 年由德国生物学家海克尔提出，但其真正意义上的学科发展却在 20 世纪。一系列概念，诸如"生物群落""食物链""生态系统""小生境"均由西方的生物学家、生态学家提出并不断发展。越来越专业化、科学化的学科探索也为环境伦理讨论奠定了坚实的基础。这一时期美国的重要学者奥尔多·利奥波德、蕾切尔·卡逊都是环境领域的科学家，他们同时又是人与自然关系的积极反思者。

利奥波德是美国的自然保护论者，他曾经是美国联邦林业局的工作人员，他的著作《沙乡年鉴》被称为"现代环境主义运动的一本新圣经"。他继承了 19 世纪关于自然是有机共同体的理念，并做出了如下创新。一是要求建立人与自然有机体其他成员的伦理关系。利奥波德在广泛吸收生态学②知识的基础上，批驳了以经济学视野对待自然的方式，认为人类应当尊重共同体中的其他成员以及共同体本身。二是第一次结合生态学肯定了动植物的权利并认为人类对大地负有责任。利奥波德重新定义了道德，他认为道德是对行动自由的自我限制。在生态有机体中，人类掌握了巨大的技术力量，因而人自身需要更大的伦理制约。具体而言就是，承认动植物、水、土壤有继续存在下去的权利，并且人类对此负有责任。三是推动生态平衡的伦理化建构，即大地伦理。利奥波德的大地伦理观是建立在整个生态系统的动态稳定之上的，强调生物机制自身的调节作用。所以，一方面，在对待生命个体上，他并不认同必须保护一切生命，重要的是物种以及生命共同体的完整；另一方面，人对于自然的技术化改造必须受到约束，这一约束要以维护人的生存、维护其他物种的生物权利为归宿。R. F. 纳什认为，"他（利奥波德）所倡导的

---

① 曾建平：《自然之思：西方生态伦理思想探究》，中国社会科学出版社 2004 年版，第 45 页。

② 利奥波德于 20 世纪 30 年代由政府部门转入学术机构，同"食物链"的提出者爱顿等生物学家广泛接触，努力将传统有机体观念同现代科学解释相结合，同时用科学思维发展了俄国哲学家彼特·奥斯宾斯基关于有机体的本体解释。

道德将要求美国人彻底调整他们所考虑的基本优先问题，彻底调整他们的行为方式。他的哲学还要求彻底地重新理解进步的含义"①。美国生物学家蕾切尔·卡逊于1962年出版的《寂静的春天》更是触发了20世纪60年代美国的环境保护运动。卡逊在著作中控诉了农业等化学制剂对水源、土壤、生物多样性造成的损害，并据此批判人类对于自然的巧取豪夺与大肆破坏。她从人类对于害虫的认知感受到，人类中心论占据了我们对自然的认知，因为只有在以人类利益为中心的观念里才会有害虫。杀虫剂的滥用不仅仅消灭了害虫，还使得一些昆虫产生耐药性，破坏了生态系统，杀死了更多的生物。卡逊秉持的信念是："生命是一个超出我们理解范围的神奇现象，我们即使在与它抗争时也应敬畏它。"② 卡逊希望能够扩大道德关怀的范围，实现人与所有生命的和谐共处。

　　生态学化的环境伦理思想，一方面使人借助科学思维反思人与环境的关系；另一方面，这些学者并没有停止对人与自然审美关系的思考，甚至可以说，对于自然、环境的审美感知追求促使他们做出了重要的理论阐发。利奥波德在《沙乡年鉴》中说："当一个事物有助于保护生命共同体的和谐、稳定和美丽的时候，它就是正确的，当它走向反面时，就是错误的。"③ 程相占依据生命共同体、完整、稳定、美丽四个词语的词缀概括出4Y原则，并且认为"'美'被视为生命共同体的重要特征之一，是否保护自然事物之美成为人类行为正确与否的标准之一"④。事实上，尽管利奥波德的写作充满了对自然生机的赞美，但自然美学本身并不是他有意探讨的话题。与其说利奥波德赋予了自然美以伦理评判的价值，倒不如说他更加关注如何使人在生态学知识中获得对大地整体的感知力。所以说，不是首先去评判美丑，而是心怀敬畏之心去感知。在利奥波德那里，将生态学知识介入对生态整体的感知，就会实现大地伦理的价值。利奥波德将感知看作户外休闲的重要组成部分，他认为"土地和土地之上的有生命的东西，是通过这个进程获得了它们特有的形式（进化），并

---

①　［美］R. F. 纳什：《大自然的权利》，杨通进译，青岛出版社1999年版，第89页。

②　［美］R. F. 纳什：《大自然的权利》，杨通进译，青岛出版社1999年版，第98页。

③　［美］奥尔多·利奥波德：《沙乡年鉴》，侯文蕙译，商务印书馆2016年版，第252页。

④　程相占：《美国生态美学的思想基础与理论进展》，《文学评论》2009年第1期。

以此维持着他们的存在（生态学）的"①，"提倡感知，是休闲事业上唯一创造性的部分"②。利奥波德将生态科学的理性眼光看作揭示共同体内在功能和结构的一把钥匙，并将这种感知能力看作真正导向审美的路径。同利奥波德一样，卡逊也寄希望于用生态学知识的普及来唤起民众的环境保护意识，其整体路向也体现在生态的有机整体观上。基于对史怀哲"敬畏生命"的继承，她认为"对这千百万的人来说，大自然的美丽和秩序仍然具有一种意义，这种意义是深刻而极其重要的"③。

早期的环境伦理思想虽然并不直接论及美学意义，但往往与审美相交织。当环境伦理学在20世纪七八十年代被哲学家、伦理学家建构起来的时候，其理论阐述也没有忽略环境的美学价值。"自然价值论"的倡导者罗尔斯顿在《从美到责任：自然美学和环境伦理学》一文中说："对于环境伦理来说，审美经验是最基本的出发点之一。"④虽然罗尔斯顿承认了审美实践的基础地位，但当涉及是否应当把美学作为环境伦理建构理论基石的时候，他给出了否定的回答。这主要基于两个现实原因。一是当代的美国美学以分析美学为主流，这一美学思潮擅长将审美对象限制于艺术领域。当部分美学家将关注点转向自然环境，他们也往往对自然现象做艺术化的构成分析。二是排除美学自身的不足，人们缺乏对于自然生态具体知识的了解。对于生命共同体的不了解，使得人的审美具有个体性、文化性甚至变易性，这都使得审美（至少是当代的）不足以成为环境伦理的基础。当然，罗尔斯顿并不是否认环境审美与环境伦理结合的必要性。他说："美学可以成为环境伦理学的一个充分基础吗？这要看你的美学走得有多深入。"⑤这种深入的美学就在于人类能够将自然的属性、过程、生态系统的特征等作为观照的一种前提条

---

① ［美］奥尔多·利奥波德：《沙乡年鉴》，侯文蕙译，商务印书馆2016年版，第194页。
② ［美］奥尔多·利奥波德：《沙乡年鉴》，侯文蕙译，商务印书馆2016年版，第194页。
③ ［美］蕾切尔·卡逊：《寂静的春天》，吕瑞兰、李长生译，上海译文出版社2011年版，第125页。
④ ［美］阿诺德·伯林特主编：《环境与艺术：环境美学的多维视角》，刘悦笛等译，重庆出版社2007年版，第151页。
⑤ ［美］阿诺德·伯林特主编：《环境与艺术：环境美学的多维视角》，刘悦笛等译，重庆出版社2007年版，第169页。

件。卡尔松对罗尔斯顿的这一思想持肯定态度，并认为环境美学的不同派别要综合起来才能成为罗尔斯顿所倡导的环境伦理学的基础。① 卡尔松倡导科学认知的环境审美，它有利于促进对于环境的恰当鉴赏，也就是"如其所是"的鉴赏。在后期，卡尔松更加看重鉴赏对象相对于整体的功能性特征，这恰恰同罗尔斯顿对环境美学与环境伦理相结合的展望契合。他谈道："功能之美如我们所阐释，是一个被广泛应用于活的有机物的概念，因为有机物的许多部分与特性，就其形式根据执行某些任务的需要，已被自然选择而言，可理解为具有功能。当生物具有功能之美，其某些审美特性产生于，或依赖于这些功能。"② 卡尔松分析了"貌适"的功能之美。例如，印度豹瘦窄的身躯、矮小的头部、细长的四肢以及弯曲的爪子，每一种外貌的形制都对应有利于生存的功用。我们对这一生物的审美感受就依赖于这些功能的形式因素。卡尔松据此希望连接起对象的审美特性与功能伦理的关系。另外，伯林特也高度重视环境美学的伦理价值。他说："通过巩固环境美学的考察，我开始考虑生态学可以做出重要的，事实上是决定性的贡献。通过从生态学指向出发，我们在探索中获得了启发性视角，因为它转变了我们关于环境以及美学的理解。"③ 事实上，在环境美学的考察中，众多的理论家都将视角转向审美价值同伦理价值的沟通，这是一个普遍现象而不是个例。学者谢拉·林托特（Sheila Lintott）也倡导"走向一种生态友好型美学"。她指出："最近哲学文献开始大量关注美学与生态学的关系。也许主要原因在于美学的趣味以及倾向有着巨大的生态学作用，这里的一部分原因在于我们的审美趣味可以增进感情并激发行动。"④

　　伦理学作为道德哲学在环境伦理中被具体化为对环境整体权利的观

① 参见［加］艾伦·卡尔松《当代环境美学与环境保护论的要求》，刘心恬译，《学术研究》2010 年第 4 期。

② ［加］格林·帕森斯、艾伦·卡尔松：《功能之美——以善立美：环境美学新视野》，薛富兴译，河南大学出版社 2015 年版，第 90 页。

③ Arnold Berleant, *Aesthetics Beyond the Art-New and Recent Essays*, Farnham：Ashgate, 2012, p. 120.

④ Allen Carlson and Sheila Lintott, eds., *Nature, Aesthetics and Environmentalism：From Beauty to Duty*, New York：Columbia University Press, 2008, p. 380.

照，并涉及人对于环境的责任、义务。人与环境的关系密不可分，审美、伦理也在这一生存之境中相互支撑和构成，只是这一视域下的人与环境伦理关系究竟是以审美为目的还是以其为基础尚未得出统一的答案。不过，具有生态性的环境审美本身确实应当成为人反思自身同环境关系的重要动力而非结果。作为环境伦理基础的生态学立足于当代的科学发展成果，提供了一种考量人与环境、生态关系的科学思维。这一思维方式不仅深刻影响了伦理、美学，它还指引人们在环境规划、设计中进行变革，突出体现在"生态设计美学"的兴起。这种变革在设计美学基础理论中也是具有彻底性的，体现出环境美学价值与伦理价值融合与实践的面向。

欧洲自古希腊、罗马直到中世纪，城市建筑与设计都具有一定风格，但基本还没有出现专职城市设计师进行创造性的规划。随着文艺复兴思想解放运动的开始，欧洲出现了阿尔伯蒂（Alberti）、帕拉迪奥（Paladio）等一批学者主动思考建筑及城市的设计、规划问题。人文主义思潮下的设计师们纷纷将自己的独特理解融入城市的设计当中。例如，阿尔伯蒂的理想城市（Ideal Cities），整体形式为一个星形，中心为教堂、宫殿，从中心到边缘为放射形的街道、边缘为呈钝角的城墙，并在城墙边筑以堡垒形成防御。同中世纪的建筑风格类似，文艺复兴时期的城市设计是相对静态的，并且极为看重几何比例与数学理论。工业革命之后，现代城市设计思想开始发展起来。不同于文艺复兴的理性主义传统，现代设计思想要面临工业时代的城市化问题。工业化时期人口剧增，能源需要成为城市发展的命脉，交通、用地、工厂、工人问题成为设计师必须面临的问题。早期如法国建筑师勒杜（Ledoux）建立了具有同心圆形态的城市模型，它更加重视工人住所，并且试图将绿化带、交通线很好地结合起来。现代主义的城市设计淡化了文艺复兴时期的理性主义而重视功能性，讲求观照人的需求，但远远未达到人文主义、生态主义的要求。较典型的代表就是现代主义城市设计大师柯布西耶（Le Corusier）的思想与作品。在《现代城市》（Urbanisme）中，他展示了为 300 万市民规划的理想城市方案。其中，市中心为一个多层空间的广场，是所有交通的汇聚点；分布两旁的是 24 栋十字形的高达 60 层的楼房，人口密度极高；西侧为市政府、博物馆所在地，东侧为工业区、仓库以及铁路站。中心城区能够容纳 100 万人口，分布于郊区的花园城市则可以容纳 200 万人口。尽管柯布西耶理想的都市模型极为具有功能效用性，并重视城市居民的生活便利，但极为机械、讲求功用的实证主义城市发展理念忽视了人与人、人与自然之间的有机连接。这也是二战后以柯布西耶主导的"现代建筑国际大会"① （International Congress of Modern Architecture） 最终瓦解的根本缘由。

现代主义对于传统建筑形态的忽略、对于人性空间的占有以及由之引发的生态危机最终导致这一传统走向衰落。有些学者认为现代主义之后的理论"终结了城镇规划、'空间'规划、'欧几里得'规划及蓝图规划；而不仅仅是谴责现代主义的城镇规划，还批评整个现代主义的计划，质问科学、工程学、技术的价值和有效性，甚至还有合理性"②。将当代的生态学理念引入城市设计理论，证明了这一说法。1969 年，著名城市设计师伊恩·麦克哈格（Ian Mcharg）出版了《设计结合自然》。他创造性地将人居环境的规划同生态自然的科学结合起来，试图建立一种"生态设计"原则与方法，采用"叠加分析法"将自然、人文要素按不同层级绘制成地图，以此作为生态设计的适应性分析。城市设计、景观设计越来越关注生态学理论，特别是对气候、地质、地形、水文、土壤、植被等自然生态系统要素以及包含了历史、居民、社区需求的人文生态系统要素进行量化评估与分析。但如何使美学观照生态设计或使生态设计满足人的审美参与，对这两个问题进行研究的却很少。

贾苏克·科欧（Jusuck Koh）就是关注这些问题的重要学者。他毕业于麦克哈格任教的宾夕法尼亚大学，受到麦克哈格的重大影响，曾先后任教于美国得州理工大学、荷兰瓦格宁根大学，是当代生态设计美学的重要倡导者。当代生态美学代表程相占在《美国生态美学的思想基础与

---

① "现代建筑国际大会"于 1928 年成立，1959 年解散，是现代主义城市设计里程碑式的学术组织。它于 1933 年提出了居住、工作、休闲、交通为核心原则的"功能城市"理念，后期由于缺乏对于"人性空间""人文价值"的积极响应而最终瓦解。

② ［英］斯蒂芬·马歇尔：《城市·设计与演变》，陈燕秋等译，中国建筑工业出版社 2014 年版，第 45 页。

理论进展》中将科欧的思想介绍到中国。程相占认为，"科欧的生态美学将人与环境视为一个系统，批评实证主义美学和设计观念将人与语境排除在外而单独考虑建筑和景观，追求'与人、与语境结合的建筑和景观'"①。科欧试图建构包含艺术与景观的新型生态美学。他认为，当代生态设计理论为新的美学理论提供了包含性的、描述性的基础，新美学有助于解释艺术美、自然美，并且和景观建筑相关。他建立了包容统一性（inclusive unity）、动态平衡性（dynamic balance）、互补性（complementarity）的生态美学三大原理。前两者分别是对传统形式美学的改造，后者则来源于科欧对东方设计理念的吸收。科欧强调三大原则在根本上基于自然的创造性过程（natural creative process），这与麦克哈格所认同的"形式与所有的进化过程结合在一起"极为相似，因为两者都非常看重生态自然的创造性。科欧指出："理论的综合需要人去发现一个结合概念（unifying concept）（两个学科的共同基础），或者两个学科可结合的共同理论。考虑到这点，'创造性的理论'（theories of creativity）为我们提供了一个有用并科学的基础。创造力是一个连接美学与设计、艺术与科学、产品与过程、感受与认知和经验、艺术品美学与自然美美学的概念"②。科欧试图通过"创造性的理论"将伯林特现象学美学的"审美场"（aesthetic field）同生态设计结合起来，这样发展出来一种可以指导设计实践的新型生态美学。当然，正如科欧2004年在瓦格宁根大学做的报告所言："我们也必须接受，现在这些清晰、精妙的语言更多的是在建筑、环境以及大地的艺术中生发出来的，而并非由当代景观建筑的实践中得来。也许当代景观例证的不足，最深刻地揭示了生态美学或者说生态设计美学的薄弱。它同样揭示了，在景观科学下的景观艺术很难付诸实践，并且'参与美学'、环境、场所、自然的'现象学美学'等新兴理论也是如此。"③ 美学的描述性观念与设计的操作性实践和评估，两者面临巨大鸿沟。生态设计同美学理论的结合本身面临着多重困境，这种结合的真正

① 程相占：《美国生态美学的思想基础与理论进展》，《文学评论》2009年第1期。
② Jusuck Koh, "An Ecological Aesthetic", *Landscape Journal*, issue2, 1988.
③ 参见 http://library.wur.nl/WebQuery/wurpubs/fulltext/31548。

实现可能并不会很快到来。

　　如果说传统的美学理论聚焦于艺术本身的诸多范畴问题，与之相似的，城市规划与设计的传统也往往将城市的空间形态作为重要的模型建构。两者在生态文明阶段的共同挑战是，如何将人与环境的美学关系、人与城市的生存关系看作生态性的审美生存关系。两者最终的归宿在于探讨人与环境的审美生存，生态性是这一存在形态的根本特征。这种结合的必然性使"生态设计美学"成为更为广泛的"环境美学"的重要组成部分。这也是生态设计美学值得重视的原因。当然，"生态设计美学"本身的复杂与困难也应当被我们重视。第一，生态性的根基来源于生态学的科学探索。由于人类改造环境的多样性，生态科学需要为不同区域、不同生态的改造规划提供更为专业的知识。第二，人类的设计规划，本身就是对原有生态的一种改造，如何衡量与评估原有生态的运行、人为改造的正负向影响、改造完成后生态的整体运行方式和承载力，都需要我们做出全面的考察与准备。第三，美学观念如何从传统的艺术鉴赏转向整体性、有机性的审美视野是一个巨大难题。此外，如何在生态设计的过程中发挥人的自由度，使生态环境本身既成为涵养人的具有家园认同感的境域（人文性），又成为具有整体活力的生命共同体（生态性），则是未来必然面对的课题。

第 二 章

审美领域的扩展：
从"自然"到"环境"

当代环境美学的重要标志就是审美领域从艺术转向环境。这一变革并非源于自上而下的理论到实践。恰恰相反，这一转变更多地来自生态文学作品的启发以及北美环境保护运动的推动。其中，对于自然审美的重新发现构成从艺术到环境转变的中间环节。自然保护的社会运动影响了美学理论建构。美国的经验主义美学家杜威强调经验的整体性，试图将自然与人文的审美统一于经验，打破人与对象的二元划分。这一思想在当代北美环境美学家那里得到继承。不仅如此，环境美学在审美领域更进一步，将环境与生活统一起来，这就使环境美学与当代的日常生活美学相通。审美领域自身的扩大，不仅仅满足于理论的对象性诉求，同时它也在积极建构最为广阔时空维度的存在之境。这为当代环境美学走向综合性学科架构奠定了基础。

第一节　自然审美的重要传统：肯定美学

当代北美的环境美学家往往持有一种叫作肯定美学（positive aesthetics）的观念。它的主要观点为：所有的自然界都是美的。这一观念又被中国学者彭锋阐发为"自然全美"。肯定美学认为，当自然环境没有被人类接触时，它主要有肯定的审美品质，如它是优美、典雅、强烈、统一、有秩序的，而不是乏味、迟钝、平淡、不连续、嘈杂的。总之，所有未经人沾染的自然本质上具有审美之"好"（good）。对自然界恰当、正确的审美鉴赏主要是肯定的，否定审美判断很少或没有。这样一种非常具有个性的观念，它既遥远又现代，经历了历史思潮的洗礼越来越被当代研究者重视。它成为当代环境美学研究领域扩大的重要理论先声。

一   肯定美学的传统

在对自然环境有着严肃思考的学者那里，肯定美学被广泛赞同。彭锋认为，"肯定美学的这种主张，可以用一句话来概括，那就是'自然全美'，即所有的自然物在本质上都是美的，或者我们应该将所有的自然物都看作是美的"①。这种观念被彭锋视为当代环境美学建构的理论基石。肯定美学并不是针对环境美学发展而独创的美学理念，它本身有着一定的传统来源。在当代，它经过卡尔松的概括提炼而成为一种重新被建构起来的传统。

肯定美学的现代起源可以追溯到康德时代的古典哲学时期。康德围绕自然展开论述的"美"与"崇高"渗透着对自然审美规范的推崇。在康德看来，"在一个美的艺术作品上我们必须意识到，它是艺术而不是自然；但在它的形式中的合目的性却必须看起来像是摆脱了有意规则的一切强制，以至于它好像只是自然的一个产物。在我们诸认识能力的、毕竟同时又必须是合目的性的游戏中的这种自由情感的基础上，就产生那种愉快，它是唯一可以普遍传达却不建立在概念上的"②。自然为艺术提供了借鉴的范例，因为自然既不是单纯通过感官感觉也并非通过概念来进行鉴赏，而是来自"单纯评判"。艺术要尽量解除自身概念、目的的束缚并接近自然。

19世纪的景观艺术家开始明确将肯定美学的观念表达出来。约翰·康斯特布尔（John Constable）提出了关于肯定美学的名言："我一生从未见过丑的东西。"这一观点是从自然的风景如画性上来立论的，对后来绘

---

①　彭锋：《完美的自然——当代环境美学的哲学基础》，北京大学出版社2005年版，第95页。

②　［德］康德：《判断力批判》，邓晓芒译，人民出版社2002年版，第149页。

画发展有一定影响。另外，约翰·拉斯金（John Ruskin）也在其《绘画要素》中提到，他只在人类不及之处发现"美的确定性"。19世纪美国著名的环境保护运动学者乔治·马什在1864年出版了被称为"环境保护运动奠基作品"的《人与自然》。地理学家大卫·洛文塔尔（David Lowenthal）在这本书的序言中写道："之前很少有书能够影响人对于土地的观点和应用。在美国人对于资源无穷尽的自信的顶峰，它是第一部批驳这种富足观点的书，并表达了改革的需要。它展现了人与自然如何不同，也展示了自然自身的运行，此外它也真实呈现了当人清理、耕种、建造时，自然发生了什么。事实上，如今人们已将马什的观点看作是理所应当。"[1] 马什此书意在揭示由人类造成的物理世界变化的特点以及范围，并呼吁人们注意自身行为对于有机或无机世界和谐的影响。马什的核心信条是：人类作为更高阶段的生命同样是受自然恩惠的滋养。在马什那里，只有在处女地，自然才能得到普遍鉴赏，人类往往扮演着自然和谐的破坏者。另一位美国环境保护的领袖约翰·缪尔（John Muir）认为，野生状态下的土地是没有丑陋存在的。在《高山的新风景》中，他谈道："同样地，在这个山地的所有溪流和水泊都很少被有土覆盖的树木所供给，尽管它们从远处看很稀少，但能使得鉴赏者对其独具的魅力感到惊奇。在这些小块有植被的地方，一些鸟找到了快乐的家。由于没见过人类，它们不怕生病，并好奇地在陌生人周围飞动，它们几乎落到人手上。在如此原始和美丽的地方，我度过了我的第一天，所看所听都在激发一个人，使他远远超出自身，但又返归自身锻炼其个性。"[2] 在传统的风景画中，那里不能称之为美的地方，在缪尔的眼中却成了新风景，原始自然的壮丽、多样、丰富、和谐，构成的是一幅从远古而来的不朽作品。

　　这些传统观念都在一定程度上认同自然本身的肯定审美特性，并在反面否定人为影响对于自然审美价值的介入。这种正反两方面的论述正是肯定美学的两个重要逻辑环节。对于人为因素的完全否定是对自然全

　　① George Perkins Marsh, *Man and Nature*, Massachusetts: The Belknap Press of Harvard University Press, 1965, p. 9.

　　② Allen Carlson and Sheila Lintott, eds., *Nature, Aesthetics, and Environmentalism: From Beauty to Duty*, New York: Columbia University Press, 2008, p. 68.

美这一极具偏向性理论的重要前设。当代的环境伦理学家、环境美学家更多地从理论上对这一传统进行阐发。正如卡尔松所言，当代的哲学家和环境学者往往不用一种绝对化的普遍观念来描述肯定美学。例如伦纳德·菲尔斯（Leonard Fels）、莉莉－马琳·拉索（Lily-Marlene Russow）、肯尼斯·西蒙森（Kenneth Simonsen）等学者都将自然的审美属性和价值提升到非常重要的位置，但并未刻意否定人类影响的作用。

二　科学认知主义视野下的理论改造

卡尔松非常重视关于自然审美的肯定美学观念。在他看来，艺术的审美鉴赏中存在着否定的审美判断，也就是说，并不是所有艺术均在本质上具有审美之"好"，但对自然恰当或正确的鉴赏则在本质上导向正向、积极的审美。艺术同自然审美判断领域的差别显现出来，即一方面，艺术本身并不能保证所有的审美判断均为正向；另一方面，对于自然，人们只要有着恰当、正确的审美鉴赏都会获得积极的审美判断效果。卡尔松的肯定美学观分为两个阶段：前期是科学认知介入的肯定美学，后期是"功能之美"理论影响下的新阐发。

卡尔松的肯定美学思想直接来源于芬兰学者阿恩·金努嫩（Arne Kinnunen）的阐发。金努嫩在其《自然美学》中写道：

> 所有未被触及的自然部分都是美的。能够审美地享用自然不同于判断。自然美学是积极的，只有当人为影响的因素考虑进来的时候，消极的批评才会发生。①

金努嫩非常明确地提出了自然同艺术鉴赏的不同。自然本身只具有肯定的审美特征，而否定的或者说是批评性的审美活动只会发生在艺术以及被人改造过的自然鉴赏中。这种将原初自然视为积极也即全美的思想，构成了当代肯定美学进一步发展的基础。但肯定美学的古典形态面

---

① 转引自 Allen Carlson, *Aesthetics and the Environment*: *The Appreciation of Nature*, *Art and Architecture*, Taylor & Francis e-Library, 2005, p. 76。

临一个困境，即如何真正地实现这一肯定的审美鉴赏。承认自然的全美以及排除人为因素虽然将这种独断的积极性呈现出来，但这一审美经验的实现路径却还没有得到完全充分的探讨。其实，这一现状使人容易陷入对于自然肯定审美的美丽空想。卡尔松认识到肯定美学实现路径的缺乏，他通过新的理论阐发试图推进并完善这一传统。卡尔松批判了肯定美学领域的三个传统。

首先，他反驳了非审美的自然鉴赏（nature appreciation as non-aesthetic）。这一观念主要强调肯定美学本身存在着一种非审美的可能，即我们对于自然的反应在本质上不是审美判断。这一观念的代表是罗伯特·艾略特（Robert Elliot）。他在《仿造自然》中说："审美评价一个明显的构成要素是依赖于将审美对象看作一个有意图的对象、一个人工制品，是由其作者的目的和设计塑造的物品。艺术的评价工作要考虑到作者的意图来解释它们、评判它们；这涉及将作品置于作者的作品集合范围内，还涉及将其定位于一些传统以及一些特定的背景中。自然并不是艺术作品。"① 卡尔松实际上也认识到艺术与自然鉴赏的区别，但他认为并不能将自然鉴赏直接排除于审美之外，应当为其找到更好的实现路径。卡尔松的观点是，"任何事物都对审美鉴赏开放"。卡尔松认为艾略特的观点有三个问题：其一，环境评估不是审美的，并不能得出人们对自然的反应属于非审美；其二，虽然环境缺乏艺术评估的要素，但这并不能得出自然鉴赏属于非审美的必然结论；其三，虽然自然不是有意识的人工产品，因而不符合艺术品的审美评价标准，但这并不表明自然不可以通过自身的范畴标准以及物种、类别等自然史知识构成审美评价标准。总之，卡尔松首先批判了将自然鉴赏排除在传统审美观念之外的倾向。

其次，卡尔松批驳了以崇高观念为核心的肯定美学观。这一观念认为荒野自然超越了人类控制的边界，并且我们不能清楚地了解它为何存在以及如何保存自身，对自然的审美只剩下敬畏。这一观念的代表是肯尼斯·西蒙森（Kenneth Simonsen）。他在《荒野自然的价值》一文中写

① 转引自 Allen Carlson，*Aesthetics and the Environment：The Appreciation of Nature，Art and Architecture*，Taylor & Francis e-Library，2005，p. 77。

道："他同独立存在的自然界相遇，这一自然界并不同智慧生命的设计相协调。他不能深入这个世界，尽管他可以深入人类构造物。因此，在这个世界有一些事物让人震惊，它们是由模糊的乃至不易觉察的力量所创造。他面前所见的荒野景观充满了各种神奇。它们就像可怕的阿芙洛蒂忒女神从神秘的无形之海出现并站在他面前……所有的荒野之物都被赋予了敬畏。"① 这种观念虽然部分地支持了肯定美学，但其核心问题在于将野生自然视为神秘的、可怕的事物。卡尔松认为，从总体上说，崇高观的肯定美学是不恰当的，因为肯定美学的审美特质并非来源于一种对"不得要领的"（pointless）、"假设的"（presumptive）否定批评的拒斥。所谓"不得要领的""假设的"，就是认为人类不能在根本上改变物理的自然世界，因而不能在艺术意义上重新塑造、开发、定义自然，同时也意指人类不能在精神上十分精确地把握自然。由它们引起的否定批评自然不具有合法性，但由此走向反面认为所有的自然鉴赏都是积极的也不合理。正如卡尔松所言："尽管自然界是其所然的而不是艺术品，因而不能同智慧生物的设计相协调，但这不意味着我们不能理解它。它只是意味着我们不能用人工制品的方法，也就是创造它的方法，来理解它。"② 所以，崇高观的肯定美学只是卡尔松意义上肯定美学的一个充分而不必要条件。

最后，卡尔松又批驳了一种以宗教有神论为支撑的肯定美学观。这种有神论的基本观念是：自然是由全知全能的上帝设计、创造、维持的。由这种观念引出的肯定美学观强调自然界是完美的，是由神明所创造的，从而不具有否定的审美批评。尼尔森·波特（Nelson Potter）谈道："有神论者将世界看作经由上帝设计和规划的产物。例如，他认为日落景观是上帝为了观察者的愉悦和鉴赏而安排的，正如画廊中欣赏油画的观察者是由艺术家创作的作品来为他提供愉悦和鉴赏一样。唯一的不同是，

---

① Kenneth H. Simonsen, "the Value of Wildness", *Environmental Ethics*, Issue3, 1981.

② Allen Carlson, *Aesthetics and the Environment: The Appreciation of Nature, Art and Architecture*, Taylor & Francis e-Library, 2005, p. 81.

在自然中，艺术家不是人，是神灵。"[①] 卡尔松对这一肯定美学的神学路径感到疑惑，并提供了三点反驳：一是如果肯定美学是由有神论所支撑，那么只有有神论者才会真正认同所有的自然都具有审美之好，但实际情况并没有这种巨大的区分；二是在西方传统宗教观中，对于邪恶、丑的判定有诸种方法[②]，其中对于肯定美学有论证作用的是直接否认两者的存在，但这种论证有违于直觉并且是荒谬的；三是部分宗教（例如基督教）并没有将荒野自然的审美视为完善自足，而将被人所驯化、改造的自然视为审美趣味的投射所在，这样有神论的自然观不足以支撑肯定美学。

卡尔松对传统肯定美学排除自然审美、混淆自然审美的状况感到不满。在他看来，对自然的非审美解读及崇高观、有神论的解读，都不足以解释清楚肯定美学。他要为肯定美学寻找一个具有普遍效用的实现路径。这一路径就体现在将科学认知灌注到肯定美学之中。

卡尔松非常擅长为新理论的阐发挖掘传统根源。在阐述科学认知的肯定美学时，卡尔松首先回溯了19世纪生物学、地理学、地质学对于自然审美鉴赏的介入。生物学方面，主要体现于达尔文对物种的考察和命名，达尔文描述了当时动植物的科学景观。卡尔松引用了俄国史学家维克多·罗曼嫩克（Victor Romanenko）的表述："所有的一切包括自然美，在达尔文之前都承受着神圣的印记。它后来从天堂传到了人间。那种人同自然的统一自从达尔文时期就得到广泛认同。达尔文的进化理论、他的方法论以及历史研究方法的原则在19世纪后半期就开始对美学形成革命性的影响力，而美学是同精密的自然科学相去甚远的。"[③] 卡尔松认为，在肯定美学的发展过程中，科学是主要的因素。特别是在当代，对于生态美学，生物学与生态学的科学要比地理、地质学科更加相关。在罗伯

---

① 转引自 Allen Carlson, *Aesthetics and the Environment：The Appreciation of Nature，Art and Architecture*, Taylor & Francis e-Library, 2005, p. 82。

② 关于传统宗教观中对于邪恶、丑陋同全知、全能、全善之上帝的关系，卡尔松认为有三种处理方式：一是直接否定邪恶、丑陋的存在；二是通过否定上面所述的上帝具有的三种属性来确证邪恶和丑陋的存在；三是将自然神学视为解决这一问题的基石，自然神学通常从邪恶、丑陋的多种目的出发，认为两者对人是必要的，并且是对上帝德性的发展。

③ 转引自 Allen Carlson, *Aesthetics and the Environment：The Appreciation of Nature，Art and Architecture*, Taylor & Francis e-Library, 2005, p. 86。

特·艾略特、罗尔斯顿那里，都有着关于生态学视野的审美观点。艾略特认为，生态学为我们理解自然的复杂性、多样性、整体性提供了新的价值视野。罗尔斯顿认为野生价值具有审美意义，生态学视野则往往能够启发我们以尊重、欣赏的情感对待自然。另一位关注生态美学的学者约瑟夫·米克尔（Joseph Meeker）则认为，美学理论同生态学进程、概念的融合会在界定美上取得更大成功。这些理论家肯定了生态科学对于自然审美的重要意义，但往往从生态学、生态伦理的路径上进行阐发。卡尔松认为，他们的观点并没有为肯定美学提供充分的证明，自己要做的恰恰是从自然审美本身出发寻求这一证明。

卡尔松从"自然范畴"（categories of nature）理论来整合自然科学知识。何谓"自然范畴"？卡尔松在此处借鉴了美国美学家肯德尔·瓦尔顿（kendall walton）的"艺术范畴"（categories of art）概念。瓦尔顿所谓的"艺术范畴"，是指艺术领域中具有区分性的媒介、流派、风格和形式。具体而言，这些范畴关乎一件艺术品的来源，艺术家想要鉴赏者所依照的鉴赏方式，等等。例如，对于凡·高的作品《星月夜》，观众应当从后印象派的艺术范畴来欣赏其动感的画面而不是从表现主义出发，这样才能达到较好的鉴赏效果，获得审美感受。卡尔松从这一"艺术范畴"的界定出发，提出了"自然范畴"概念。他认为："类似的观点认为，有感知自然对象和景观的不同方式。这也就是说，就像艺术作品一样，它们可以通过'自然范畴'而被感知。这种'自然范畴'当然不同于'艺术范畴'。"① 卡尔松所认定的"自然范畴"是基于对艺术范畴的类比而设立的。这种"自然范畴"主要有生物种类、生态学、生态伦理等科学知识。那么，卡尔松为何在类比的基础上创造"自然范畴"的概念呢？这主要基于两点：第一，同艺术鉴赏类似，自然鉴赏是否合理取决于人们是否关注对象的审美品质，即能否用正确的方式感知这些品质；第二，类似于不同"艺术范畴"对审美品质的规范意义，自然对象同样面临如何对审美品质进行归类的问题，显然不同的归类方法将使得人对自然产

① Allen Carlson, *Aesthetics and the Environment*: *The Appreciation of Nature, Art and Architecture*, Taylor & Francis e-Library, 2005, p. 89.

生不同的审美体验。基于以上两点，卡尔松事实上将艺术与自然的鉴赏在其性质与结构上画了等号。虽然卡尔松仅仅用"相似"来描述这种类比，但在不同的阐发中确实遵循了同样的逻辑思路。同艺术史、艺术理论观照下的"艺术范畴"相比，"对自然的审美鉴赏主要由科学所激发，肯定美学同科学的发展紧密相连"①。

通过将"自然范畴"作为自然审美的认知前提，卡尔松确立了科学正确性同审美之"好"的直接关联。虽然"自然范畴"直接借鉴于"艺术范畴"，但卡尔松并不认同艺术领域的肯定美学具有合理性。这就使得"自然范畴"在审美过程中的具体机制不同于艺术审美活动。正如我们前文所提到的，卡尔松将艺术与自然的范畴应用进行对比，目的在于考察并确立自然审美的肯定美学属性。在卡尔松看来，艺术与自然来源的不同是差异的重要前提。艺术来源于人类的创作和生产，而自然是既定的，它只等人来发现。这也就是说，"自然是被给予之物"。这样的结果就导向"从给定的对象出发，运用才华和独创性为其创造范畴"②。在卡尔松看来，"艺术范畴"往往是要优先并独立于审美之"好"的。这种区别就体现在，"自然范畴"是从既定自然出发寻求科学依据，"艺术范畴"是将既定审美规则投射到人造物的审美判断之上。"艺术范畴"参与到的审美判断未必都是肯定的，"自然范畴"的判断却必然是肯定的，因为两者产生并发挥作用的顺序不同。为进一步论证基于科学知识的"自然范畴"导向肯定美学的必然性，卡尔松还进一步探讨了科学探索本身与审美特性的直接关联。他认为科学研究对于自然的考察往往寻求"秩序""规则""和谐""平衡""稳定"等要素，进而使得自然对于我们而言更好理解。同时，这些特性对于我们也是发现审美之"好"的特性，两者在这些共同特性的连接之下得到了统一。当然，卡尔松并没有进一步讨论为何科学的探索倾向会和审美之"好"的感性判断如此契合地联系在一起，他只是将此种关联表达出来以论证对于自然的肯定美学。所以，就

① Allen Carlson, *Aesthetics and the Environment：The Appreciation of Nature，Art and Architecture*, Taylor & Francis e-Library, 2005, p. 94.

② Allen Carlson, *Aesthetics and the Environment：The Appreciation of Nature，Art and Architecture*, Taylor & Francis e-Library, 2005, p. 93.

其论证而言，这种关联的建立最终补齐了肯定美学的所有逻辑环节。

正如前文所述，肯定美学有着两个要素：一是不受人为影响的自然是全美的，只具有肯定的审美价值；二是恰当、正确的自然审美鉴赏会使得肯定的审美得以实现。传统的肯定美学观在根本意义上基本秉持第一个信条，对于第二个信条则谈之甚少。卡尔松对肯定美学的现代阐述就是基于对第二要素的证明。从逻辑上看，这种证明为肯定美学补足了缺憾，使其更加稳固。从影响上看，这一论述为实现审美领域从艺术向自然的扩展提供了合理依据。当然，对于卡尔松的这一观念，我们更多的是从环境美学发展史的视角来明确其关联与意义，其理论合理性有待后文讨论。

三　功能适应性解读中的肯定美学

自 21 世纪起，卡尔松的环境美学开始发生变化，他从早期强调"科学认知"逐渐向结构功能理论转移。由于将功能理论引入自然美学，卡尔松部分地批判了肯定美学理论，即自然审美也会有"丑"的审美判断。在卡尔松同格伦·帕森斯（Glenn Parsons）合著的《功能之美》中，"功能之美"（functional beauty）观念得到阐发。功能美学观念是对科学认知视野的进一步延续，它强调有关对象的功能知识是审美鉴赏的重要因素。这里需要关注的是卡尔松将功能界定为功能适应性（fitness for function），也正是他所认同的这种适应性才推论出与之有关的审美特性。功能之美具有简约性（simplicity）、优美（gracefulness）、优雅（elegance）等属性，它们同功能实现的外在形式有着紧密关联。当然，这一理论并不仅仅应用于自然景观的鉴赏。卡尔松还试图通过功能视野来统合自然与人文景观的审美解释，这一内容将在第二节进行探讨。这里需要重视的是，当科学认知进一步发展为功能理论之后，有关自然鉴赏的肯定美学面临着新挑战。

从总体而言，卡尔松仍然将自然的大部分视为具有肯定美学价值，但功能理论的新背景却使得他对肯定美学的极端态度有所缓和。根据功能理论，卡尔松对肯定美学进行了区分性解释。

第一，有机体的功能不良引起否定的审美判断。卡尔松说："我们对生病、畸形、受伤的有机体的审美不悦是对其外表功能不良（apparent dysfunctionality）的不悦，也就是'样貌不适'（looking unfit）。"① 在卡尔松那里，有机自然界是富有生命力的活的自然，与之相对的是无机自然。卡尔松借鉴了马尔康姆·布德（Malcolm Budd）用"疾病""畸形""接近死亡"等生物有机体的非肯定状态来论述肯定美学的一种反例，他认为伴随这些令人不悦的属性，有机体可能还会有臭味、正在受苦，等等，这些会引起人们的同情。有一部分人认为，这种审美不悦并不需要我们对于有机体的功能知识有很深的了解，从它们形体上令人不愉快的形式就可发现。卡尔松认为这是有问题的。他以鸻鸟为例，反驳了这种观点。一只鸻鸟的羽翼破损了，它的翅膀耷拉在地上，破坏了翅膀整体平滑的曲线，这种不规则形状引起了人们的审美不悦。卡尔松假设，这只鸟是一个新鸟类，即 S 鸻鸟，它的独特之处就在于副肢的松散，犹如鸻鸟破损的翅膀。这个副肢本身有着非常重要的结构功能（如可以让它在水下自由地游泳），但由于其类似于鸻鸟坏掉的羽翼而被认为是消极审美的对象。这样，从结构功能上看，这种只从形式特征来进行美丑评价的做法是不正确的。卡尔松说："肯定美学的标准反例是：受伤的、生病的、畸形的有机体因其外在的功能不适而产生审美不悦。"② 所以，有机体一定是由于外在结构的破坏引起功能不良，从而给人一种消极的审美判断。这就是卡尔松对肯定美学提出的反驳。

第二，无机物并不涉及否定的审美判断。卡尔松承认无机物自然界具有完全的肯定审美，而消极的审美仅存在于第一点中涉及的对有机物的审美。"选择功能"（selected function）与"因果角色"（causal role）的差别成为卡尔松这一区分的关键。卡尔松借用科学哲学家的理论成果来论述两者的差别，并将问题置于两种功能的规范性（normativity）差异上。当对象通过执行 X 而自然选择地产生一种特定属性，它就是实行 X 的功能。即便由于受伤、生病，X 不能被执行，这一属性不能展现出来，对象仍然具有此功能的属性。此时，我们只能说这一功能不良，这就是"选择功能"的描述。这种功能属性是卡尔松认为的规范性功能中的一

① Glenn Parsons, Allen Carlson, *Functional Beauty*, Oxford：Clarendon Press, 2008, p. 132.

② Glenn Parsons, Allen Carlson, *Functional Beauty*, Oxford：Clarendon Press, 2008, p. 133.

种。比如说，一只青蛙的蛙腿不能划水了。从自然选择的视角来看，划水是蛙腿本身的天然功能，这一功能缺失，并不表明它本身不应具有这一功能，只能说这只青蛙的腿部有着功能缺失。与之相对的是"因果角色"的非规范性功能属性。它由正在发生的因果力决定，这种功能体现于对一个封闭系统具有特定作用。当因果力消失，"因果角色"的功能也就消失了。这种功能属性并不会伴随一个物体而存在，它只在特定的系统中才会出现。这一功能属性不是规范性的，它更多依赖于特定的因果关系描述。无机自然物对于特定的自然进程有着因果关系。如果它不具有这一功能，我们只会说它不具有这一因果功能而不会将其归为功能缺失或不良。例如，河流中的一块岩石，它对于河流有着导向作用，这引起河水流向周围需要灌溉的平原。当岩石被侵蚀瓦解，这种引发灌溉功能也就随之消失，岩石本身并不能被称为功能不良。所以，卡尔松的结论是："功能不良、显在的自然丑的来源只在有机物中有可能"①。

　　"因果角色"与"选择功能"被卡尔松用来解释自然界中两种不同的功能因素。"因果角色"将一个自然物对于一个更大系统的影响看作当下的因果关系，这功能的存在与否并不具有价值评判意义。"选择功能"将有机体自身的部分功能看作特定部位自然选择的结果，其功能是否完整也就具有了对于有机体的价值功能。从两种解读框架的分析可以看出，卡尔松用功能性因素来解读自然审美实际上是一种价值区分，即一方并没有明确的功能价值，另一方则具有非常重要的功能价值。值得重视的是，卡尔松对于肯定美学反驳的基点在于，自然是纯粹的，不受人类的影响。这就使得"因果角色"与"选择功能"并不会因为人类的介入而产生价值的混淆。② 关键的问题在于这一假设能否在现实中成立，这一成

---

① Glenn Parsons, Allen Carlson, *Functional Beauty*, Oxford: Clarendon Press, 2008, p. 135.
② "因果角色"有着相对于"选择功能"较弱的价值衡量，因为它并没有将整体生态的变动看作一种价值的缺失或增强。"选择功能"则将生物有机体的自然选择功能视为价值依据。这种价值设立的偏袒本身依赖于生物进化知识，但生态整体性的知识却被忽视了。所以，卡尔松对于两种功能的解读，本身有着价值侧重。这在一定程度上已经产生了由于人类价值的介入而出现的不平衡。但相对来说，由于人类直接影响因素被排除在"因果""选择"两种功能之外，有机生物体与无机生物体的功能区分可以得到清晰的辨明。

立的现实又有多大的意义。

四　认识论与卡尔松的自然美学

无论是"科学认知"还是功能理论，卡尔松肯定美学的设定始终离不开知识的奠基。甚至从自然转向人文环境的审美鉴赏论述中，知识始终占据核心位置。鲍姆嘉通在开创美学学科的时候就将其视为低级的认识论，即一种感性认识。如果将审美等同于认识，那么审美本身就失掉了存在的合法性。所以，即便鲍姆嘉通强调审美具有认识性，但也限定其追求一种"审美之真"而非"形而上学之真"。审美本身不同于科学认识，但美学本身可以运用认识论方法来研究问题，诸如美本质问题、美的类型，等等。艾伦·卡尔松的自然美学并非起始于认识论的审美，而是在审美鉴赏方式上寻求科学认识论的指导并最终达到"恰当"审美。这种"恰当"审美在根本上不同于科学认识论。

认识论美学至少应当包含两个层面：审美活动具有认识内涵；对审美活动的理论反思也即美学运用认识论方法来建构。严格来说，卡尔松认同审美活动具有认知内涵，但绝非以此为主体。与此同时，他对自然美学的建构完全基于认识论方法。关于前者，卡尔松认同环境审美经验具有时空不确定性。他指出："环境对象经验一开始是亲密的、整体的，具有包容性的，审美鉴赏也受其塑造"①，"在对与我们相遇的广阔世界的鉴赏（如果不是完全无间地包含于其中的话）中，事物作用于我们的所有感官，它们不断地变化并且不受时空、本质、意义的束缚"②。人的自然审美经验本身是一体的和具有超越性的感性经验，但这种感性经验在卡尔松这里只是理论阐发的开端。卡尔松的自然环境美学并不是以环境审美经验的多元意义为阐发主体，而是要为这一经验"赋予"特定意义。这种特定意义的经验就在于回答：审美地鉴赏何物以及如何鉴赏。"赋予"意味着给定而非自然发生，同时它也意味着建立于认识论基础上的

---

① Allen Carlson, *Aesthetics and the Environment*：*The Appreciation of Nature*，*Art and Architecture*，Taylor & Francis e-Library，2005，p. 12.

② Allen Carlson, *Aesthetics and the Environment*：*The Appreciation of Nature*，*Art and Architecture*，Taylor & Francis e-Library，2005，p. 13.

特定鉴赏规则。运用自然科学知识以及功能知识来确定对象以及鉴赏对象的方式，这在卡尔松看来就是环境美学的核心问题。

由于卡尔松采用这种认识论方式来建构美学理论，所以强调自然审美经验开放性的理论就成为攻讦目标。他将自然审美鉴赏的方式区分为认知派和非认知派，并且确信只有认知派的审美鉴赏才是对自然如其所是的鉴赏。事实上，除卡尔松之外，没有其他学者认同自然鉴赏可以做这两种区分。非认知派重要代表阿诺德·伯林特所提出的"参与美学"本身就不是对鉴赏方式的专断界定。伯林特的美学从审美经验本身出发，意在还原"审美场"中诸多要素的相互作用而非以达到审美对象的方式为核心。所以，卡尔松的理论不仅悬置了审美经验多元意义的阐发，而且对其他学者的论述做了鉴赏方式上的误读。尽管他认为"伴随着环境美学同环境主义的密切关系，出现了将认知思想路径同非认知思想路径结合起来的变化"①，但这种结合归根到底还是以对象的恰当鉴赏为目的的。这种变化始终摆脱不了认识论的规范性作用。

总而言之，卡尔松前期受到肯定美学的影响走向了环境美学理论建构，并赋予肯定美学以科学认知路径。但在强调"功能之美"的阶段，他对传统的肯定美学进行了解构，认为只有对有机自然物的审美才会出现消极的审美判断，而这种情况出现的条件是：有机体出现了功能的"不良"或缺失。与之相对的，无机自然物仍然是"全美"的。薛富兴认为，卡尔松的肯定美学是"以认识论的思路证明价值论的问题"。如果更进一步来看，这种对自然全美的价值论解释实际上为自然审美向更广泛领域的拓展奠定了基石。没有自然的全美价值，也就不会有对全部自然进行审美的必要性。因此，扩大价值对象的解释无疑为建基于价值理论之上的行为提供了依据。尽管后期卡尔松承认了肯定美学的部分反例，但他认为"这种观点（肯定美学）只有当其应用于任何自然事物而忽略其重要区别时，才是失败的"②。肯定美学的思路已然在卡尔松那里被打

---

① Allen Carlson, *Nature and Landscape: An Introduction to Environmental Aesthetics*, New York: Columbia University Press, 2009.

② Glenn Parsons, Allen Carlson, *Functional Beauty*, Oxford: Clarendon Press, 2008, p.136.

开，后期的反驳显然也是基于前期理论的部分调整。环境美学起始于自然审美的重新发现，对于自然价值的重新解读为建构广泛的自然环境审美理论开拓了道路。

第二节　自然与人文的统一

在审美领域，环境美学并不仅仅满足于从艺术转向自然，它还积极借鉴传统美学理论家的观念，试图建构结合自然与人文的新美学。自然与艺术作为审美领域的重要组成部分，在西方现代思想中一直处于分裂状态。特别是自黑格尔确立了艺术哲学作为美学正统理论之后，自然美学研究就一直处于被排斥的边缘。当代环境美学研究者认识到这种割裂，并积极寻求关联自然与艺术的美学新理论。两者的统一是当代环境美学发展的应有之义。这种统一并不是两种异质领域的简单相加，而是建立在美学内在变革的基础之上。为此，学者们从美国著名美学家杜威那里寻找到了这种变革依据，并对其做了进一步深化、拓展。

一　审美经验的扩大化

北美环境美学强调自然与人文的统一，这种统一从一定意义上在美国哲学家、美学家杜威那里得到了理论上的预先阐明。杜威的哲学美学以经验为核心，他试图通过赋予经验以"新的颜色""新的意义"来解读现代科学、现代工业同西方古老智慧遗产、道德遗产的矛盾。这种新阐发也为统一自然与艺术、科学与生活、价值与本质奠定了基础。

17、18 世纪，英国经验主义美学兴起。与大陆理性主义相对，这一美学流派主要将知识的来源诉诸感性经验。这些学者主要将经验建立于主体的生理、心理层面或是客体的可认知属性，同样，他们将美感的来源也限定于此。经验主义美学的重要起始人物是培根（Bacon），他十分重视观察、实验并将美视为自然的客观属性。其中，动态之美要胜于静态之美，奇异之美要高过朴素之美。夏夫兹博里（Shaftesbury）是另一位重要代表，他的主要贡献体现于"自然神论"与"内在感官说"。在夏夫兹博里看来，世界的根源是一种理性创造力而非宗教意义上的人格神。

世界万物分为三类：一是物的形式，也就是各种自然、人造物体，它们没有理性；二是创造物的形式，也就是具有理性精神的人；三是最高的形式，是所有形式的基础，也就是创造万事万物的自然神。基于这样一种分类，夏夫兹博里将美也分为三类，分别是物的美、人造艺术之美、自然创造力之美。在他看来，根本的自然创造力之美均是"和谐的和比例合度的"，是"第一性的美"。继其美的根源问题之后，夏夫兹博里提出了他的审美理论——"内在感官说"。所谓"内在感官"，是相对于"外在感官"而言的。人不仅拥有与动物相同的视觉、听觉、嗅觉、味觉、触觉，还天生具有辨别美丑的理性能力，这种能力就来自"内在感官"。"内在感官"不同于理性思辨，它具有一种辨别美丑的直接性。与"内在感官"直接相关的就是在审美态度上，夏夫兹博里提出了"审美无利害"观念。他认为美感是同利害之心无关的，审美需要排除实际功利目的，这种观念也在西方美学历史上产生深远的影响。另一位美学家伯克（Burke）从人的感官构造的相似性上来解读审美趣味，他认为正是由于生理构造的相似性，人们对于美的感受才基本一致。所以，人们往往感觉到甜味是美的，苦味是丑的，光明让人愉悦，黑暗让人不快。

可以看到，传统经验论将经验建立于生理的感知、主体心理的想象和审美趣味等概念上。他们将美感经验局限于生理、心理的机能。尽管一部分学者将客观对象的属性作为经验依据，但这种判断往往是机械的、对象化的。总体而言，传统英国经验论的美感经验来源要么偏向人自身的官能，要么偏向客观对象的固有属性，忽视经验整体的发生与展开。正如杜威在《经验与自然》中所言："按照某些思想家的看法，这个情况甚至还要坏些：他们认为经验不仅是从外面偶然附加到自然身上的不相干的东西，而且它们是把自然界从我们眼前遮蔽起来的一个帐幕……按照另外一个相反的学派的看法，经验也有着同样坏的遭遇，他们把自然视为完全物质的和机械的。"① 经验的传统意义使其处于一种低层次的、同自然的科学本质分立的境地。杜威的经验主义目的就在于打破经验与自然本质的分立，并将二者统一起来。我们将从两个方面来解读杜威思

---

① ［美］杜威：《经验与自然》，傅统先译，商务印书馆2014年版，第1页。

想如何扩大了审美经验，并使人文与自然得到统一。

（一）经验的统一性特征

在杜威所面临的传统中，经验与自然是分裂的。经验因其偶然、零散的属性而不被视为同自然的本质相关。人们要么用一种理性、超经验的方式认识自然（例如唯心论），要么把自然视为机械的、物质的（例如机械唯物论）。杜威倡导一种经验的自然主义，试图使经验成为"深入自然的心脏的一个途径"。杜威的经验概念是一个统一性概念，它包含了材料和过程。"它不仅包括人们做些什么和遭遇些什么，他们追求些什么，爱些什么，相信和坚持些什么，而且也包括人们是怎样活动和怎样受到反响的，他们怎样操作和遭遇，他们怎样渴望和享受，以及他们观看、信仰和想象的方式——简言之，能经验的过程。"① 所以，杜威的经验概念既不是客观的，也不是主观的，而是主客观的统一。同样，经验也不是静止的，而是动态的、发生的。人们在农田中劳作，经验并不仅仅是开垦过的土地、播下的种子、收获的成果以及影响气候变化的冷热、日夜、干湿等条件，它还有着在其中欢欣鼓舞、垂头丧气，有着希望、失落、渴望、计划、畏惧的人。杜威认为，"它之所以是具有'两套意义'的，这是由于它在基本的统一之中不承认在动作与材料、主观与客观之间有任何区别，但认为在一个不可分析的整体中包含着它们两个方面"②。所以，杜威的经验概念是反对分裂的，它讲求人之经验的统一性，其中"做"与"受"、主观与客观、材料与过程统一于经验。这种经验理论走向了反思之前的原始经验。

（二）艺术经验与非艺术经验的统一

杜威讲求经验的统一性，反对近代的理智主义、主观主义等二元论思想。杜威希望通过他所强调的经验理论来寻求自然的本质，自然的本质不仅通过科学同时也通过艺术显示出来，在一定意义上来说，艺术是科学的高峰。这样，经验主义方法就切入艺术的探讨中。事实上，由于经验的统一性特征，杜威倾向于打破艺术与非艺术的界限。他认为："把

---

① ［美］杜威：《经验与自然》，傅统先译，商务印书馆 2014 年版，第 12 页。
② ［美］杜威：《经验与自然》，傅统先译，商务印书馆 2014 年版，第 12 页。

艺术的美的性质仅限于绘画、雕刻、诗歌和交响乐，这只是传统习俗的看法，甚或只是口头上的说法而已。任何活动，只要它能够产生对象，而对于这些对象的知觉就是一种直接为我们所享受的东西，并且这些对象的活动又是一个不断产生可为我们所享受的对于其他事物的知觉的源泉，就显现出了艺术的美。"① 所以在杜威那里，艺术的经验并不仅仅局限于我们所认定的艺术类型，它具有更加广泛的领域，或者说审美本身就蕴含在经验之中。为此，杜威提出了"一个经验"的思想，这也是杜威经验主义走向美学理论的核心环节。所谓"一个经验"，也就是"所经验到的物质走完其历程而达到完满"②。"一个经验"有其开端、发展、完成，并且有其个性化特征。正如杜威在《艺术即经验》中提到的，人们吃一餐饭、下一盘棋、进行一番谈话、参加一场活动都属于"一个经验"。但"一个经验"如何走向审美呢？杜威认为，"使'一个经验'成为审美经验的独特之处在于，将抵制与紧张，将本身是倾向于分离的刺激，转化为一个朝向包容一切而又臻于完善的结局的运动"③。所以，审美经验的界定不在于活动材料是艺术的还是理智的、实践的，其根本定义在于是否使"一个经验"得以圆满实现。杜威的经验主义美学以经验为基石，彻底打破了艺术同非艺术的隔阂，并将两者的连续性呈现出来。

所以说，杜威的经验主义美学真正地摒弃了传统二元论的美学，为审美经验的扩大指明了一条重要路径。当然，杜威在当时就曾就博物馆艺术提出异议，认为艺术经验应当同日常生活经验统一起来，要承认高雅艺术与通俗艺术、美的艺术与实用艺术的连续性。但显而易见的问题是，杜威处在19世纪末20世纪初的年代，那时候非传统艺术领域的美学关切还非常有限。杜威的经验自然主义理论并没有真正在20世纪的美国兴盛起来，反而是分析美学从30年代起成为美国主流美学形态。

二 伯林特对美学领域的拓展

在当代北美环境美学兴起的理论背景中，一个现象不得不提。正如

---

① ［美］杜威：《经验与自然》，傅统先译，商务印书馆2014年版，第361页。
② ［美］杜威：《艺术即经验》，高建平译，商务印书馆2010年版，第41页。
③ ［美］杜威：《艺术即经验》，高建平译，商务印书馆2010年版，第65页。

伯林特所言："自从艺术被哲学化地加以探讨之后，究竟是什么使得某物成为审美对象这个问题，便在哲学家和艺术批评家那里被秘密地谋划好了。"① 实际上，在环境美学兴起之际，分析美学在北美占据了统治地位，这一现象延续至今。分析美学以艺术品、艺术现象为研究中心，排除了自然以及环境。作为环境美学重要发起人之一的阿诺德·伯林特，其理论阐发一直非常重视自然与人文的统一，这种倡导不可谓不具有革新意义。

在环境领域的具体构成上，伯林特一直否定完全自然世界的存在。他说："实际上，这样一种完全不受人类影响的自然环境很难被认同，因为它几乎早已在工业化世界的任何区域中消失。"② 我们现在视为荒野的区域往往并非原始自然，它们在漫长的人类发展史中经历着土地清理、露天开矿、重新造林等，并且在当今全球变暖、臭氧层破坏、引进外来物种等重大环境变动当中都可以见到人类活动的影子。所以，伯林特感叹"地球没有任何区域对这种影响免疫"。与之相对应的是，艺术与人文领域也被伯林特视为不能与自然相分离。伯林特认为自 17、18 世纪的欧洲园林将自然与艺术结合在一起开始，这种有效的统一就一直持续到当代。并且在当代，相同的自然与艺术的融合出现于与场所协调的建筑，出现在有关地形学、地理学的城市规划以及城市公园的设计之中。伯林特认为："一种审美应用于自然，也应用于艺术。因为终究通过分析可以看到，它们均是文化的构想（construct），我们在探讨一个事情而不是两个。"③ 显然，伯林特并不认为自然与艺术的审美有什么本质区别，而且两者统一起来的"一个美学"对于环境美学才具有意义。

伯林特非常关注当代艺术领域的扩大问题，他认为艺术已经扩展到了自然环境、城市环境以及文化环境。这种扩展"已经构成了对艺术内

① ［美］阿诺德·伯林特主编：《环境与艺术：环境美学的多维视角》，刘悦笛等译，重庆出版社 2007 年版，第 2 页。

② Arnold Berleant, *The Aesthetics of Environment*, Philadelphia：Temple University，1992，p. 3.

③ Arnold Berleant, *The Aesthetics of Environment*, Philadelphia：Temple University，1992，p. 174.

核的挑战",并使传统美学理论遭受质疑。在其主编的《环境与艺术：环境美学的多维视角》中，伯林特谈道：

> 在达达派与许多追随其后的创新运动那里，绘画已经将禁忌材料、主题和使用文本整合在图像当中，从而打破了油画的藩篱并超越了其架构。雕塑已经放大和扩展了其尺寸和表现形式，以至于我们能在其上、在其中穿行，雕塑已经被拓展到环境当中，既是被封闭的又是户外的。……音乐已经采取了由音调生产的新的模式和排列，这既出现在合成器那里，又出现在对噪音及其他传统的非音乐音响的运用当中，就像在不同的演出、在环境音乐中表现的那样。……舞蹈不仅发展为各种形式的现代舞，而且还打破了姿势、光亮和装饰音的习惯标准。戏剧与其他艺术一道，已经发展成需要观者能动参与的形式。确实，互动艺术已经成为当前艺术景观的共同特征。[1]

在环境美学中，自然与人文艺术的结合并不仅仅是审美领域的结合，更为关键的是，我们要找到两者得以沟通的理论基础。建立于这一基础之上的环境美学才具有内在的自足性、合理性，环境美学也才能具有分别针对自然与艺术的阐释力。当代艺术的发展积极推动了这种统一美学建构的反思，伯林特就从这种传统艺术美学的变革中寻找到自然与人文结合的理论契机。这一艺术理论的根本变革无疑就来源于杜威。在伯林特的《环境美学》中，他说道："杜威'一个经验'概念是确证经验的审美定义的著名倡导。令杜威的批评者感到气愤的是，这一概念引导了审美普遍化并超出了传统美的艺术的边界。"[2] 事实上，伯林特积极吸收了杜威的经验主义理论来架构他的环境美学思想，并在《美学超越艺术：新近论文集》（2012）中详细阐释了杜威美学为其留下的珍贵财富。我们

---

① ［美］阿诺德·伯林特主编：《环境与艺术：环境美学的多维视角》，刘悦笛等译，重庆出版社 2007 年版，第 2 页。

② Arnold Berleant, *The Aesthetics of Environment*, Philadelphia: Temple University, 1992, p. 202.

将在第三章中详细论述两者的继承关系。当然，伯林特理论的阐述是当代艺术不断泛化引起的理论危机所致，这是审美观照扩大的时代原因。杜威的美学遗产为这一问题的解决提供了合理的理论依据，因而受到环境美学家的重视。

伯林特倡导自然与人文的统一，这让环境美学的领域更具有包容性。在一定意义上，伯林特并没有完全排除异己的观点，他只是更加清醒地分析不同视角并积极维护自己的观点。他说道："不同的作者以相当不同的方式来看待环境，有时将之客观化得就像是全景一般，在其他时候则将亲密的和个人化的周遭之物包含在内，甚至有时（我所指的是）将环境看作语境化的背景，从而将审美观照者作为组织要素而包含在内。"①日常的、科学的视角往往将环境视为一个外在于人的事物，持传统观念的美学家也将环境视为一个等待人鉴赏的对象。伯林特理论的独特性就在于从审美自身出发，改变传统艺术审美的分裂模式，为艺术美学与环境美学相结合的美学新理论奠定基础。

三 卡尔松对美学领域的拓展

正如我们在第一节中所介绍的，卡尔松在论及自然美的时候积极倡导来源于传统的"肯定美学"。这可谓卡尔松在审美领域变革中的一次可贵尝试。这种尝试使得自然美学在艺术美学占主导的北美学界重新具有了合法性。中国学者薛富兴是艾伦·卡尔松的研究专家，他于2007—2008年跟随加拿大阿尔伯塔大学哲学系教授卡尔松学习环境美学。薛富兴将卡尔松的环境美学分为三个阶段：自然美学时期（1974—1984年）、环境美学时期（1985—2000年）、人类环境美学时期（2001年至今）。②在前期阶段，卡尔松更多地在为自然审美理论做推广，这也是美学扩大自身领域的一个重要起点。此阶段，卡尔松积极倡导针对自然审美的"肯定美学"，将自然审美提到前所未有的突出地位。这里要探讨的是卡

---

① ［美］阿诺德·伯林特主编：《环境与艺术：环境美学的多维视角》，刘悦笛等译，重庆出版社2007年版，第19页。

② 参见［加］艾伦·卡尔松《从自然到人文——艾伦·卡尔松环境美学文选》，薛富兴译，广西师范大学出版社2012年版，序言。

尔松环境美学第二阶段和第三阶段在美学领域拓展方向上的新贡献。

在环境美学时期、人类环境美学时期，卡尔松开始将视野投向更为广阔的人类影响环境与人类环境，并试图将自然与人文统一于一个统一的环境美学理论。卡尔松开始对环境艺术、园林、农业、建筑等领域的审美鉴赏进行研究。同伯林特一样，卡尔松同样意识到当代审美对传统艺术形式的革新，人们不再局限于艺术哲学领域来探讨美学。随着环境保护运动的兴起、民众审美需求的增长，美学自身的变革也越来越具有时代意义。

环境艺术在20世纪60年代的北美兴起，成为连接自然与传统艺术的重要审美形式。其中较著名的有史密森（Robert Smithson）的"螺旋防波堤"、克里斯托（Christo）的"奔跑的栅栏"，等等。卡尔松主要关注其中更为普遍的大地艺术（earthworks）、大地标志（earthmarks）。这一突破传统的艺术样式具有非常明显的共同特征，它们建立在大地之上或之中，并使得自然的一部分构成相关审美对象的内容，因而极大地拓展了传统艺术的时空。然而，北美艺术理论界不乏批判、贬低之声。部分理论家认为环境艺术有违于环境伦理，另外一些理论家认为环境艺术构成了对自然的"审美侵犯"（aesthetic affront to nature）。卡尔松在《环境艺术是一种对自然的审美侵犯吗？》一文中为环境艺术做了积极辩护和澄清。可以说，卡尔松是这一新兴艺术形式的积极倡导者和反思者。他认为要谈论这种"审美侵犯"，就必须认识到这种侵犯不是社会的、道德的、生态上的侵犯，而是要从环境艺术的审美品质（aesthetic quality）中寻找问题。因此，如果要界定一种审美上的侵犯，那么"这种侵犯并不仅仅是对一个对象外观上的作用，而是改变一个对象类型，因而也改变了它审美品质的一种功能"①。这正像杜尚的作品《有胡子的蒙娜丽莎》一样，作者用寥寥几笔就使作品从文艺复兴时期的绘画转变为达达主义作品，对象的类型以及审美品质完全被改变。这种从审美品质来解读侵犯理论就是卡尔松想要的。进一步，卡尔松为环境艺术的"审美侵犯"指责提

① Allen Carlson, *Aesthetics and the Environment*: *The Appreciation of Nature*, *Art and Architecture*, Taylor & Francis e-Library, 2005, p. 155.

供了四重回应：一是环境艺术或多或少都只是暂时的，并不能对自然构成长久的品质伤害；二是环境艺术对自然的改变在一定意义上改进了自然品质，因而具有积极意义；三是环境艺术可以同自然事件和进程保持一致，并且不改变自然品质的类型；四是环境艺术并不能改变自然的审美品质，它只能为自然彰显自身品质提供推动力，也就是说，它通过艺术使自然更为突出。所以总体来看，卡尔松从审美品质属性出发积极为自然与艺术关联的环境艺术提供支持，使得美学的观照领域更加多样。

在园林、农业景观的探讨中，卡尔松也从"审美品质"入手，积极为美学领域的扩大做出贡献。以日本园林为例，卡尔松探讨了东方园林艺术的审美鉴赏。他以亲身经历表明：日本园林非常易于进行审美鉴赏，人们可以毫不费力地沉浸在镇定、安详的静观（contemplation）之中，并且充满喜悦与幸福。卡尔松是坦诚的，即便他的理论是从分析美学出发，他也没有因为这种东方经验同西方理论的巨大差异而否定它。但这给他的"审美品质"分析造成了一些麻烦，因为他不能在传统的西方园林模式中找到对应的解释理论。讲求艺术服务于自然的"法国式园林"，侧重自然服务于艺术表达的"英国式园林"，并不同于深受中国传统自然观影响的日本园林。由于文化差异，卡尔松对日本园林的审美反思是模糊的，但同时他也对分析美学鉴赏理论的"批评判断"① 提出了质疑。正如他所说："我以自己的经验回应这种反对，并指出对于日本园林的审美鉴赏并不具有典型的'批评判断'特性。然而，也许是在美学上我被自己的理论误导了。所以，我建议你们找一处日本园林并亲自去看一看。"② 可见，虽然执着于对象品质的确定性分析，卡尔松依然对审美经验的丰富性留有余地，并承认东方园林艺术对自己理论的挑战。此外，卡尔松还为当代农业景观的鉴赏提出建议。当代北美农业景观是由大工业时代塑造的新型农田、农庄、社区，它们整齐划一，特别是大面积机械化操作使得

① "批评判断"涉及为一个鉴赏对象提供合理的鉴赏框架。在人工制品中，这种判断需要对物体是否设计出色、好坏进行批评。而在纯粹自然界，自然是直接被给予人的，也就不存在批评判断问题。

② Allen Carlson, *Aesthetics and the Environment：The Appreciation of Nature，Art and Architecture*，Taylor & Francis e-Library，2005，p. 172.

农田不再是以往的田园风光。但卡尔松认定，我们应当从新兴农业景观中看到色彩的活泼、形式的丰富以及经过完美设计而具有的表现特征。总而言之，虽然新的农业景观往往很单调、枯燥，但卡尔松希望我们能够积极调整审美维度来适应这样一种景观品质，这在客观上增强了农业景观鉴赏的包容性。

还应受到我们重视的是，卡尔松对建筑美学的推动。正如对环境艺术、园林、农业景观研究一样，卡尔松也是从审美品质问题着手来研究建筑之美的。但建筑美学在卡尔松那里占据一个重要位置，那就是使得环境美学理论从"科学认知主义"进一步发展为"功能之美"。卡尔松对建筑美学的新阐发直接推动了环境美学理论变革，因而具有非常重要的地位。卡尔松首先批判了传统建筑美学过分重视形式结构的独立性、精巧性，他认为"建筑美学的重心已被集中于单个的巨型建筑物——艺术家的作品"①。与传统将建筑审美归为艺术类型不同，卡尔松试图寻求一种"建筑美学的生态学方法"。那么，何谓"建筑美学的生态学方法"呢？这一概念实际上源自自然生态学方法的转移。自然生态的法则从达尔文的进化论开始为人所熟知，生态系统有着建立于生存目的基础之上的"功能适应"（functional fit），也就是说，生态系统内部要素以及生态系统间有一种为长期生存的"功能适应"，正如一台机器的各个组成部分分别承担自己的功能，才能使得整体以及自身价值得以实现。卡尔松将这种"功能适应"的阐发运用于建筑审美之中，目的就在于摆脱将建筑视为静态、孤立的艺术品的传统模式。这种建筑美学理论将建筑置于人类生态系统（类比于自然生态系统）中来考察，在人类景观、有机统一体的环境中对建筑进行鉴赏。由于卡尔松的建筑美学建立在这种所谓的"生态学方法"之上，这就产生了建筑美学的两处革新：一是建筑审美的对象不再是独特设计的、巨大的建筑体，所有生活环境中具有功能性的建筑构造诸如加油站、购物中心、工厂、游乐园都在一定意义上具有了建筑审美的价值；二是人类环境系统中的非建筑形式，例如桥梁、公路、

---

① ［加］艾伦·卡尔松：《从自然到人文——艾伦·卡尔松环境美学文选》，薛富兴译，广西师范大学出版社 2012 年版，第 135 页。

电线等，甚至整个环境都可以成为鉴赏对象。这种宽泛的建筑美学就成为景观美学的一部分，或者我们可以直接认定它就是人类环境美学的新理论。所以，就卡尔松的建筑美学而言，其独特性不仅仅在于扩大了人类鉴赏范围，也为环境美学的总体理论提供了新方式。

正如卡尔松所言："基于功能适应的意义，我们人类环境的复杂性一如自然环境生态系统，成为审美欣赏的中心，而不是独立的这一栋或那一栋建筑物。审美欣赏转移至诸如商业中心、金融街区、左邻右舍甚至郊区。这些区域之内或之间的功能适应，再加上其周围氛围、环境和感受，共同呈现出更大的审美价值。"① 所以，从卡尔松自身的理论观照来看，其环境美学的发展也并不局限于扩展审美领域。这一点类似于伯林特。伯林特在看到当代艺术领域的扩大化之后，积极寻求建立在杜威经验传统之上的新美学，卡尔松同样在扩展审美领域的同时不断推进自身的理论架构。从"科学认知主义"到"功能之美"的探讨，内在地为环境美学理论具有更强的阐释力提供保证。不得不说，自然与人文的结合在当代北美环境美学发展中已经内含了一种颠覆传统的意义。

第三节　环境与生活的统一

上一节主要探讨了从杜威到伯林特、卡尔松一直延续下来的对于审美领域扩大的思考。自然与人文的审美在传统西方美学那里有着不可跨越的鸿沟，上述三位美学家都试图架构起沟通两者的桥梁，这种沟通并非简单的领域叠加。杜威从统一的经验入手，探索了艺术的真正本质。伯林特从现实的艺术扩大化着手，试图寻找艺术与环境统一于一体的可能。卡尔松将问题视域扩展到环境艺术、农业、园林、建筑等具体环境领域，并积极寻找可以总结所有环境审美类型的审美方法。然而，显而易见的是，杜威并未直接涉及环境的审美经验问题，也并没有为当代环境美学提供一个研究范式。我们只能说，杜威为环境美学的统一理论提

---

① ［加］艾伦·卡尔松：《从自然到人文——艾伦·卡尔松环境美学文选》，薛富兴译，广西师范大学出版社 2012 年版，第 137—138 页。

供了可资借鉴的理论资源，并暗示了环境美学可以在哪种层面得到统一。当代环境美学家要做的则是从环境的真正本性上确立学科根基，并使环境美学面向现实。

一　自然美、环境美、生态美之辨

探讨美学问题，不可忽略与美感相关的两个焦点：一个是人的生存世界，另一个是艺术。美与美感的来源及其创造均与两者相关。世界于人而言，"世"为时间，"界"为空间，时空的结合指向了人可思、可感、可游的具体生存境遇。艺术的起源与风格变化和人切身的生存经验息息相关，甚至可以说艺术是对生存经验的描述、总结和再创造。本部分着重探讨一种人与生存世界的感性关系，并对这一审美类型的历史发展以及内在关系变革展开叙述。

一般来说，人的生存世界经历了自然、环境、生态的发展演变。但很多人会说，自然的描述仍然很流行，并没有被取代，环境与生态也往往连用。那么，自然、环境与生态到底有什么样的根本区别呢？实际上，这种类型的划分是文化学意义上的。三种形态在一定意义上可以是同一处景观，决定其指称的是我们持有哪一种文化思维和视角。在农业文明时期，人类依附于自然，农业、建筑、宗教、礼法强调顺应甚至模仿自然界，自然是一种人类想象中的自然，一种统筹人与其他物种以及无机界的最高世界图式。到了工业文明阶段，科学理性武装了人的主体意识，人类开始统治和驯服自然，后者逐渐成为人类获取资源和科学改造的环境。而在后工业时代，生态系统的科学认识论逐渐占据了自然环境观念的主流，在这一阶段，自然不仅是外在于人的资源对象，同时还是包含人在内整个生态系统的有机整体。人类对于自然的敬畏在更高层面上重新回归。虽然不同文化心理视野中的指称不同，但自然、环境、生态作为人的生存境遇总处于一种与人同构的耦合性关系中，双方相互构成。外在于人的自然要素实际上塑造了人的身体、感知以及最初的文化建构，而自然环境的历史实际上也是人参与改造的历史。在这样一种你中有我、我中有你的共生关系中，一种感性依存关系呈现出来。

当我们在说自然美、环境美、生态美的时候，其实就在讨论人与自然、环境、生态的审美关系。当我们做出一个审美判断的时候，它暗含了一个基础：审美活动或者说审美经验的展开。所以，自然美、环境美、生态美并不是专断地强调一种客观对象美的属性，诸如色彩的明亮、比例的协调、触感的光滑，等等。三者都指向包容主体之人与具体对象于一体的审美经验的展开，主体感知、对象属性均是对这一活动的片段解析。只有承认这一点，我们才能从三种审美类型的不同文化语境经验中见出差异与关联。

　　自然是人类文明的开端，早期的地理、水文、植被、气候等自然条件深刻地影响了人类的生产、生活方式。例如，古希腊地形多山，岛屿众多，不适合传统农业耕作，但有利于种植橄榄、葡萄等经济作物，适合发展航海贸易。这一自然条件同样影响了希腊的城邦民主政治以及希腊人善于思辨、批判同时较为务实的民族品格。西方人对于世界的认识是从解释自然开始的，自然既是一种万物有生命的总和，也是一种世界发展变化的动力和规律。在古希腊前智者学派的哲学中，自然就相当于是变动的、有生命的世界，人和其他事物分有自然本质的某种属性。以此为基础，他们将自然的本质或解释为水，或解释为火，或解释为气，或解释为原子。这些本质推动万事万物的变化、运转，万物分有这一成分的特征。人还没有从这种自然解释中独立出来，自然和人趋向于解释的一元。例如，公元前6世纪的毕达哥拉斯学派认为世界的本原在于数。数的度量、比例以及协调是世界得以存在的根源。这一派进而认为，美就在世间万物数的和谐。这种对于美的反思很大程度上来源于观察自然中动植物以及天体、星象数的特征。到了苏格拉底之后，自然成为人的理性智慧的思考对象，它最终成为一种与人既相关又分离的自然界。伴随着反思性的解释，自然同时具有了一种内在规律、自然动力的对象性解释。波兰学者塔塔尔凯维奇在《西方六大美学观念史》中认为："依照亚氏的见解，自然一词所表示的，除了指事物之外，还指他名为'形式'的那样东西，那也就是他们的本质，引导自然运行的力量。"[1] 亚里士多

---

　　① 〔波〕塔塔尔凯维奇：《西方六大美学观念史》，刘文潭译，上海译文出版社2006年版，第298页。

德将自然物的本质、发展动力归还于它自身而非外在理念，从而形成一种解释自然的物理学传统。同时，将自然作为世界变化、运转的规律性内嵌于个体自身，即物自身的本性。亚氏将美界定为事物的秩序、匀称和确定性，很大程度上源自对自然物理规律的探求。所以，自然本身的含义复杂多样，而对自然的审美则受到这些观念的深刻影响。事实上，在后世的美学传统中，自然审美往往成为艺术审美观念的重要来源。这是因为自然成为人类文化建构的基础。

中国传统的自然审美同西方在一定意义上有着共通之处，但大陆平原的地理特征，决定了中国传统文明以农耕而非海洋贸易为主。这种生产方式决定了人在长期历史发展过程中极为依赖自然的周期性变化。中国古代的天文、历法乃至礼乐制度无疑都是从自然变化中总结出的合乎天人相协的规律。《老子》曰："有物混成，先天地生。寂兮寥兮，独立而不改，周行而不殆，可以为天下母。吾不知其名，字之曰道，强为之名曰大。"老子从鸿蒙之初的天地混沌状态悟出自然的本原——道，并赋予其极具哲学意味的内涵。道是万事万物的本原，同样也是最根本的规定性，这在一定意义上与古希腊理念、本质有相似之处。但正如《老子》所云，"人法地，地法天，天法道，道法自然"，道并非无所依凭，绝对独立于现实世界之外，它是一种纯任自然的规定性，这又与西方观念有别。这种本体论上的解释在庄子那里得到了个体存在论意义上的继承和发展，更加明确了对于自然之物及其本性的审美。庄子认为"朴素而天下莫能与之争美"，要达成对于自然的审美就需要"游心于物之初"，即从自然本性之道进行审美。自然在中国传统中不仅仅指河流、湖泊、山川、草木以及虫鱼鸟兽，更为重要的是一种"自然性"。《易传·系辞下》曰："古者包牺氏之王天下，仰则观象于天，俯则观法于地，观鸟兽之文，与地之宜，近取诸身，远取诸物，于是始作八卦，以通神明之德，以类万物之情。"中国古人对自然的仰观俯察，就在于吸收学习自然背后的自然之道、自然之情，并与之相通。从这个意义上说，中国传统的自然审美更多的是从人与自然共生一体的角度来体察一种生命律动，一种寻求自身内化于天地自然的涵养。中国传统对于自然的审美可谓遍及诗、文、书、画。例如南北朝时期文艺理论家刘勰在《文心雕龙》中所言：

"人禀七情，应物斯感，感物吟志，莫非自然。"他讲述了文学创作与自然审美以及自然性的关联。又如明代著名书画家董其昌所谓："画家以古人为师，已自上乘，进此当以天地为师。每朝起看云气变幻，绝近画中山。山行时见奇树，须四面取之。树有左看不入画，而右看不入画者，前后亦尔。看得熟，自然传神。传神者必以形。形与心手相凑而相忘，神之所托也。"（《画禅室随笔》卷二《画诀》）这里同样道出了艺术家应当以天地自然作为师法对象，最终在自然性的审美陶冶中达到形、心、手的契合一律。中国传统自然审美并不聚焦于物质形式的几何规律、比例的协调，而是侧重于天地万物与人共同依赖的自然性。

　　环境的审美经验同自然审美有着紧密关系，但异质性也很突出。环境一词的词源"environment"是中古法语"environnement"，它由词根 environner、envirunner ＋词缀 ment 组成，意指"围绕某物的行为"。现在的一般用法是将其视为"自然界或物理的总体环绕物"，或是特指整体，或是指整体之内的特定地理区域。环境总是与处于中心位置的人相对，体现出人探索世界理性精神的觉醒。虽然环境的本义似乎非常明确，但在当代哲学美学语境下的内涵却存在诸多不同理解。一方面，自然是人类生存于世的最大环境，人脱离自然提供的水、空气、适宜的温度/湿度片刻都无法生存，人只是自然的一个产物并极端依赖它；另一方面，人类建造环境以及人文制度、风俗习惯、社会文化心理都可以称为环境，它是人之为人并区别于原始动物的重要表征。人类既是自然的产物，同时也是文化的产物。所以对于环境这个概念，我们往往将它分为自然环境、人文环境，它相较自然被赋予了更多内涵。更多情况下，环境融合原始自然同人文改造特征于一身、物理属性与文化价值于一身。正如美国学者阿诺德·伯林特所言，"地球上没有一处地方能对人类免疫"[1]，我们也可以说人类从来不能对环境免疫。人类的影响无处不在，环境对人的影响也片刻不能剥离。环境的类型多种多样，有自然环境、农业环境、园林环境、城市环境，等等。在人类改造自然过程中，也创造了农业环境。

---

① ［美］阿诺德·伯林特：《环境美学》，张敏、周雨译，湖南科学技术出版社 2006 年版，第 5 页。

农业是人类从纯粹自然走向文明的基础，正是人类种植、养殖的农业实践开启了人类改造自然、创造社会意义的过程。农业景观包含家畜家禽、农作物景观、农业劳动景观以及农民生活景观。农业景观不仅包含自然性还有人文性，不仅有静态对象还有动态活动，不仅有形式审美性还有物质功利性。另外一个具有古典精神的环境是园林，居住意义、文化意义在这一方天地中充分展开。古典的中西园林都与皇家住所有关，其中往往畜养兽类、种植奇花异草，有着极尽奢华的宫殿。但在更晚近的私家园林，居住性得到充分考虑。例如明代造园家计成的《园冶》就充分考虑厅堂、楼阁、门楼、书房、亭榭的构造规划，并使其与自然构成良好互动。中西园林有着差异化的审美价值追求：中国园林注重隐秀、虚实的结合，西方园林重视几何图形的对称统一；中国园林讲求师法造化，以无法为上法，西方园林讲求人的理性精神以及繁复的装饰。这些差异来源于中西方对天人关系的不同理解。此外，在当代我们还面临城市环境、文化环境、网络环境，等等。这些环境的产生由人类的实践改造而来，同时糅合了不同地域人群对于社会、自然、审美的价值判断。环境意识是伴随近代工业文明人类理性意识觉醒才逐渐产生的，在此之前人们更多地将生存世界归于自然家园或宗教性想象。伴随这一理性意识在科学精神中的高扬以及对自然生命性的忽视，以人类中心主义为基础的环境观成为环境丑的罪魁祸首。

科学精神是近代环境意识产生、发展的根本推动力。随着近代自然科学的发展，主客分立世界观带来了物理、化学、机械、生物等自然科学的飞速发展，对象性思维为我们发现客观世界的规律提供了便利。另外，自然科学的进步加大了人对于环境资源的利用频率，生态破坏与环境污染随之愈演愈烈。也就是说，人类在以科学技术为工具确定环境为人的实践对象的时候，主客对立趋于激化。科学层面的环境观往往将客观世界的客观性作为其唯一的内涵而忽略其与人的存在关系以及与之相关的伦理关系。于是，19世纪后期，一门研究环境系统关系的科学——生态学（ecology）诞生了。生态学一词源自希腊语词根"住所""房屋"，它于1866年被德国生物学家海克尔所定义，成为一个专门学科。起初它仅仅局限于动物科学领域，但随着生态学的不断发展，一批新观念开始引起广泛的讨论与思考。1927年，查尔斯·爱顿在《动物生态学》中提出了"食物链"概念，细致描绘了细菌、植物、动物、人以及阳光所构成的金字塔式关系。1935年坦斯利提出的"生态系统"观念以及1949年威廉·福格特首创的"生态平衡"概念对当代生态学研究与环境哲学、生态审美观念产生了重大影响。生态或环境的整体主义在审美中强调人对生态关系性知识的预先掌握，特别是对现代生态学视野下的生物学、地理学、景观学等的了解，在一种整体主义科学性视角下促成科学认知同审美感知的深度融合，加深人与环境共生一体的经验和家园感。在我们的日常生活中，这种生态审美处处都会遇到。我们走入一片森林，不仅仅去鉴赏树木的协调比例之美、环绕于人的空气的清凉以及栖息于树梢鸟儿清脆的鸣叫，而且对森林调节空气温度以及氧含量、涵蓄地下水源，森林如何生产、消耗、循环能量以及不同物种如何依赖并促进这个环形结构有理性认识。这种认识不是一个处于世界对立面绝对主体的冷静观审，而是处于生态系统之中的人对自己生存家园的参与性反思。人类曾经无比依赖于森林生活，本能地遵循着生态性规则，但现在需要我们在生态整体主义的立场上去寻找已经逐渐失落的感性依存。生态性审美能够唤起人与自然一体的感性经验，这对于改变当下人与自然关系的失调当然无比重要。

自然审美诞生于渔猎以及农耕文明，人与自然命运与共的血肉联系使人将自然视为一种富有生命意义的整体，它的特征、节奏、变化、比例不仅仅是真的，也是美的和善的。自然除了具有世界的整体意义之外，还指向世界变化、发展的规律性，一种隐含于世界物象背后的运转准则。这种对自然的二元理解，恰恰将自然静态的空间理解与动态时间的规律性表露出来。两者的统一就是人类理解的时空世界本身。后期，前者逐渐发展为自然的对象意涵，后者发展为自然运转的规律性以及个体事物的本性意涵。自然的审美观念也从真善美一体转变为对象特征的分析，以及自然内在运转规律性的体察。西方倾向于前者，中国以及东亚文明更加侧重后者。进入工业文明阶段，人类在充分改造自然与社会的过程中从依附自然转向征服自然、控制自然，企图让整个自然界为人类服务，由此发展出一种人类中心主义的时代观念。这一时期，自然以改造后的环境面貌现身，形成自然环境、农业环境、城市环境、园林环境、建筑环境等众多以人类为中心围绕物的境域。当然，环境不局限于改造后的自然，还包含众多人造物或精神语境。这一时期既是人类理性彰显的时代，同时也是自然去魅的时期，自然的审美价值逐渐让位于艺术，自然要么成为艺术的附庸，要么被排除在审美观念之外。但人与自然环境、社会环境、他人的关系却日益紧张起来，越来越多的环境污染、人为影响的自然灾害冲击着传统的环境观。正是在这种反思环境问题的语境下，环境审美问题在 20 世纪下半叶走上学术研究的前台。可以说，环境美学从根本意义上说是一种反抗工业传统审美习惯的新美学，其内在地含有走向生态性审美的必要性和必然性。不过，环境审美依然需要借助生态性审美的内核才可能摆脱传统人类中心主义。这种审美发生在对传统工业文明展开反思的后工业文明阶段。生态观念的展开借助科学理性的自我革新，将系统性、关系性、整体性作为认识世界的新视角，由此重新发现了在物质层面、精神层面、价值层面人与自然环境的共生关系。这种发现可以视为一种对农耕文明自然价值观更高层面的回归。所以，当我们探讨自然美、环境美、生态美时，并非面对截然不同的三种审美对象，而是依照何种文化观念来观照我们的生存世界。这种文化观念的更迭就在人类历史实践的长河中悄然发生。

上面，我们讨论了自然、环境、生态审美领域不同的历史文化观念所造成的差异以及历史连续性，但仍然要追问的是：如果说三者的差异由文化视角所造成，那么人与生存世界的感性关系究竟有何普遍性的内涵？它究竟何以成为自然、环境、生态审美本身？三种审美领域的差异又暗含了什么共同属性呢？

我们可以尝试从马克思的《1844 年经济学哲学手稿》中寻找这个答案。马克思认为：

> 从理论领域来说，植物、动物、石头、空气、光等等，一方面作为自然科学的对象，一方面作为艺术的对象，都是人的意识的一部分，是人的精神的无机界，是人必须事先进行加工以便享用和消化的精神食粮；同样，从实践领域来说，这些东西也是人的生活和

人的活动的一部分。人在肉体上只有靠这些自然产品才能生活，不管这些产品是以食物、燃料、衣着的形式还是以住房等等的形式表现出来。在实践上，人的普遍性正是表现为这样的普遍性，它把整个自然界——首先作为人的直接的生活资料，其次作为人的生命活动的对象（材料）和工具——变成人的无机的身体。自然界，就它自身不是人的身体而言，是人的无机的身体。人靠自然界生活。这就是说，自然界是为了人不致死亡而必须与之处于持续不断的交互作用过程的、人的身体。①

马克思认为植物、动物、石头、空气、光等自然世界的物质与人的精神和肉体有着密切关联。在精神层面，自然世界成为人类自然科学研究、审美欣赏的对象，它们成为人类意识活动的参与者和构成部分。如果人自身精神的完整性作为一个有机系统的话，那么自然世界在此意义上属于精神的无机界。在物质实践层面，自然世界无论是空气、水、光照等原始材料还是食物、燃料、衣服、房子、工具等加工材料，都直接或间接地成为人生存的一部分。因此就身体来看，自然尽管不构成人体结构，但却成为有机体之外的无机身体。无论是精神上还是物质上，自然世界都扮演着人皮肤之外的另一个组成部分。它同人一直处于能量、信息的交互过程，片刻不能割离，它就是人本身。

实际上，马克思肯定了"人即自然"的命题。更明确地说，在实践活动中，人与自然、环境构成直接的生态依存关系。这种相互依存、相互构成的关系是一种人本然的生存状态，并不随人类文化观念的变迁而改变。特别极端的例证是，工业革命之后，人类对于自然进行了大规模的开采、破坏，将自然仅仅视为可以促进生产的资源、可以利用的对象，最终换来的是诸如伦敦烟雾事件、日本"水俣病"、洛杉矶光化学烟雾事件等生态灾难。人类如何对待自然环境，自然环境就给人以相应的回报，人与生存世界本质上是一体的。因而，我们可以说人与自然、环境、生态的关系是建立在直接性存在关联基础之上的。这种存在关联显然是传

---

① ［德］马克思：《1844 年经济学哲学手稿》，人民出版社 2000 年版，第 56 页。

统拒绝物质功利性的博物馆艺术所不具有的。它进一步要求人与生存世界建立一种维护生态整体利益的伦理法则。

传统社会伦理主要处理社会中价值主体间的矛盾冲突，维系社会整体的和谐有序，它以约定俗成与人的自觉性为重要特征。那么，当伦理意识扩大到环境、生态领域，它就被具体化为对环境整体权利的观照，并涉及人对于环境的责任、义务。中国传统农耕文化是十分重视对自然生态的尊重和维护的。例如《礼记·月令》里就有："命祀山林川泽，牺牲不用牝。禁止伐木。毋覆巢，毋杀孩虫、胎、夭、飞鸟、母鹿、母卵"。这要求农业生产注重对林木的保护，对处于幼年以及孕期的野生动物要放生。再如《逸周书·大聚解》有："春三月，山林不登斧，以成草木之长；夏三月，川泽不入网罟，以成鱼鳖之长。"根据不同季节，农业需要实行休林休渔。伦理关系是人与生存世界关系的第一要义。只有遵从一定的生态伦理准则，人与世界的关系才能长久和谐，科学以及审美活动也才能有稳固的根基。所以，当代的生态伦理学或曰环境伦理学对于生态系统中其他物种以及主体进行了符合生态整体主义的描述。首先，各个生态构成要素有自身的价值。以往的伦理学只承认人的存在价值，否定物或其他物种拥有为自身的价值，甚至认为它们只能以是否对人有用来确定价值。这种观点是由人作为自然唯一价值主体的观念造成的。我们现在必须在生态整体价值层面肯定其他生态参与要素的自身价值。开屏的孔雀、像剪刀一样的燕子尾巴、娇艳欲滴的花朵都有着符合生物生存、发展意义的功能，其自身价值并非为人欣赏。其次，各个生态构成要素均有生存、发展的权利。生存权可以分为动植物个体的生存权利和物种的生存权利。无论个体还是物种，人类都应当持一种尊重态度。事实上，人类为了自身的生存发展不可能不损害动植物的生命，但我们倡导以尊重，而非滥杀、虐杀的方式来处理。当下很多地球物种正在快速消失，人类负有很大责任。我们唯有尽全力去保护物种的多样性，维护生态整体稳定。尊重生态要素的发展权，要求我们尽量减少对森林、湿地、荒野的人为干预，还生态诸要素自然原始的发展空间。最后，以生态公正作为行动标准。生态公正是一个以生态平衡为价值导向的行为准则，它要求人在和其他物种产生冲突时不是以人的利益而是以生态整体的利益作为评判标准。必要时，人需要为生态做出让步。当然，这一公正原则不可能是绝对的，因为对生态平衡的定义是人类做出的，它具有变易性和时代性。此外，人类的让步也是在不损害人根本的生存发展基础上实施的。

虽然当代的生态伦理学将人与环境、生态的伦理法则以理性的方式阐述出来，但使法则得以呈现的伦理意识和伦理精神却无时无刻不同审美关联在一起。在很多时候，两种精神甚至互为基石。20 世纪之前，自然伦理与审美更加倾向于浪漫主义的荒野体验。美国作家梭罗被称为生态学产生前的生态学家，他认为自然存在一种超灵的道德力，人要通过直觉去把握物质表象之下的世界整体。这种整体主义观念被称为"神学生态学"。虽然梭罗没有有意识地建构环境生态思想，但他将自然万物看作有生命的、不断变动的共同体。这一理念已经暗合了当代的环境伦理观念。更重要的是，他将湖畔耕种、沉思、游历、感受的诗意生存同人和自然关系的反思融为一体，伦理关怀与审美化人生自然地结合在一起。另一位自然主义者约翰·缪尔也持同梭罗类似的观点，他认为"大自然也是那个人属于其中的、由上帝创造的共同体的一部分"①。他倡导人是自然共同体中的普通一员。无论是植物、动物还是石头、水，它们作为上帝的创造物都可以净化人的心灵并使人获得审美满足，使身体得到休息、元气得到恢复。对于荒野自然的纯朴之爱，在梭罗、缪尔那里是结合审美与伦理的关键要素，并且两者均从自然有机整体的视角来描述人同自然的一体关系。20 世纪，对于生态伦理与审美的融合性经验更加受到重视。利奥波德是美国的自然保护论者，他的著作《沙乡年鉴》被称为现代环境主义运动的一本新圣经，其中创立的"大地伦理学"第一次结合生态学肯定了动植物的权利并认为人类对大地负有责任。利奥波德认为："当一个事物有助于保护生命共同体的和谐、稳定和美丽的时候，它就是正确的，当它走向反面时，就是错误的。"② 利奥波德将美作为衡量伦理规范的重要标准。他也倡导将生态知识融入对自然的审美感知力

---

① ［美］R. F. 纳什：《大自然的权利》，杨通进译，青岛出版社 1999 年版，第 40 页。
② ［美］奥尔多·利奥波德：《沙乡年鉴》，侯文蕙译，商务印书馆 2016 年版，第 252 页。

之中。利奥波德将审美感知力看作揭示生态共同体内在功能和结构的一把钥匙，并且人与自然在审美实践中达成一体共生的和谐。我们不仅要摒弃那种仅仅将自然视为对象属性的眼光，而且要用对自然的来源、功能、机能的洞悉来培育自己审美感知的精神之眼（mental eye）。

面向自然、环境、生态的审美精神和伦理精神在人与世界共生一体的实践活动中往往达到统一。这里面内含对生命的尊重、对生态的敬畏、对共同家园的爱，这是由感性依存关系生发出来的美善交融意识。当代随着学科分类的细化，生态环境的美学研究同伦理学研究各自有着深入的发展，但这不表明两者是一种平行关系，互不相关，恰恰从现代科学意义上将两者重新结合才能真正有益于人与生存世界的和谐。我们在自然环境的审美活动中，可以按照形式美的法则抑或形式主义的艺术美学原则评判对象价值，但必须知道这些视角并不真正切中自然本身。这样的审美是肤浅的，所获得的美感也是比附于艺术的。西方曾经盛行"如画性"的自然审美观，认为自然风光要如一幅田园风景画般讲求位置布局、比例协调、由近及远。这种类似于明信片式的景色并非自然的全部，生态自然还有惊涛骇浪的河谷、一望无际的冰原、炎热潮湿的雨林，等等。它们不能被人的艺术观念所束缚，其审美价值也不是仅仅从视觉获得。真正环境生态的审美活动中，人的感官是全面开放的，特别是传统观念中不被重视的触觉、嗅觉、味觉以及和人体肌肉活动相关的动觉，都在人与世界的交互活动中参与进来。当然，这种人对生存世界的参与性审美并不仅仅是短暂性的感官追求，无论在自然生态还是社会生态中，它处处受到伦理制约。这种善、恶的生态伦理意识或隐或显，直接影响着我们对于美丑的判断。当我们从形式、色彩的角度来看水华、赤潮等现象，或许可以持一种审美态度来欣赏。但如果我们生活于此，依赖于这片水域，那么必然知道水体的这种现象将会引起水生生物的大量死亡、水质的破坏以及生态系统的紊乱，并最终引起人体中毒。这种生态破坏的景观是无论如何无法引起生存于此之人的美感的。人与生态环境处于和谐审美关系，往往意味着人与生态系统中的他者各从其德，友好相处。《庄子·秋水篇》中说："号物之数谓之万，人处一焉；人卒九州，谷食之所生，舟车之所通，人处一焉。"在庄子的审美境界中，人"与天地并生""与万物为一"，天地万物没有贵贱之分，只需各从其本性，就可以达到"同与禽兽居，族与万物并"的至德之世。在日常自然审美中也是如此，自然界山清水秀，各个物种充满活力、繁衍生息，这在给予人美感享受之时实际上也暗合了生态和谐的伦理事实。

人与环境、生态的审美关系本身无法摆脱一种生存伦理关系的基础。当代环境美学、生态美学对于伦理属性的强调是一种学科自觉、深入发展的必然结果，是对感性观照与实践伦理交融一体的还原。当代科学对于生态系统、生物群落的研究证明了生态整体主义传统观念的合法性。生态科学的发展成为环境伦理研究科学化、更具革命性的前提，并为其提供道德规范阐发的保障。在此，传统意义上的美学、伦理学、生态学在当代环境美学语境下打破了各自的学科壁垒，相互交叉、构成。这种融合与相互构成在当代有其独特之处。首先，作为美学同伦理学一体的环境美学不同于传统的人伦关系之美。人伦关系之美在于人各是其是，通过社会伦理的外在规范与美德心灵的内在驱动达成社会关系的和谐。环境视域下的伦理美学则容纳了自然、人文双重关系的集合，并且以整体泛生态系统的和谐为价值导向。其次，美学与生态学的结合是当代美学变革的新生力量。西方美学发展史上具有革命意义的流派往往和新兴自然科学密切相关，诸如 18 世纪生理学对经验主义美学的影响，19、20世纪精神科学、心理学对现象学的影响。生态学所强调的生态整体主义观念具有从根本上变革美学价值论的重要意义，它将主客关系为主导的价值结构转变为各个相关主体同整体之间相互关联的结构模式。从这个意义上说，环境美学的生态价值属性决定了其并不仅仅是美学研究领域的扩大，同时也兼具美学基础理论的根本变革。

从历史文化流变的角度来看自然、环境、生态的审美，我们会惊讶于它们之间的巨大鸿沟。不同文明阶段之人在与世界依存、斗争与建构的关系中生发出审美之光。但当我们超越于历史的具体语境，从人与生存世界具有连续性的价值关系来考察三者，亦会看到内在超越时空的一致性。人与人的实践交往世界有着道德伦理内涵，人与自然、环境、生态的共生一体同样内含深刻的伦理精神。当人遵循这种价值指引，使人与生存世界的感性关系与伦理协调相一致，那么自然、环境、生态的审美就是切实和圆满的。

二　环境的本性

当代北美环境美学经过 40 多年的发展已经进入了一个相对成熟阶段①，无论是具体环境领域的批评性解读还是整体理论的学术建构都极为丰富。对于环境美学发展较为兴盛的北美，我们有必要通过透视各种论述视角探讨环境的真实叙述。如前文所述，环境本义指"围绕某物的行为"，现在一般用法是将其视为"自然界或物理的总体环绕物"，或是特指整体或是指整体之内的特定地理区域。但伯林特认为："尽管风俗和词源学或许会引导我们将环境视为周遭之物，但这种理念仍是复杂而难以定义的。"② 所以，我们有必要对环境美学语境下的环境概念做一个梳理，并在此基础上探讨环境与生活的统一。

（一）对象式环境

尽管环境美学领域内的学者众多，但对于环境美学的界定一直没有定论，或者说这根本就没有成为一个问题。因为在研究具体领域的学者看来，"环境"的意义是明确的，没有歧义，重要的是对环境的品质做分析。我们在研究自然美学、城市美学、景观美学、景观评估等具体文献时很少发现学者对这一根本哲学问题提出看法，因为他们似乎认同于"环境"本身就是人之外的环绕物。例如，杰伊·阿普尔顿（Jay Appleton）将人与环境的行为关系做了分类：生存要求、必需的身体行为、首要的欲求、环境应用、环境管理。③ 这种直接对环境需求做不同层面的分析实际上假定了环境与人的二元论。据我们所知，当代北美环境美学研究者中真正为环境概念下过定义的只有卡尔松和伯林特，而卡尔松是对象式环境理念的代表人物。

---

① 在河南大学出版社 2013 年出版的"国际美学前沿译丛"总序中，程相占、伯林特认为，"环境美学目前已经基本成型，已经成为超越传统美学、重新改造美学的重要理论力量"。

② ［美］阿诺德·伯林特主编：《环境与艺术：环境美学的多维视角》，刘悦笛等译，重庆出版社 2007 年版，第 8 页。

③ 参见 Barry Sadler and Allen Carlson, eds., *Environmental Aesthetics: Essays in Interpretation*, Victoria: University of Victoria, 1982, p. 30。

卡尔松在 20 世纪 70 年代开始涉足环境美学，他还是 1978 年加拿大"环境视觉品质"讨论会的积极筹备者和参与者。可以说，从景观品质着手解决现实的环境审美问题是卡尔松从事这一领域的初衷，这也直接影响了他对环境本性的理解。在这次讨论会的文集中，他谈道："对于环境的审美品质，最好理解为在人与他环绕物之间互动的经验产品。它被用来描述被鉴赏环境的特性和价值，这些环境因其内在意义而被鉴赏。"①所以，审美品质问题是一种将审美价值客观化的结果。正是得益于这种客观化，景观改造才可以有章可循。所以，从追求环境品质的客观性上看，卡尔松必然以对象性思维来审视环境自身。这一点也在其《美学与环境》中得到证实。卡尔松在其中谈道：

> 这些维度首先跟随这样的事实：鉴赏对象，也即审美对象，就是我们的环境，我们的环绕物。所以，作为鉴赏者，我们沉浸在我们的鉴赏对象里面。这个事实有几个分支：不仅仅我们是在我们的鉴赏对象中，而且我们的鉴赏对象同时就是我们的鉴赏之所。如果我们动，我们是在鉴赏对象中动，因而改变了我们和它的关系，同时改变了对象自身。此外，因为它是我们的环绕物，所以鉴赏对象对我们的所有感官施加影响。正如我们占据其中并在之中活动，我们看、听、感受、闻甚至还品尝。②

卡尔松将环境视为一种环绕物，我们在其中鉴赏环境。环境与人处于互动之中，人的活动改变着鉴赏对象，但这种互动建立在人与环境的绝对区分之上。也就是说，环境是客观化的，人在环境中通过多维感官鉴赏环境，影响甚至改变环境。这种对象式的环境概念不仅决定了卡尔松理论探索的主要领域——客观化环境，同时也限制了其理论探讨的核心方式。早期，卡尔松认为环境美学应当涉及三个核心议题："环境语境

---

① Barry Sadler and Allen Carlson, eds., *Environmental Aesthetics*: *Essays in Interpretation*, Victoria: University of Victoria, 1982, p. 159.

② Allen Carlson, *Aesthetics and the Environment*: *The Appreciation of Nature*, *Art and Architecture*, Taylor & Francis e-Library, 2005, p. 12.

中，什么构成了审美品质？我们如何发展出一种对其重要方面的鉴赏？谁将承担解释的角色？"① 这三个议题分别对应于：鉴赏的对象、鉴赏的方式、对象的解释。我们会发现对于环境审美而言，真正的环境审美经验的探讨缺失了，而这种缺失一直延续至今。关于鉴赏的对象问题，卡尔松从自然一直到农业、园林、建筑、城市等都进行过探讨；关于鉴赏方式问题，在早期关于自然肯定美学的讨论中，卡尔松提出了科学认知方式，而后期的功能适应性问题也是前一种方式的进一步深化；关于对象的解释问题，卡尔松从环境与艺术的对比中认识到，这种解释只能通过环境科学的不断进步来推动。由于对象的解释已经是鉴赏方式的前提，我们将上述三个议题精简一下，也就得出了卡尔松理论的核心方式：鉴赏什么、如何鉴赏。

（二）经验式环境

与对象式环境不同，当代环境美学领域还有一种强调经验的理论。这一领域的代表主要是阿诺德·伯林特。与卡尔松极早就进入环境品质问题探讨不同，伯林特一开始的学术之路主要集中于艺术美学，涉及音乐、建筑甚至舞蹈、电影等领域。此外，他还是一位钢琴演奏家和作曲家。那么，对伯林特而言，什么是环境呢？伯林特在 1991 年出版的《艺术与参与》（*Art and Engagement*）中谈到了当前环境的概念：

> 我们想在文化地理学家、文化生态学家的著作里获得明确的环境定义，这也是我们最为期望的来源。但这种努力是徒劳的。他们的惯常做法是让我们的常识理解适应于将环境视为物理环绕的目的。哲学家倾向于更明晰的解答，但是那些少数的面临环境定义要求的哲学家倾向于保存人与他们环绕之物的分裂。所有意见暗示了牛津英语词典中使环境合法化的定义：围绕一物的对象与区域。笛卡尔式的二元论依然存在并兴盛。②

---

① Barry Sadler and Allen Carlson, eds., *Environmental aesthetics*: *Essays in Interpretation*, Victoria: University of Victoria, 1982, p. 159.

② Arnold Berleant, *Art and Engagement*, Philadelphia: Temple University Press, 1991, p. 81.

　　显然，伯林特将那种传统的来自字源学意义的解读视为二元论的余绪。他看到在当代环境学科中，无论是环境人文学科还是哲学都倾向于对环境做一个外在环绕物的解读。那么，伯林特如何解读环境概念呢？事实上，在其第一部学术论著中，我们就可以看到伯林特美学理论的核心出发点。在《审美场：一种审美经验现象学》（1970）中，伯林特强调："总体而言，任何理论的任务均在于解读一系列现象，通过这种解读让经验更好理解并且最终易于实现和掌控。理论家并不是首先试图定义概念并建构系统，而是参与到确认、关联、解读现象的努力中……具体到审美理论，它具有解读审美现象的任务。它的目的就在于使艺术经验、自然的审美感知更易于理解。"① "经验"在伯林特看来，才是理论最基础、直接的来源。从美学角度来看，审美经验的阐释也是第一性的。任何审美现象必须从人的经验来进行解读，而不是从对象的属性或品质上进行分析。伯林特一再强调，他没有经常用"这个环境"的措辞描述环境。因为在他看来，人根本无法限定一个独立于人自身之外的客观环境，人和环境本来就是相互依存、相互构成的。食物、空气被摄入身体成为我们的一部分。人的衣服不仅仅是皮肤的外层，它还体现着一个人的风格、个性。我们的房间和家构成我们的私人空间和世界范围，我们在世界中的行动既塑造了风景，同时我们也被世界塑造了反射、意识、经验。

　　所以，为了从"经验"入手而非外在客观属性来解读环境，伯林特提出一种参与美学（engagement aesthetics）以区别于那种从对象性概念出发的理论探讨。在《艺术与参与》中，伯林特认为："同那些传统使用产生的正统理解相比，人类世界形成的真实模式展现了环境理解的多样性。在建构人类栖息地的过程中，人们创造了不同种类的环境秩序，它们体现了无利害静观（disinterested contemplation）与审美参与（aesthetic engagement）在态度和经验上的差异。这里有一种类似于建筑们与地点从孤立、分裂一步步走向连续与结合的关系变化范围。至少有三种模式在讨

---

　　① Arnold Berleant, *The Aesthetic Field：A Phenomenology of Aesthetic Experience*, Springfield：Charles C Thomas Publisher, 1970, p. 6.

论与实践中可被确认：静观的、活跃的、参与的。"①

对伯林特而言，这种"参与模式"能够有效化解对环境进行对象化、科学性的解读。伯林特的"参与"是一种融合了视觉、听觉、嗅觉、味觉、触觉甚至运动知觉在内的感官联觉（synaesthesia）。在这种联觉的感知经验中，任何一种知觉形式都融合性地包含有其他方式，它只有在分析中才可以清晰辨明。用伯林特的话来说，"我们成为了环境的一部分，环境经验使用了整个人类感觉系统"②。另外，这种"经验"的语境也不同于 18 世纪英国经验论。伯林特认为感受并不仅仅是生理性的感觉，经验还融入了文化的影响，这种文化的介入无处不在，从而使纯粹感官的孤立经验无法成立。所以，从这样一种参与美学视野出发来界定环境，伯林特承认了人与环境的连续性。

进一步，伯林特给出了环境的定义："我们开始将环境理解为一种物理—文化的领域（physical-cultural realm），在其中，人们将所有的行动和反应都付诸实践，并以大量的历史和社会的模式组成了人类生活的网络。当审美要素被考虑到的时候，知觉的直接性，伴随着对其即刻性和存在的强烈关注，逐渐变得尤为卓越。"③ 伯林特用一个一元化的"领域"来统筹人在世界中的经验。在这个"领域"中，物理与文化因素相互交织，经验直接来源于人的行动和实践，审美的发生在于经验的直接性、当下性、集中性。将环境理解为经验化的领域是伯林特对当代环境美学的独特贡献。

总体而言，当代研究者均认同环境美学是自然与人文统一的整体架构。但在根本的"环境"之义上却仍有分歧，这种分歧往往来自他们各自所秉持的传统美学根基。对于传统美学的继承与改造是我们后面几章所要考察的重点，这里我们应当看到的是，即便在环境的定义与探讨视角上有所不同，学者们对环境美学的最终面向却有共识，那就是走向生

---

① Arnold Berleant, *Art and Engagement*, Philadelphia: Temple University Press, 1991, p. 81.

② ［美］阿诺德·伯林特主编：《环境与艺术：环境美学的多维视角》，刘悦笛等译，重庆出版社 2007 年版，第 10 页。

③ ［美］阿诺德·伯林特主编：《环境与艺术：环境美学的多维视角》，刘悦笛等译，重庆出版社 2007 年版，第 12 页。

活美学。

三　环境美学走向日常生活美学

无论当代学者是将环境视为一个包括物理、文化的环绕物，还是将其视为一个人的活动、感知经验的领域，他们都不能否认环境与人们日常生活日益密切的关联。当然，美学的日常生活转向命题，并不仅仅是环境美学的独有特征。特别是随着后现代艺术的发展，"审美日常生活化"问题俨然成为一股艺术与美学的发展潮流。刘悦笛认为："在艺术的疆域里面，'审美日常生活化'力图去消抹艺术与日常生活的界限，从而聚焦于'审美方式转向生活'。这在后现代艺术里面似乎成了一个'公分母'，似乎不被这个原则整除一下，就不能成其为'后现代'的艺术。"[①]西方现代艺术，诸如倡导"重新进入生活"的未来主义、提出"反艺术"概念的"达达主义"，甚至复制拼贴的波普艺术均在一定意义上推动了当代艺术转向人们的日常生活。后现代的"前卫艺术"更是推动了艺术不断走向观念、走向行为、走向装置、走向环境。[②] 在理论方面，美国的分析美学家阿瑟·丹托（Arthur Danto）提出了"艺术界""艺术终结""平常物的嬗变"等概念，意在描述当代艺术向生活的延伸。

伴随美学走向生活，环境美学因其独特的应用美学价值适应于这一潮流。卡尔松在《斯坦福哲学百科》中为环境美学做了如下描述："这个学科（环境美学）已经包含对特定环境中事物的考察，我们称之为'日常生活美学'。这个领域不仅涉及更加平常的对象以及环境的美学，而且包含了日常生活的一系列行为。因此在二十一世纪前期，环境美学几乎包括了除艺术以外的所有审美意义。"[③] 卡尔松将环境美学的概念拓展到艺术之外的广泛日常生活，并将日常物品与人的行为视为日常生活美学的研究对象。他概括了当代日常生活美学的五个特征：一是日常生活对象具有实用性功能；二是这些实用性特征引发了人们通过触觉、味觉、

---

① 刘悦笛：《生活美学与艺术经验》，南京出版社 2007 年版，第 89 页。

② 参见刘悦笛《生活美学与艺术经验》，南京出版社 2007 年版，第 92 页。

③ 参见 https：//plato. stanford. edu/entries/environmental-aesthetics/。

嗅觉等官能去体验，而不是仅仅运用视觉或听觉；三是日常生活对象往往缺乏确定的界限或焦点，它们往往同其他事物以及环境本身构成密切的关联；四是日常生活对象是变化的、短暂的，经常被更换；五是日常生活对象正在变得不再具有深刻意义。① 卡尔松在这里主要还是以功能性视野来讨论日常生活美学的对象。他探讨过很多生活领域，诸如农业、园林、自然、建筑、文学、环境艺术、环境教育、环境保护，等等。在这些具体讨论中，卡尔松一贯的主张是类比于传统艺术寻找鉴赏对象的理论逻辑。虽然卡尔松积极倡导日常生活美学，但我们认为这种观念的转变并没有改变其基本的建构方式——从客观对象出发探讨审美活动。

　　当然，除了当代分析美学重视日常生活美学之外，实用主义也是这一时代潮流的重要理论形态。杜威的经验主义美学试图恢复日常生活经验同艺术经验的连续性。在杜威看来，"'生活'和'历史'具有同样充分的未分裂的意义，这是重要的。生活是指一种机能，一种包罗万象的活动，在这种活动中，机体与环境都包括在内。只有在反省的分析基础上，它才分裂为外在的条件——被呼吸的空气、被吃的食物、被踏着的地面——和内部结构——能呼吸的肺、进行消化的胃、走路的两条腿"②。生活是一种原初未分裂的过程，在杜威那里，它是极具包容性的概念，这为其经验理论提供了开放的背景。反过来讲，杜威的经验主义美学在更广阔的意义上就是一种生活美学。卡尔松也肯定了杜威对于日常生活美学的贡献。他说："杜威的基本目的——通过更广泛意义上重释传统的审美概念，为日常生活美学开辟了道路——在澄清一种日常生活美学的最有效努力中，发挥着重要作用。"③

　　在环境美学的诸多领域，伯林特积极探讨了城市、建筑、博物馆、游乐园、海滨、园林、森林、环境政策等。他认为："通过道德与审美的结合，审美的生态学向我们揭示了一个艺术与生活的连续体。从一种包

---

　　① 参见［加］格林·帕森斯、艾伦·卡尔松《功能之美——以善立美：环境美学新视野》，薛富兴译，河南大学出版社 2015 年版，第 127—128 页。

　　② ［美］杜威：《经验与自然》，傅统先译，商务印书馆 2014 年版，第 13 页。

　　③ ［加］格林·帕森斯、艾伦·卡尔松：《功能之美——以善立美：环境美学新视野》，薛富兴译，河南大学出版社 2015 年版，第 132 页。

容性的杜布菲式空中景观方式来感知城市，它是空间、质量、体积的安排，地理的轮廓，社区分界线，交通线路，树木、公园的绿化区域，房屋建筑的多彩装饰，湖泊及喷泉池中的倒影，人行道、公路、建筑物的纹理，它也是作为人们生活、努力获得满足的整体中的一部分。"① 作为杜威经验理论的重要继承者，伯林特对于环境美学的日常生活转向解读自然也建立在整体性的经验之上。伯林特的环境美学探讨总是强调一种艺术与生活的沟通与连续，将人类的生活世界看作与艺术在本质上一致的感知经验。正如他所言："有什么比人类生活世界更为普遍的经验吗？而生活在最完整意义上来说正是环境。"② 伯林特的生活美学就是他的环境美学。如果更进一步来看，伯林特的环境美学实际上是倡导经验连续性之生活美学的具体化与场景化。为了区别于传统分析美学的对象化解读，伯林特通过阐述一种描述美学（descriptive aesthetics）来实现环境美学的理论建构。

正如上文所述，除了分析美学讨论了艺术的扩大化问题，实用主义的重要代表杜威更早地对艺术经验与生活的关系有所思考。不管我们认同也好，批判也罢，杜威的经验主义美学都为当代的日常生活美学元理论提供了重要基础。从艺术转向自然，到强调自然、人文的统一，再到环境与生活的一体，当代北美环境美学经过40余年的发展日益从一门极具反叛性的学科转变为强调综合建构的学问。尽管理论发展基石不同，但强调美学走向生活却是环境美学家们的共同追求。在此过程中，我们看到环境美学不仅面向环境的审美，同时也面向生活的美学，并为实现人性化的生活提供有力支持。

---

① Arnold Berleant, *The Aesthetics of Environment*, Philadelphia：Temple University，1992，p. 81.

② Arnold Berleant, *The Aesthetics of Environment*, Philadelphia：Temple University，1992，p. 23.

第 三 章

审美鉴赏的转移：
从"审美态度"到"鉴赏"

在当代北美的环境美学领域，审美鉴赏是一个关键问题。卡尔松强调的审美鉴赏理论不仅不同于康德的观念论，而且同其他学者的鉴赏学说也有所不同。一般意义上，审美鉴赏等同于审美经验，它既包含了审美的方式，同时也预示着审美经验过程的完成。伯林特认为，鉴赏的标准化判断是困难的，更为重要的是，运用全部感官积极参与到环境中去，所以审美鉴赏本身是不能同审美经验区别开来的。卡尔松的独特性就在于，他突出地强调了鉴赏与经验的分立，将恰当鉴赏方式视为获得审美价值的唯一依据，但对鉴赏经验的发生却论之寥寥。实际上，卡尔松所认同的审美鉴赏属于一种标准化的审美判断，讲求科学性、客观性，类似于一种客观认识论并排斥个体性的审美经验。如果从传统语境为其划界，其审美鉴赏理论是一种关于鉴赏方式的讨论。本章的论述将具体考察这一主题。

第一节　批判地继承"无利害性"观念

作为当代环境美学的重要代表，艾伦·卡尔松一直以反抗现代艺术哲学著称。卡尔松的审美鉴赏理论具有极强的偏向性和现实指导性，但它并没有完全同传统割裂。在审美"无利害性"方面，一种普遍观点认为，卡尔松对生态学、植物学、地理学知识的侧重是对这一经典传统的反驳。但事实上，卡尔松在论述中充分借鉴了斯托尔尼茨（Jerome Stolnitz）"审美态度"理论解释何为环境中的审美鉴赏，而后者是当代"无利害性"观念的重要阐发者。所以，卡尔松并非完全走到现代审美"无利害"的对立面，而是有所批判性地继承。这一点为当代环境美学界所忽视。我们与其将卡尔松的美学奉为现代美学的革新者，不如进一步探究其与现代传统的精微联系，还原其在当代学术史中的连续性。

一　"无利害性"传统与当代"审美态度"理论

"无利害性"来自"无利害的"这一形容结构的长期流传。柏拉图就十分注重对异于物质表象的形式以及心灵状态的思考，这种沉思关注智性而非感性。这种"分离"式的沉思为后期宗教神学的"无利害"观提供了资源。亚里士多德则提供了另一支传统的来源，他提出的建立于五官基础上的共通感（common sense）是对外物做感知判断以及形成经验的基础。亚里士多德的感官物质性同柏拉图的"分离"式沉思相互结合，共同构成近代美学"无利害性"的哲学基础。但"无利害的"传统在美学独立之前受到基督教影响，成为对上帝"无利害"之爱的艺术呈现。爱尔兰神学家约翰·斯科特斯·艾里杰纳（John Scotus Erigena，810—877）就认为，有智慧之人在欣赏美丽花瓶时是将美归于上帝的光辉，而非受到贪婪的诱惑以及欲望的玷污。德国神学家麦斯特·埃克哈特（Meister Eckhart，1260—1328）运用"Abgeschiedenheit"（割舍、分离之意）来指涉"一种尽可能彻底从现世对象分离出来以面对上帝的道德状态，并尽可能接近一种从对象'其自身'而非个体特定经验、欲求视角出发的思索"①。这些"无利害的"审美夹杂着宗教性情结在西方延续数个世纪，直到18世纪启蒙运动时期美学独立为一门研究学科。

审美"无利害性"是现代美学的重要标志，它的美学属性源于18世纪英国经验主义美学，经过康德、叔本华、克罗齐、伯格森等人的发展成为美学重要理论。在无利害性的早期观念中，审美和道德、宗教往往

---

① Michael Kelly ed. , *Encyclopedia of Aesthetics*，New York：Oxford University Press，Vol. 2，1998，p. 60.

联系在一起。正如彭锋所说，"18 世纪英国经验主义美学家们所做的工作，就是将无利害性从宗教、伦理、认识领域中提取出来，转变成为美学概念"①。夏夫兹博里是"无利害性"的第一位重要倡导者，他的理论阐发是从针对"利害"的伦理意义开始的。"利害"的概念在 18 世纪通常是"一种福利或是一种真实而持久的善"②，它既可以是个人的，又可以是社会的。但在夏夫兹博里看来，"利害"首先是一种追逐利益的推动力而不是利益自身。"利害"由于更多倾向于个人利益，因而同"利己主义"紧密相连。但当"利害"走向它的反面，也就是"无利害"的时候，人们往往将它同"利他主义"关联在一起。夏夫兹博里则完全跳出这个"利己""利他"的悖论，而将"无利害"看作破除一切占有或实用目的的态度。"无利害性"也就"不以超越于知觉活动之外的任何实用的目的去涉及对象"③，它只是一种关注对象的方式，并且不再具有选择与活动的要素。虽然夏夫兹博里的"无利害性"理论开始是反对霍布斯"利己主义"的一种伦理观念，但这种观照本身就是与审美相通的。夏夫兹博里的这种"无利害"静观主要通过"内在感官"来实现，这种感官是人天生所独有的不同于动物的感官，它包含有人的智性因素。人只有通过内在感官的"无利害"静观才能洞察对象的内在形式。所以，夏夫兹博里的理论带有柏拉图主义的色彩，并非单纯强调生理感官的感受。

到了康德，"无利害"已经成为鉴赏判断的一个普遍原则。因为在康德那里，鉴赏判断是客体形式给人带来的主观快感。它不涉及概念和内容，因而是无利害的。鉴赏判断带来的美感是区别于感官满足的快感、道德意义上的道德感，因为它不涉及欲望满足的实践活动而仅仅是对对象形式的静观，所以是无利害的和自由的。叔本华将鉴赏视为纯粹无意志的静观，这种静观其实是他所倡导的审美直观。在这种直观中，对象不再是个体事物，而是具有族类特征的理念，主体用一种摆脱一切意志、

---

① 彭锋：《无利害性与审美心胸》，《北京大学学报》（哲学社会科学版）2013 年第 2 期。

② ［美］杰罗姆·斯托尔尼兹：《"审美无利害性"的起源》，载《美学译文》（3），中国社会科学出版社 1984 年版，第 19 页。

③ ［美］杰罗姆·斯托尔尼兹：《"审美无利害性"的起源》，载《美学译文》（3），中国社会科学出版社 1984 年版，第 24 页。

人格、欲求、利害的纯粹观审来直观对象。纯粹主体在这种对理念的直观中，洞见了世界的本质和真理。所以对叔本华而言，直观高于理性，艺术高于科学，"无利害"就是审美中的首要条件。

19世纪末20世纪初，"无利害性"发展出了"移情""审美心理距离"等学说。后来，"无利害性"传统在当代话语表述中成为"审美态度"问题的独特注脚，也成为后者被攻讦的核心标靶。作为"审美态度"的坚定支持者，门罗·比尔兹利在《美学：批评哲学的问题》中批评了对审美价值界定的单纯客观属性考量，将主体性、关系性作为价值意义的重要标准，而前者往往是批评比尔兹利"审美态度"理论的分析美学家们所固守的论述核心。比尔兹利的"审美态度"理论同他试图复兴的"审美经验"紧密联系在一起，可以说他正是从经验结合的角度改造了传统绝对主观化的态度假设。他断言："你对审美对象能做的一类事就是以特定方式感知它，并让它引起一种特定经验。所以，'是否审美对象属于功能类别'的问题仅仅是一种用迂腐方式来问我们久被耽搁的老旧且熟悉的问题：有没有审美经验这种东西？"① 艺术的审美特征在审美经验中得以呈现，从而避免了经验本身散漫、无规定的可能。审美经验以一种动态心理过程结合了人与审美对象两种要素，达成比尔兹利在《审美经验的恢复》《审美观点》等论述中一贯坚持的经验聚焦性、强烈性、统一性、完整性、复杂性等诉求。经验的心理属性中那种聚焦于对象的"审美态度"指引虽然没有完全占据独立论述，但却无时无刻不在经验表达中被内化为实践性过程。

在"审美态度"理论言说的诸多学者中，引人注目的当数斯托尔尼茨。作为美学前辈的比尔兹利虽然对其理论颇多苛责，但仍称赞其"在阐明审美价值的复杂性以及观察替代性理论（尤其是客观主义理论）在发生时究竟是何样态上超越大部分相关问题论述"②。实际上，两人都倾向于经验理论对于审美感知活动的还原，拒斥各种纯客观属性描述以及

---

① Monroe C. Beardsley, *Aesthetics：Problems in the Philosophy of Criticism*, New York and Burlingame：Harcourt, Brace& World, Inc., 1958, p. 526.

② Monroe C. Beardsley, "Reviewed Work：Aesthetics and Philosophy of Art Criticism—A Critical Introduction by Jerome Stolnitz", *The Journal of Philosophy*, Vol. 57, No. 19, 1960, p. 625.

依赖学科概念逻辑而不直达经验的论述。① 斯托尔尼茨对 18 世纪英国经验主义美学有很深的研究，写作了《论"审美无利害"的起源》（1961）、《论夏夫兹博里在现代美学理论中的意义》（1961）、《现代美学崛起中的"审美态度"》（1978）、《再论现代美学崛起中的"审美态度"》（1984）等多篇具有学术史意义的文章。有趣的是，斯托尔尼茨的"审美态度"理论的历史溯源遭到当代著名分析美学家乔治·迪基的猛烈抨击。后者对于斯托尔尼茨的评判同针对比尔兹利"审美经验"的尖锐批评一样，深刻体现出分析美学不同理论路向的差异。乔治·迪基虽然承认"无利害性"在现代美学发展过程中的巨大影响力，但他更倾向于否定 18 世纪英国经验论的"趣味"观同 19 世纪叔本华"审美态度"观念的一致性。这一否定其实更是直指当代"审美态度"理论追溯以及建构的非法，即斯托尔尼茨试图建构的"无利害性"传统本身是断裂的。迪基将叔本华的"审美态度"理论总结为五点：一是放弃观看物体的一般模式；二是感知者将自己完全投入感知过程；三是他不能将自己同感知区别开；四是他不以其意志来感知对象；五是他忽略事物间的空间、世俗和因果联系。② 另外，他对 18 世纪英国"趣味"观的构成观念进行梳理：与"审美态度"影响下无利害感知不同的普通感知；一个具有审美特性的对象；与这一对象的普通感知相适应的鉴赏能力；这种鉴赏所产生的快感。在迪基看来，"审美态度"理论奠基于冷漠的感知、意识以及沉思，它同"趣味"理论注重对象性、鉴赏趣味以及鉴赏反应的快感有着很大差异，更为关键的是，这种"态度"抛弃了日常普通感知的基础。因此，态度理论本身也就意味着一种不关注外在世界的主体的"神话"。迪基同斯托尔尼茨的争论一直延续了几十年。迪基在《趣味的世纪——18 世纪"趣

---

① 正如斯托尔尼茨在《美学与艺术批评的哲学》（1960）中对艺术"模仿论""形式主义""情感主义"等替代性理论所做的引向审美感知的折中论述，阿诺德·伯林特在《审美场——一种审美经验现象学》（1970）中也相似性地给予这些艺术观念以"代理"理论的称谓，并更加彻底推动艺术观念超越概念模型，走向审美经验现场。同比尔兹利一样，他们背后均有约翰·杜威艺术"经验论"的影子。

② Jerome Stolnitz, "The Aesthetic Attitude in the Rise of Modern Aesthetics", *The Journal of Aesthetics and Art Criticism*, Vol. 36, No. 4, Summer, 1978, p. 410.

味"的哲学旅程》（1996）中认为，"趣味"理论在休谟那里达到高峰，而受康德影响的审美理论都在走向不关注具体时空的对象自身，只关心特定类型直觉的境地。实际上，迪基的理论更多的是对审美做认知性、客观性的解读，这也同其对艺术所做的制度定义相关，即更加关注艺术的社会语境、要素构成分析、价值规范性等对象化要素。斯托尔尼茨更加注重审美之人感知经验具有要素融合特征的呈现，但同时他也试图传达给迪基的是，"态度"理论从来没有否认对象作为自身的意义。

　　如果说迪基的批判留给我们什么关于斯托尔尼茨更有意义的印象的话，那就是后者的理论建立在对"审美"的独特侧重之上。在斯托尔尼茨看来，美学中有三个关键词：艺术、美、审美。三者分别指向美学研究的不同领域。艺术主要指通过人力所得到的产品或创造物，它区分出了创造的艺术家和艺术作品；美指的是对象所具有的吸引力和价值；审美则是三者中不被广泛运用的概念，它是指感知和观看有趣的对象。他认为并非所有的艺术品都是美的，也并非所有美的对象都是艺术品。因为很明显，有些艺术品的吸引力是需要用其他词汇来形容的，例如可爱、崇高、有趣、滑稽等。斯托尔尼茨认为，莎士比亚的《李尔王》以及贝多芬的《第九交响曲》就应该被称为崇高。同时，除了艺术品是美的，自然也可以是美的对象。所以，艺术同美之间的等同是不成立的。斯托尔尼茨认为："我们发现'美'自身的内涵太局限，以致无法描述完所有有价值的对象，无论是艺术对象还是非艺术对象。"[1] 斯托尔尼茨对于美的理解延续了康德意义上优美、壮美的区分性解读，同时否定了美学等同于艺术哲学的传统论断。此外，斯托尔尼茨还探讨了审美同艺术、美之间的关系。审美在斯托尔尼茨这里居于统筹艺术和美的核心位置，它首先是一种观看和感知。在审美过程中，我们往往受到艺术品之外的因素影响，例如它的来源、结果或是社会影响，等等。在阅读19世纪美国的文学名著《汤姆叔叔的小屋》时，我们会考虑到它控诉了美国的奴隶制度并因此重新塑造了大众观念，甚至会将它看成特定历史时期的文化

---

[1]　Jerome Stolnitz, *Aesthetics and Philosophy of Art Criticism—A Critical Introduction*, Boston: Houghton Mifflin Company, 1960, p. 22.

写照。这些外在因素不能独立构成真正的审美感知，审美只能是基于艺术自身的乐趣。斯托尔尼茨认为："只有当我们审美地领会一件艺术品时，我们才能鉴赏它内在于自身的价值。"① 所以，一件艺术品为其自身而被鉴赏的价值是同外在文化价值分立的，而审美则必须以艺术自身的价值为依据。依此推论，无论是艺术、自然或社会对象，也无论是漂亮的、喜剧的还是崇高的审美价值，它们都必然以对象本身的审美感知为基础。

斯托尔尼茨将美学核心的关切置于审美上，并将非为对象自身审美的价值排除在外，这实际上为审美立论提供了一个态度依托的必然性。或者说，审美的规范性就在于它是一种独特的态度，审美以此为基础观照同艺术平行的世间万物以及同狭义美进行类比的其他感性价值，"审美态度"因此成为美学研究回归感性认识聚焦最具包容性的概念。斯托尔尼茨为"审美态度"下了这样一个定义："它是为任何意识到的对象自身而进行的无利害、同情的关注和静观。"② 这里有四个概念非常值得注意：无利害、同情、关注和静观。首先，所谓的"无利害"，在斯托尔尼茨看来就是不从一个观照对象的未来目的来看待此物。审美者的兴趣建立在对象自身，而不在于将它视为一个未来事件的象征。为此，斯托尔尼茨区分出了"无利害"的对立面——"实用的感知"（practical perception）来解读这种差异。"实用的感知"中，人们关注对象的起源、结果以及同其他事物的实用关系。其中，有的人将艺术品视为同荣誉、声望相关联，有的人则秉持着获取知识的态度来鉴赏艺术，还有一些目光敏锐的人则采取对艺术进行评判的目的。这些实用的、功利性的关注在斯托尔尼茨看来都是非审美的态度。"因为对于审美态度而言，东西并不是要被分类、研究或评判的。它们作为自身是令人愉快的，让人看到后很兴奋。"③

---

① Jerome Stolnitz, *Aesthetics and Philosophy of Art Criticism—A Critical Introduction*, Boston: Houghton Mifflin Company, 1960, p. 23.

② Jerome Stolnitz, *Aesthetics and Philosophy of Art Criticism—A Critical Introduction*, Boston: Houghton Mifflin Company, 1960, p. 35.

③ Jerome Stolnitz, *Aesthetics and Philosophy of Art Criticism—A Critical Introduction*, Boston: Houghton Mifflin Company, 1960, p. 35.

其次，"同情"是一种我们为了回应对象而准备的方式，是为了实现对对象独特审美品质进行观照的主体准备。斯托尔尼茨认为："如果我们将要鉴赏它，必须以其'自身的方式'（on its own terms）接受它。我们必须使自己能够容纳对象并'设定'我们自身去接受它可能会提供给我们感知的任何东西。"① 所以从反面来看，"同情"必须排除与对象的分裂、敌对态度从而跟随对象的引导，实现与之相协调的审美观照。再次，"关注"是斯托尔尼茨的另一个关键词。任何态度都会指引我们关注世界的一些特征，审美态度理论则要求这种关注具有审美性。斯托尔尼茨在这里回应了由于"无利害"和"同情"可能引起的误解，即我们对于对象的审美仅仅只是被动接受，任由对象的特征将我们湮没。② 他认为"关注"的意义体现在以下两点：其一，审美关注是同人的活动结合在一起的，正是无利害的感知对象引起了人们调动想象的能力和情感去回应它；其二，审美关注要求我们关注艺术复杂、精巧的细节，对于这些细节的敏锐意识就是一种辨别力。所以，被动地接受对象在斯托尔尼茨看来并不符合真正的审美经验，他认为"我们要使对象的价值在我们的经验中充满活力"③。"关注"中人的参与的丰富性和活力让整个审美态度避免走上简单的主客符合论，这构成"审美态度"的核心关键。最后，建立在灵巧的和充满活力的审美关注基础之上的是静观。如果没有上述强调活动反应、具有辨识力的"关注"，静观就会被认为是冷漠的凝视。斯托尔尼茨这里提到的静观，意义在于强调无利害的感知仅仅指向对象自身，并且观察者并不会有意去分析、评判对象。在此种静观中，主体彻底地投入审美之中。

　　我们可以从斯托尔尼茨自"审美"到"审美态度"的连续性阐释中

① Jerome Stolnitz, *Aesthetics and Philosophy of Art Criticism—A Critical Introduction*, Boston: Houghton Mifflin Company, 1960, p. 36.

② 斯托尔尼茨将这种审美形象地比喻为"茫然的、像牛一样的凝视"，借以表达缺乏主体"关注"参与的审美状况。在下文中，卡尔松在论述斯托尔尼茨理论的时候也引用了这一比喻，并对审美态度理论所包含的鉴赏意义给予肯定。

③ Jerome Stolnitz, *Aesthetics and Philosophy of Art Criticism-A Critical Introduction*, Boston: Houghton Mifflin Company, 1960, p. 37.

发现，他至少极为关注三个整体性特征。首先，"审美态度"中的四个要点之间各自独立却又相互制约，体现出概念的整体性。"无利害"强调外在实用性的排除、"同情"对于对象特征的跟随，它们作为偏正结构中的修饰语同"关注""静观"构成意义表述上的几个不同极点。后者中的"关注"要求人调动个体性的想象和情感以及对艺术细节的有力辨别反馈于对象，"静观"又将这种反馈限定在排除分析的观看。这种不同向度的阐述着意于摆脱过分主观或客观的偏颇。正如他自己所言："尽管这将会是一个接一个的零散分析，但真正的解读一定要从整体的分析而不是从任意独立概念出发。"①　其次，斯托尔尼茨的分析美学重视经验的一体性。正如前文所述，斯托尔尼茨同比尔兹利一样将美学的核心置于审美经验之上，反对将美学研究静止化、片段化。即便要对审美诸多要素进行条分缕析的考察，他也强调要素的相互结合与作用是打破主客观过分区分的。他的核心观念"审美态度"正是建立于经验一体性的基础上，重视主体关注与对象引导的有机统一。最后，斯托尔尼茨实际上推崇一种审美世界的整体性。所谓审美世界的整体性，并不是将艺术、自然、环境、生活完全等同起来，而是着重于将人与世界众多可能的审美关系统一于一种审美"态度"的经验。他强调审美对象可以是任何意识到的对象，这为此理论超越具体艺术美学的适用性打开窗口。所以，斯托尔尼茨的"审美态度"理论建立在审美对于艺术与非艺术、美与其他价值统摄的基础上，将传统"无利害性"向前推进了一步。

可以看到，斯托尔尼茨的"无利害性"继承了夏夫兹博里的基本观念，即强调去除占有与实用目的，仅从对象自身来感知对象。但夏夫兹博里的内感官观照的是含于表象的内在形式，这种"无利害性"具有一定超经验的性质。斯托尔尼茨则并不局限于对象形式，他只是排除了对象的实用性目的。此外，康德的"无利害性"强调对于概念的排除，并且这种"无利害性"指导下的审美是一种对形式的"单一判断"。斯托尔尼茨的"审美态度"却并不排除"智性"因素，甚至可以将数理逻辑作

---

① Jerome Stolnitz, *Aesthetics and Philosophy of Art Criticism-A Critical Introduction*, Boston: Houghton Mifflin Company, 1960, p. 35.

为"无利害性"审美的对象，将概念认知融入审美意识，这导致了他同康德的差异。叔本华意义上排除一切的纯粹主体，在斯托尔尼茨看来也是不存在的。所以，斯托尔尼茨的理论建立在现实经验的基础之上，具有更多的包容性，这使其在一定意义上反驳了分析美学过分重视艺术定义、艺术语言分析，将美学的核心要义归结于审美活动。

二　破：作为对经验主义"无利害性"的否定

作为当今环境美学的主要代表，卡尔松以对现代艺术美学的激进批判为人所熟知。他对于"无利害性"的人—世界关系进行了重要思考，认为它催生了形式主义、如画性等传统艺术审美的过分疏离。在环境语境中，环境对象并非以艺术观照方式来呈现，而是由自然本身既定的法则来引导。那种带有景观崇拜（scenery cult）、从"克劳德镜"中鉴赏自然的传统方式无疑受到了艺术审美方式的典型影响。在当代，这些美学原则同其来源"无利害性"被环境美学所批判。

卡尔松多次梳理西方现代美学传统，他将夏夫兹博里、哈齐生、阿里生、斯托尔尼茨确立为"无利害性"从现代到当代发展的四个环节。其内在的连续性是从夏夫兹博里排除个人实用利害，发展到哈齐生排除普遍性利害特别是认知利害，再到阿里生建立起"茫然与空洞"的"心灵状态"，而"心灵状态"说被卡尔松视为"无利害性"理论的充分发展，并且在斯托尔尼茨那里延续下来。在卡尔松看来，传统"无利害性""要求鉴赏对象被孤立起来，并从与其他物的相互关系中脱离出来……结果就是一个净化了的对象，它同自己的历史相分离，无关乎自己是一个设计者的产品，另外在近期的艺术批评哲学中，'无利害性'固执的当代形态同情甚至加入反意图论，试图阻止关于艺术家的任何知识参与到其作品的鉴赏中"①。从艺术哲学的角度来看，卡尔松是坚定的艺术家意图论者、文化语境知识参与鉴赏的支持者，他从根本意义上反对"无利害"传统的"心灵状态"说。从环境美学的论述立场来看，这个结论也是可

---

① Allen Carlson, *Aesthetics and the Environment: The Appreciation of Nature, Art and Architecture*, Taylor & Francis e-Library, 2005, p. 108.

靠的。卡尔松认为:"当'无利害性'观念认为,鉴赏对象是孤立的且同其他相互关联分离,另外对其鉴赏受限于审美相关性的一般原则,那么同化(将自然鉴赏与艺术鉴赏归结为一个原则)就此开始。按照这种'无利害性'解释,艺术品和自然对象都在鉴赏中或多或少同它们的本质和历史相分割。因此,两种对象可用相同的方式鉴赏:作为纯粹的审美对象。"① "无利害性"的这种孤立化、纯粹化的对象鉴赏在卡尔松看来只是一种主观感性经验的无限延伸,根本不具有严肃性和可靠性,自然与艺术均在这种视野中丧失客观实在性。用卡尔松的核心概念来说,这种活动类型根本不能称其为鉴赏。

当代中国学者显然也把握到了卡尔松对于"无利害性"的猛烈批判。薛富兴认为,卡尔松着力解释"将自然对象从其环境中孤立出来欣赏的'对象模式'的合法性和适度问题;比如远距离、静态地观看自然'景观模式'的片面性问题"②。薛富兴指出了卡尔松在艺术审美中只关注于对象自身及将对象静观移植到自然环境的非适用性判定,而这两点要素恰恰是"无利害性"的核心。另外,我们也不难理解毛宣国教授在反思环境美学时所言:"无论是伯林特还是卡尔松,他们对传统美学的批判,包括康德的'审美无利害'理论的批判都无视了一个重要事实,那就是审美活动有着自身的特点……即审美主要是关乎情感而非认识,审美是主客体交融的情感意象活动而非其他。"③ 这种反思显然将伯林特与卡尔松的环境美学视为纯然传统观念的激进否定者、"无利害性"审美态度烛照下主客交融与情感投射的反叛者。这也是当下学术界所持有的普遍立场。但我们更希望暂时搁置这种一概而论的立场,试图澄清卡尔松对"无利害性"传统真实且复杂的态度。

我们首先要承认卡尔松是环境美学艺术化的积极批判者,在这个意义上,他站在了"无利害性"的对立面,但我们对其立场的复杂性以及

---

① Allen Carlson, *Aesthetics and the Environment*: *The Appreciation of Nature*, *Art and Architecture*, Taylor & Francis e-Library, 2005, p. 115.

② 薛富兴:《论艾伦·卡尔松的"环境模式"》,《南开学报》2010 年第 1 期。

③ 毛宣国:《伯林特对康德"审美无利害"理论批判辨析》,《郑州大学学报》(哲学社会科学版) 2015 年第 6 期。

传统来源缺乏认识，或者说哪一种"无利害性"被其否定依然不甚明了。我们有必要从其理论破与立的双向立场来观察卡尔松如何应对观念历史的变动并在其中做出抉择。

从破上看，卡尔松着力批评了自然鉴赏的如画性和形式主义倾向，并从中透露出为迥异于艺术的环境进行立法的雄心。这两对概念分别来源于鼎盛时期的 18 世纪自然美学与 20 世纪前期的艺术美学，它们在传统以及当代都被很多艺术家、理论家置于自然环境审美的法则序列。卡尔松提到了诸如画家克劳德·洛兰、塞尔维特·罗萨以及理论家威廉·吉尔平、尤维达尔·普莱斯、理查德·佩恩·奈特，他们对于自然鉴赏讲求一种平面化、协调性以及焦点透视的准则。到了 20 世纪，罗杰·弗莱以及克莱夫·贝尔对于艺术对象线条、形状、色彩的把握极具扩张性地延伸到了自然绘画、摄影。在保罗·塞尚、乔治娅·欧姬芙、爱德华·怀斯坦等艺术家的自然描绘中，形式、线条、明暗对比越来越成为审美价值的焦点。关注如画特征与形式主义在很多时候交融在一起，如景观画的鉴赏往往意味着重视其线条、色块以及协调性的形式。卡尔松对这种自然鉴赏的艺术化眼光极为反感，他在自然美学的模式争辩中使用景观模式、对象模式进一步归纳了这两种传统艺术模式，可见两者确实具有从艺术到自然非法挪用的普遍性。被普遍认同的是，这两种艺术美学原则背后内含有自 18 世纪就盛行的"无利害性"审美观念。或者说，传统美学讲求的"非概念化"、对象的孤立性"审美"一直作为美学的主流延续到 20 世纪上半叶，构成两者阐发的宏观理论背景。事实上，"无利害性"对于审美心理距离的强调，对于审美对象概念认知、实际用途考虑的排除确实在传统艺术美学领域占据统治地位。但随着 20 世纪下半叶文化美学的兴起，尼尔森·古德曼、阿瑟·丹托、肯达尔·瓦顿、乔治·迪基等一批分析美学家开始突出艺术史、艺术类型、艺术界等观念在艺术鉴赏中的核心地位，极大扩充了美学界对于艺术审美思考的范围。艺术品不再孤立地具有永恒意义，而成为文化语境、流派风格、观念演化的产儿。

虽然卡尔松一生没有单独致力于艺术理论研究，但其论著一贯地展示了他对艺术美学发展的关注与借鉴。他认为："一个描述'无利害'中心解释与文化解释之间区别的广泛方法是考虑它们各自赋予鉴赏对象知识的角色。尽管前者要求观看者将鉴赏对象的概念和事实置于括号之中或忽略它们而非注意它们，但文化解释否定这种要求。所以，从后者将鉴赏对象的知识作为恰当鉴定和鉴赏关键构成要素来看，它们可被描述为认知上更为丰富的鉴赏理论。"① 文化解释因其将对象的知识观念作为审美鉴赏的核心而受到卡尔松的青睐，他明确表示"脱离'无利害'中心并走向文化路径的鉴赏观念为'功能之美'扫清了障碍"②。正是沿着分析美学文化解释的路径，卡尔松抛弃了"无利害性"并将环境美学（无论是前期自然美学的科学认知理论还是后期环境的功能性理论）阐发为以科学知识为语境基础的鉴赏理论。他针对瓦顿艺术范畴知识改造阐发出自然范畴就是明证。所以，卡尔松的环境美学事实上是当代分析美学强调知识语境核心地位的一个变种，是文化美学从艺术转向环境的延续。

在此之后，我们重回那个问题，卡尔松究竟在何种意义上否定了"无利害性"呢？其实，我们在笼统为卡尔松贴上反对者标签的时候忽视了被批判标靶的背景：18世纪经验主义影响下的美学理论以及"无利害性"传统延续的非法征用、艺术到自然的跨领域征用。与之对应的是，卡尔松则站在当代分析美学的文化美学立场来实施这一批判。所以，我们认为其否定意图主要体现在两个方面。

第一，针对经验主义的否定。18世纪英国经验主义美学孕育了夏夫兹博里、哈奇生、休谟、博克等大家。尽管各自学说的侧重不同，但他们都强调感知经验，并由此引出了"内感官"、联想、想象等心理活动论述。经验主义强调客体对于主体感官的符合，更多地否定对象的客观认识属性而偏向主体的感知属性。特别是夏夫兹博里、哈奇生师徒二人的"内感官"经验理论，将美、整齐、和谐的感知能力提升到人的自然本性层面，并取消了对象认知在直接经验中的合理性。卡尔松在《理解与审

① Glenn Parsons, Allen Carlson, *Functional Beauty*, New York：Oxford University Press, 2008, p. 35.

② Glenn Parsons, Allen Carlson, *Functional Beauty*, New York：Oxford University Press, 2008, p. 35.

美经验》一文中，针对夏夫兹博里、哈奇生、阿里生的"无利害性"观念展开批驳。他以马克·吐温的游记《密西西比河上的生活》中水手对于河流审美经验同理解经验剧烈冲突的矛盾作为引子，论述经验主义美学家的理论在何种程度上不符合实情。他说："尽管正如上文所示，吐温的审美经验观念是一种相当狭隘的形式主义并可以被一两种理论上具有活力的'无利害性'所解释，但没有理由相信吐温仅限于此。也许仅能看到漂亮图案、未受教育的路人有一个空灵、自由的心灵，但也正如我们提到的，吐温的审美经验或多或少都超出了美丽图画。"① 进一步，他认为："或许一种完全空灵、自由的心灵，或者一个完全排除认知维度之人根本不会有审美经验，或者至少没有吐温所提及的这种。"② 卡尔松认为，完全排除认知的经验审美是几乎不可能的，将理解经验和审美经验截然对立也仅仅属于理论上的观察而非实际经验的确证。在 18 世纪经验主义美学中，知识在人的感知系统中具有非直接性特点，也同主体的感性投射相距甚远，所以很显然被置于理论思考的负面。"无利害性"理论在夏夫兹博里、哈奇生、阿里生一派得到了现代阐释，在强调主体经验核心的范畴之下，为艺术、审美的独立自主划分出明晰边界。卡尔松从文化解释的角度反对经验主义对审美活动中认知因素的排除。其批判可以追溯到 18 世纪经验主义所强调的客体对主体感知经验的符合论上。但在一定意义上来说，卡尔松仍然是符合论的支持者，只是其所强调的方向正好相反，即要求主体经验符合于规范化的对象知识、语境、文化。这种立场差异是其经验主义批判的理论根基。

20 世纪的斯托尔尼茨虽然强调经验、审美，但其"无利害性"理论已经与传统大异其趣，这正是卡尔松在将这一概念作为一个历史延续整体使用时所忽视的。斯托尔尼茨试图用分析美学的文化理论扩充发展传统"无利害性"。其一，"审美态度"讲求的"无利害性"尽管要求排除"实用感知"与外在关联，但充分强调对象引导与主体审美辨识力而非沉

① Allen Carlson, *Aesthetics and the Environment*：*The Appreciation of Nature*，*Art and Architecture*，Taylor & Francis e-Library，2005，p. 25.

② Allen Carlson, *Aesthetics and the Environment*：*The Appreciation of Nature*，*Art and Architecture*，Taylor & Francis e-Library，2005，p. 26.

溺于"空洞的"心灵状态;其二,斯托尔尼茨使用"审美相关性"①、与"审美表层"相对的"审美内涵"等表述将历史、文化、社会等外在于直观对象的知识作为审美经验的必要补充,这恰恰是当代分析美学对于"无利害性"的去经验主义改造。卡尔松的"无利害性"批判更多针对的是传统经验主义立场的主观化符合论,斯托尔尼茨基于文化语境、对象知识引导的相关改造则不在此范围内。

第二,征用性否定。正如上文所述,在反思自然审美传统的论述中,卡尔松猛烈抨击了如画性、形式主义。但有一点仍然值得我们深究,即这种针对如画性、形式主义的否定是否指向"无利害性",如画性、形式主义在卡尔松这里是否等同于"无利害性"?我们的观点是,卡尔松的理论逻辑涉及双重的征用性否定:一方面,将如画性、形式主义征用为传统"无利害性"内核的新发展而予以否定;另一方面,将两者从艺术向自然的跨领域征用视为非法。由此看来,卡尔松是借如画性、形式主义之题来反对"无利害性"以及自然艺术化问题。

卡尔松认为,"无利害性"为现代西方自然美学三大类型(优美、崇高、如画性)奠定基础。② 这种基础体现于"无利害性"对于个人利害、道德、认知的排除,而将鉴赏归于一种静观对象本身的活动。三者之中的如画性则是聚焦于自然的典范。卡尔松认为,"如画性"对于关联性的排除体现于它仅仅将形式主义的线条、色彩、形状以及进一步强调的近景、中景、远景的组合性特征作为审美对象,完全无视对象本身的历史、外在关联知识与事实特征。在此意义上,20 世纪的形式主义也延续了这种外在关联性切除,仅剩对于形式、色彩的感官感知。在《东方生态美学与西方环境美学之关联》一文中,卡尔松将两者的关联性切除推向极

---

① "审美相关性"意指何种外物相关于并且规定审美鉴赏。卡尔松认为,无论是针对艺术还是环境,这个话题都是关键的问题之一。近期国内学者开始重视这一问题在环境美学与分析美学内在关联中的作用,具体论述参见程相占的《美与生态健康在语境性审美体验中的整合——以伊顿的审美理论为讨论中心》《审美欣赏理论:环境美学的独特美学观及其对于美学原理的推进》。

② 参见 Allen Carlson,"Contemporary Environmental Aesthetics and the Requirements of Enviromentalism",*Environmental Values*,Issue 3,2010。

端，认为"极少有知识在两种审美鉴赏中起作用"①，并将两者作为生态学知识介入鉴赏的相反例证郑重在环境鉴赏中剔除。对于如画性、形式主义理论，卡尔松实际沿用了传统"无利害性"摒除知识、语境关联的阐发，认为前者是"无利害性"的观念延续并对其进行否定。然而，这种论述实则涉及一种非法的征用。

在卡尔松那里被忽视，也很少被我们所重视的问题是，"无利害性"的意义在理论阐发史中不断发生演化。形式主义、如画性的理论基石已经远离了经验主义，将两者同18世纪"无利害性"观念画等号并不妥当。如画性的代表威廉·吉尔平认为如画性对象是受"油画中可解读的品质所激发"并"适合入画"。另一位极具影响力的代表尤维达尔·普莱斯在《论如画性》中试图做进一步革新，他认为吉尔平的界定不清晰并且将此概念限制在了绘画的品质之中。他说："我想要呈现的是，'如画的'具有不比'优美的'和'崇高的'逊色的独特、鲜明特征，也不比绘画艺术缺乏独立性。"② 普莱斯要做的是将如画性从绘画中独立出来，并置于与"优美""崇高"同等重要的原理地位。如画性不仅追求"粗糙""灵动"（普莱斯认为以此区别于"优美"的光滑、统一）的对象特征，而且其品质对人的所有感官开放，特别是对音乐、雕塑、建筑等非绘画类艺术敞开，尽管这些特征具有很多跨媒介解读的难题。如画性俨然成为一种艺术原理意义上的普遍形式法则而具有自身的品质规定。形式主义的代表克莱夫·贝尔认为："一种精美的视觉艺术能将有能力鉴赏之人带入生活之外的陶醉中，将艺术作为获取生活情感不异于用望远镜看新闻。你会发现不能感受纯粹审美情感之人往往通过主题记住这幅画，但有此能力之人大多数情况不知道画作的主题。"③ 有鉴赏能力之人不关注再现要素和日常情感，而是关注形状、色彩、线条的质量和关系，通

① Allen Carlson, "The Relationship between Eastern Ecoaesthetics and West Environmental Aesthetics", *Philosophy East and West*, Issue 1, 2017.

② Sir Uvedale Price, *An Essay on the Picturesque: As Compared with the Sublime and the Beautiful; And, on the Use of Studying Pictures, for the Purpose of Improving Real Landscape*, London: J. Robson, 1796, p. 49.

③ Clive Bell, *Art*, New York: G. P. Putnam's Sons, 1958, pp. 29 – 30.

过艺术自身相对独立的形式要素来获得审美愉悦。贝尔指向的是艺术品自身的鉴赏，同时他有意去除的是人的恐惧、神秘、爱、恨等"浑浊""低下""不纯粹"的生活情感。如画性、形式主义在其理论演化过程中，显然已不同于传统"无利害性"对于主体茫然"心灵状态"的言说，而是有着更为严格的鉴赏标准和法则。这些标准、法则并非人们日常经验所得，而是必须经过专业的训练和知识的掌握才能内化为鉴赏眼光。所以，如画性与形式主义显然并不脱离历史语境与知识关联。正如鉴赏者没有对抽象表现主义的知识性了解，或许他很难去理解波洛克的绘画。因而，卡尔松以"无利害性"立场来解读两者，并做征用性否定是有违学术史的。

　　另外，卡尔松对形式主义、如画性的批判往往又针对它们在自然环境鉴赏中的直接征用。卡尔松在"无利害性"的征用意义上否定如画性、形式主义，其目的在于论证后者介入环境鉴赏的不合理，贯穿其中的无疑仍然是对"无利害性"的批判。卡尔松说："这一观念（如画性）保护了自然审美鉴赏与艺术中自然的主观性转述之间的关系。如画性字译为'像画一样'，它暗示了一种自然界被划分为艺术景致的鉴赏模式。这些景致指向主观要素或艺术理想的组合性因素，尤其是诗歌和景观画。"①艺术的鉴赏法则有其自身的使用场域，当其跨领域指向自然环境的时候，就会面临征用的合法性问题。卡尔松对于环境模式的经典讨论就是从批判景观模式、对象模式②开始的，他将两者统称为自然鉴赏的艺术模式。"两种模式均无法实现对自然严肃、恰当的鉴赏，因为任何一方都扭曲了自然的真正特性。前者（对象模式）将自然对象与更大的环境相分离，后者（景观模式）将自然框定并限制在平面的风景之中。此外，由于两种模式均主要聚焦于形式特征，所以忽略了大量的日常经验与对自然的

---

① Allen Carlson, *Aesthetics and the Environment*: *The Appreciation of Nature*, *Art and Architecture*, Taylor & Francis e-Library, 2005, p. 4.

② 景观模式、对象模式的自然鉴赏模式分别对应于传统如画性、形式主义艺术理论的延伸。

理解。"① 从卡尔松视角看，作为跨领域征用的如画性、形式主义有着艺术性、主观化特征。更为不容忽视的是，两者均延续传统"无利害性"原则将环境对象与语境知识相剥离，这就造成环境审美不能以环境自身的方式来进行。

由上可知，卡尔松对 18 世纪经验主义影响下的"无利害性"进行了全方位的批判。这种批判从经验主义强调的感官感知、排除认知、主观符合论等角度着手，认为在此影响下的"无利害性"将审美对象与外在知识、伦理、语境进行切割并促成纯粹对象。当问题涉及如画性、形式主义时，卡尔松继续将它们视为传统"无利害性"的理论延展，并在这一基础上否定了两者作为艺术鉴赏模式转向环境鉴赏的可能。值得我们重视的是，卡尔松对于如画性、形式主义的批判涉及"无利害性"延续的非法征用以及艺术到环境的跨领域征用的双重征用问题。对于前者，卡尔松的这一征用之所以非法，原因就在如画性、形式主义的经典形态并不能用"无利害性"来统摄；对于后者，跨领域征用确实为环境鉴赏排除了自然艺术化问题。但无论两种征用合理与否，卡尔松都依此做出了对传统"无利害性"的强硬批评。

三　立："审美鉴赏"对于态度理论的借鉴和超越

作为一种先锋性理论，卡尔松的环境美学更为引人注目的是其理论的革新和独创。所以从立上，我们更能看到其在学术发展史中的价值。卡尔松的美学是围绕建构独特的"审美鉴赏"展开的。那么，何谓审美鉴赏呢？鉴赏（appreciation）来源于盎格鲁 – 诺曼语"appreciacion"，以及法语"appreciation"，其本义是评价、估算。在后古典拉丁语中，与之对应的词形"appretiatio"表示确定价格和价值。所以，审美鉴赏的本义是对对象审美价值的评估活动。从词源学意义上看，审美鉴赏就具有了指向对象，鉴别评定的认知意义。在康德那里，鉴赏被称为鉴赏判断，它主要基于先天依据寻求具有普遍性的主观合目的性。康德认为："只有

---

① Allen Carlson, *Aesthetics and the Environment: The Appreciation of Nature, Art and Architecture*, Taylor & Francis e-Library, 2005, p. 6.

当一种判断对必然性提出要求时，才会产生对这类判断的合法性的演绎、即担保的责任；这也是当判断要求主观的普遍性、即要求每个人的同意时就会发生的情况，不过这种判断却不是什么认识判断，而只是对一个给予对象的愉快和不愉快的判断，即自认为有一种对每个人普遍有效的主观合目的性，这种合目的性不应建立在任何关于事物的概念上，因为它是鉴赏判断。"① 鉴赏判断不同于"理论的认识判断"以及"实践的认识判断"，它拒绝将判断建立在对象的概念上，而仅将其作为一种"单一判断"。这种判断以是否让人愉快为依据。就康德来说，对自然的鉴赏有两个特性：一方面，具有先天的普遍有效性和必然性；另一方面，此判断是排除概念认知的单纯愉悦。对卡尔松而言，审美鉴赏是一个关键问题，甚至可以说他的环境美学就是一种环境鉴赏理论。但环境美学产生发展的时代语境决定了它更多地从实践、应用出发叙述环境鉴赏，康德式的主观合目的性遭到否定。同时，卡尔松保留了鉴赏的目的性和认知性，强化了鉴赏词源意义上即有的鉴别、评定内涵。他通过分析斯托尔尼茨"审美态度"理论中内含的鉴赏原则，以及乔治·迪基、保罗·齐夫（Paul Ziff）对于"无利害性"的批判，树立起"审美鉴赏"的美学核心地位。

　　首先，卡尔松批驳了当代美学理论过分重视"审美"而忽略"鉴赏"。卡尔松看到，当代的艺术批评家和艺术史家以及自然文学很少触及"鉴赏"问题。在卡尔松看来，无论是人工制品的艺术还是自然环境，以它们为对象的审美活动中，"鉴赏"都是最为核心的。比如，我们可以轻松地从鉴赏凡·高的《星月夜》转向对自然星空的鉴赏，从观照艺术转向自然的过程中，"鉴赏"显然一直都在发挥作用。鉴赏决定了我们以何种眼光、方式、价值体系来面向对象，而这一标准往往以对象的合法性解释为依据，审美则没有言明这些规定性。另外，哲学美学也过分地重视"审美"而轻视"鉴赏"。美学家往往把审美作为美学的核心，而忽略"鉴赏"的探讨。卡尔松谈道："这个概念没被讨论是个遗憾，因为它既

---

① ［德］康德：《判断力批判》，邓晓芒译，人民出版社 2002 年版，第 121—122 页。

是哲学美学的核心同时也是日常审美的核心。"① 在卡尔松的意义上，鉴赏关系到相互粘连的两个问题：鉴赏何物以及如何鉴赏。两者直接决定于鉴赏者具有知识背景的评判和鉴别，前者将可鉴赏对象同其他对象区分开来，后者则将对象具有审美规律性的特征付之于主体把握。鉴赏具有针对对象的强大认知内涵。卡尔松的这一论述模式直接借鉴自保罗·齐夫 1958 年发表的《艺术批评的理由》②。前者在著作《美学与环境——艺术、自然与建筑的鉴赏》《自然与景观——环境美学导论》多次引用齐夫这篇文章中"变动的行为"（acts of aspection）来探讨"鉴赏"本身的规律性。"变动的行为"是指鉴赏行为本身依据鉴赏者知识类型的差异而产生不同的鉴赏方式。当一种"变动的行为"契合于艺术品的流派、风格、技巧表达时，这一鉴赏行为才是恰当充分的，从而不能被随意滥用。正如威尼斯画派重视体积感，佛罗伦萨画派重视轮廓和线条，我们显然要依据不同艺术类型来调整鉴赏策略，选择不同的对象以及观看方式来应对不同艺术。"变动的行为"实际上确立了客观艺术知识在主体鉴赏规范中的核心位置。因此，以此为基础的"鉴赏"意味着卡尔松必然反对斯托尔尼茨以"审美"整合"艺术""美"的论断。尽管从斯托尔尼茨那里发现了"鉴赏"的多种理论要素，但卡尔松依然紧紧抓住前者"弱能动"的"通用审美标准"（a general aesthetic criterion）做文章。卡尔松之所以称之为"弱能动""通用"标准，原因就在于斯托尔尼茨一直在确保"无利害性"的前提下肯定同情于物的引导，特别是在相关知识的抉择上，后者往往以是否同"无利害"审美态度相兼容为标尺。这样看来，卡尔松在强调知识引导性上更加强势和主动，甚至可以说其致力于拥护对象知识的独断论。从卡尔松的批判视野来看，只要是相关于对象并揭示其特征的知识，无论其是否同审美态度、审美经验相龃龉，都应该作为审美鉴赏活动的核心规范。

---

① Allen Carlson, *Aesthetics and the Environment: The Appreciation of Nature, Art and Architecture*, Taylor & Francis e-Library, 2005, p. 103.

② 保罗·齐夫的这篇文章具有重要影响力，曾被收入知名学者肯尼克、马格利斯所编的文集。乔治·迪基曾在《评价艺术》（1988）一书中对此文做专章讨论，并认为其"仍然是当代哲学家在艺术评价理论中极少见的具有启发性的作品"。

其次，卡尔松批判吸收斯托尔尼茨的"审美态度"搭建"鉴赏"理论。虽然卡尔松对斯托尔尼茨知识参与鉴赏的"通用审美标准"予以批驳，但斯托尔尼茨毕竟认同对象知识可以增进鉴赏，更何况后者的理论视野也超越于传统艺术美学。卡尔松认为斯托尔尼茨的态度理论揭示了"鉴赏"本质的两重内涵：一是鉴赏对象的范围是无限广阔的；二是静观与意识具有指向、组织、定位与指导的功能。卡尔松认识到，"斯托尔尼茨在这个问题上的观点是：范围事实上是'无限的'，因为审美态度可以被任何意识到的对象所采用。对于审美鉴赏范围的确认尤其对理解自然鉴赏非常重要，因为自然的多样性以其多种形式、多样的种类呈现出来。很多看起来并不像艺术品那样是为鉴赏而被量身定做的"①。正如上文所提到的，只要关注对象自身而非利害关系，斯托尔尼茨的"审美态度"就可以指向意识的任何对象，包括艺术及其之外的自然。这在卡尔松看来是将艺术与自然环境包含于一个鉴赏理论的有利契机，因为"审美态度"指向的无限广阔实际上也指出了"鉴赏"对象的无限可能。另外，斯托尔尼茨的"审美态度"也杜绝了一种被动的、完全接收式的凝视态度，审美本身是一种充满活力的经验。审美"关注"能够调动人的情感、想象去回应对象，在此基础上的"静观"才可以形成。卡尔松在"审美态度"的积极反应中找到了"鉴赏"根据不同对象做出不同关注的重要支持。他认为"审美态度"对于一种被动的、茫然凝视的否定以及主体对于客体引导的积极反馈就是侧重审美鉴赏的。此外，更加符合卡尔松理论设想的是，"审美态度"还将"智性"（intellectual）因素视为"无利害"审美的应有之义。我们知道，卡尔松一直倡导将科学知识介入审美鉴赏，那么科学概念是如何成为审美的呢？斯托尔尼茨的"审美态度"理论给出了很好的说明。斯托尔尼茨认为，"审美经验中，任何一种意识（awareness）——感官的、感知的、智性的、想象的、情感的——都可能发生"②。审美意识不仅仅局限于声音、色彩、线条、质地等"表层"的

① Allen Carlson, *Aesthetics and the Environment：The Appreciation of Nature, Art and Architecture*, Taylor & Francis e-Library, 2005, p. 104.

② Jerome Stolnitz, *Aesthetics and Philosophy of Art Criticism—A Critical Introduction*, Boston：Houghton Mifflin Company, 1960, p. 63.

感官感知，还包含了认知等智性的意义理解。"智性"的极端例证是数学图形、数理逻辑，当两者构成人的意识内容的时候，没有一个感性的现实图形案例呈现出来，真正作为意识内容的仅仅是非感知的图形关系或逻辑关联。但在斯托尔尼茨看来，它们依然可以是审美的，正如数学家常用"典雅""优雅"来描绘数学魅力一样。"智性"的温和例证接近于斯托尔尼茨对于"审美相关性"的强调，它们意图回答知识、概念如何成为审美意识内容。对于感性对象而言，知识、概念介入审美的可能性在于它们在何种意义上"融入主体的感知，并改善其视觉、想象、情感的经验品质"①。单纯的知识陈述或概念阐发必须融入并成为活生生的感性经验，否则它们只能是无关审美的外在标签。卡尔松的环境鉴赏不是以逻辑形式关系为重点，但其依然对斯托尔尼茨具有无限包容性的"意识"以及"智性"温和版本极为青睐。卡尔松在《美学与环境：艺术、自然与建筑的鉴赏》中六次引用斯托尔尼茨"任何意识到的对象"这一表述来传达鉴赏"意识"包容客观知识的必要性，也曾在论述关于功能知识的鉴赏时认为"我们可以从一个对象的功用和功能性上获得纯粹的智性快乐"②。

　　最后，"鉴赏"具有对象性本质。卡尔松在"鉴赏"问题上吸收了斯托尔尼茨的理论观点，同时也包含了乔治·迪基、保罗·齐夫寻求对象明晰性、主导性的考量。他认为"鉴赏"理论在审美理论传统中被忽视，原因就在于"鉴赏"的对象性本质不同于审美的主观化。何谓"鉴赏"的对象性本质？简言之，"鉴赏"是对象给定的"鉴赏"，它以对象为中心，在根本上以对象特征为依据。在卡尔松看来，斯托尔尼茨的理论虽然内含"鉴赏"，但在根本意义上仍属审美理论。我们可以看到，卡尔松有意将审美同"鉴赏"做割裂性区分，并将两者完全对立起来。以审美经验做最终的标准就意味着鉴赏客观性的根本缺失，反之亦然。卡尔松对斯托尔尼茨的批判也是基于此。为了保持"鉴赏"本身绝对的客观对

　　① Jerome Stolnitz, *Aesthetics and Philosophy of Art Criticism—A Critical Introduction*, Boston: Houghton Mifflin Company, 1960, p. 58.

　　② Glenn Parsons, Allen Carlson, *Functional Beauty*, New York: Oxford University Press, 2008, p. 19.

象性，卡尔松的大部分论述有关对主体具有规范作用的"鉴赏"方式。其实早在 1964 年，乔治·迪基就在《审美态度的神话》中试图消解"审美"理论，他以爱德华·布洛的"审美心理距离"、斯托尔尼茨的"审美态度"、依莱希奥·维瓦斯的"不及物的审美经验"等核心观念为标靶试图瓦解传统"无利害性"的当代延续。迪基认为："'无利害性''不及物性'并不能够有效地指涉特定类型的'关注'（attention）。'无利害性'是一个用来澄清一行为具有特定动机（motives）的概念……关注于一个对象当然有它的动机，但关注本身并不以那种动机引发的利害的或无利害的行为来区分为利害的和无利害的。"① 迪基将"无利害性"解释为艺术关注开始的动机，它同"利害性"相对，但两者在根本意义上不具备影响"关注"的意义。也就是说，无论主体以"利害"还是"无利害"目的来鉴赏艺术，其关注的都是同一个对象，关注行为都是类似的。如果说由绘画、音乐等艺术使人联想到某些个人功利意义的他者的话，那么只能说明这种"关注"本身是失败的，同利害与否的目的没有关系。从迪基的理论倾向上看，他将态度理论界定为一种不会影响审美活动的前设性神话，事实上切割了态度目的同审美经验活动的连续性和一体性，同时也将"关注"本身标榜为具备对象规范性的行为。"关注"的合法性权威也正是从"鉴赏"的对象性本质出发的，也即是从对象品质、价值、关联中获得其价值。卡尔松的"鉴赏"理论继承了迪基对于"关注"的言说，只不过他并没有像迪基那样极端地否定审美本身，并且从斯托尼尔茨那里获得了鉴赏理论诸多客观性内核的灵感。

在《审美场：一种审美经验现象学》中论及审美场中心理要素作用的时候，伯林特区分出了感知心理（psychology of perception）和鉴赏心理（psychology of appreciation），并认为感知心理的作用要更加具有经验的基础性，鉴赏心理则更加注重理论、观念的方法设定。他说："不幸的是，鉴赏并不像感知那样参与到经验的探讨。这部分原因是鉴赏的方式受独特的假定艺术理论影响较大，而非通过观察和经验得出。另一事实是，

---

① George Dickie, "The Myth of the Aesthetic Attitude", *American Philosophical Quarterly*, Issue 1, 1964.

对鉴赏做出的大部分考察建立在采访和问卷的基础上，这导致结论更容易倾向于反馈者先验的观念而非他实际的鉴赏经验。"① 伯林特出版于1970 年的这部艺术哲学著作反映了当时学术界审美鉴赏同审美感知之间的理论分歧。"鉴赏"的观念介入感更强，针对艺术对象的理性认识、结构分析、历史演变的知识储备更加充分。"感知"则从感官的接受、记忆、情感的境域化展开出发，规范性更弱，开放性更强。伯林特侧重于后者，而卡尔松显然更加倾向于前者。两种根本美学立场的区别，造成当今环境美学双峰并置的局面。

　　"无利害性"在传统艺术美学领域受到审美经验论学者的拥护。但在环境美学领域，学者对这一传统有着较为统一的批判，因为环境的美学意义就在于从人与环境的实际利害关系出发来谈感性价值，抛却利害的审美活动又将返回到孤立的、艺术馆式的境地。这种态度是当代环境美学学者不得不采取的公共立场。但批判不意味着决然否定，卡尔松对于它的排斥与借鉴就是明证。从另一个角度来看，"无利害性"并非完全依附于经验理论，而是有着自己独特的历史演变。它从 18 世纪经验主义那里获得了美学的荣耀，在 20 世纪初的"审美态度"理论中得以延续，又在当代环境经验论、鉴赏论中失去光彩。我们仍然不能轻视它的价值，因为即便成为众矢之的，它也通过自身形态的不断演化内置于当代形形色色的理论之中。

　　卡尔松的鉴赏理论有着较为明显的调和论特征，它既反对经验主义"无利害性"的主观化特征又吸收"审美态度"中对于审美范围的拓展以及对象引导功能，既反对形式主义、如画性的理论假设又通过它们寻求环境鉴赏的方法论，既反对将环境固定化为对象又主张建立严格主客分立的鉴赏方法理论。总体而言，卡尔松并没有超出阿瑟·丹托、乔治·迪基、肯达尔·瓦顿、保罗·齐夫所积极主张的文化美学路线，但的确通过一种调和方式将艺术理论、审美经验理论观点吸纳至鉴赏理论之中，构成其环境美学同传统美学相联系的坚实纽带。

---

① Arnold Berleant, *The Aesthetic Field：A Phenomenology of Aesthetic Experience*, Springfield：Charles C Thomas Publisher, 1970, p. 78.

第二节　鉴赏的"审美相关性"问题

艾伦·卡尔松的主要理论倾向是从环境与艺术的类比中寻找依据，大量使用传统分析美学术语来探讨环境美学。在此基础上，卡尔松建立了独特的审美鉴赏理论。如果说鉴赏理论的提出源自对"审美态度"的批判继承，其贡献是将美学的话题转移到被人忽略的鉴赏问题，那么"审美相关性"（aesthetic relevance）则是卡尔松为鉴赏确立的根本规则，是进一步确定鉴赏规范性的核心。卡尔松自己也承认"审美相关性"问题是关联自然与艺术的核心问题。不仅如此，这一问题事实上是卡尔松整体美学理论的核心关切。无论自然、建筑、农业、园林、生活还是艺术，卡尔松均将"审美相关性"作为问题的出发点，并使理论阐发最终回归对这一问题的解决。可以说，"审美相关性"是贯穿卡尔松理论发展的根本线索。正如他自己所言："这个问题自身构成了其后所论问题的理想背景，它提出了美学中最核心和关键的问题之一。从理论和应用的角度来看，它都非常重要。理论意义在于，它提供了根本的哲学立场问题的解答。应用美学的意义在于，它回答了指导鉴赏实践的路径和方法问题。这个问题是我们想什么和做什么之间、美学和鉴赏之间的桥梁。"①

一　"审美相关性"在 20 世纪的提出及演变

卡尔松认为"审美相关性"问题是"如何指导鉴赏或者更加具体地说如何确定什么与一个特定对象的恰当鉴赏相关"②。可见，"审美相关性"是以特定对象为核心，试图寻找一种具有规范性的"恰当"的鉴赏。这种观念是一种典型的分析美学言说方式，它试图探讨"清晰的"而非"混淆的"鉴赏相关问题，并且将"相关性"具体化而非寻求抽象普遍性或本质属性，最终归途就是为审美实践提供指导而非定义。

---

① Allen Carlson, *Aesthetics and the Environment*: *The Appreciation of Nature*, *Art and Architecture*, Taylor & Francis e-Library, 2005, p. 129.

② Allen Carlson, *Aesthetics and the Environment*: *The Appreciation of Nature*, *Art and Architecture*, Taylor & Francis e-Library, 2005, pp. 104 – 105.

　　事实上，"审美相关性"问题并非卡尔松独创。20世纪美国的分析美学家们就提出这一命题，并将其作为艺术审美、艺术品分析的重要支撑。20世纪40年代，亨利·大卫·艾肯（Henry David Aiken）就提出了"审美相关性"话题并有多位学者在50年代介入讨论。其后在60年代，斯托尔尼茨、乔治·迪基进一步探讨了这一概念。90年代，玛西娅·穆尔德·伊顿（Marcia Muelder Eaton）对这一概念进行了新阐发。

　　亨利·大卫·艾肯是美国颇为知名的哲学家，一生从事哲学史、伦理学、美学的研究，他于1947年发表的《美学中的"相关性"概念》正式揭开了这一问题讨论的大幕。艾肯处于实用主义美学日渐衰落、分析美学日渐兴起的20世纪40年代，其理论一方面固守着经验论的核心要素，另一方面也逐渐向分析美学关注的外在语境分析敞开。对于杜威经验论，他多有暗示意义的批评。他说："在当下，我发现那种只有直接直觉并欣赏的东西才相关于艺术审美经验的观点，经常在解释中暗示以下两点：（a）如果艺术的意义没有被即刻感受到，艺术家在美学上是失败的；（b）除了无利害地关注经验表层对象，充分鉴赏不需要他物。"① 杜威经验论所侧重的感知经验直接性、当下性的完成在这里无疑成为艾肯反驳的对象，并且与传统"无利害"的经验表层关注并置，成为一种传统枷锁。尽管杜威谈到了将语境吸纳入人之经验的意义，但没有说明特定人的情感、认知的关联效果对于艺术内容的影响意义。一句话，杜威以及杜卡斯、霍斯珀斯等人对于审美的讨论关注于整合意义的对象自身的经验，而相对忽视语境结合内容的差异化可能。所以，艾肯要做的是突破传统意义上"相关性"在审美鉴赏中的缺失，并试图进一步廓清"审美相关性"的结构。首先，艾肯对"审美内容"（aesthetic content）和"语境"（context）进行了区分。"审美内容"即指"任何被心灵直觉到的具有内在趣味之物"②，这种直指事物本身的感性直觉一方面将主体性经验置于更核心地位，另一方面也打破了审美价值所指的特定客观对

---

　　① Henry David Aiken, "The Concept of Relevance in Aesthetics", *The Journal of Aesthetics and Art Criticism*, Vol. 6, 1947.

　　② Henry David Aiken, "The Concept of Relevance in Aesthetics", *The Journal of Aesthetics and Art Criticism*, Vol. 6, 1947.

象限制。艾肯的"审美内容"实则继承了实用主义美学对于直觉经验的强调。"语境"更多的是"审美内容"的围绕之物,"'审美内容'的'语境'是指任何相关于前者出现的原因及状况或影响前者品质特征的东西"①,这种历史、社会以及技巧知识的语境不同,但又相关于"审美内容"。其次,艾肯对"语境"本身的多种可能做了区分。他将"语境"分为"主观语境"(subjective context)和"客观语境"(objective context),顾名思义,"审美内容"的完成并非处于无所凭依的真空当中,而是往往关联于审美主体天生或后天的联想习惯、情感认知倾向以及隐含于艺术对象背后艺术家的创造性活动、社会文化因素等客观要素。在这种区分中,艾肯更加强调"主观语境"对于"审美内容"以及"客观语境"的优先地位,体现出经验论心理学对于美学的决定作用。最后,建立"语境"与"审美内容"的内在关联,即"审美相关性"。"语境"虽然并非直接就是"审美内容",但其对审美的意义极为重大,"审美相关性"的讨论本身就试图阐明这种语境的美学关联。所以,如何建立"语境"与"审美内容"的意义关联也就成为艾肯试图解决的关键问题,这也是"审美相关性"讨论需要回答的问题。艾肯的建构方案是通过审美主体的"想象"来连接两种差异化的元素。审美主体通过知识语境将自己想象为拥有艺术家所具有的情感、倾向,以此获致同后者接近的强烈、满足的审美经验。这种"重建性想象"(reconstructive imagination)或通过作品本身象征性、表现性内容获得,或通过历史、社会、心理等语境知识来获得,但最终达到的还是以直观性为核心的"审美内容",即对于艺术家审美直观经验的主体想象性重建。

　　艾肯一方面同经验论美学相分离,强调语境知识的客观性能够为审美带来新鲜内容,摆脱一味强调感官经验、个体经验的传统桎梏,也并不信奉传统"无利害性"审美;另一方面,其理论基石却仍然落脚于直觉的感性经验。艾肯对于"想象"经验缺乏深入、有说服力的阐述,但他对语境知识和审美意义的区分与再结合无疑开启了当代"审美相关性"

_____

① Henry David Aiken, "The Concept of Relevance in Aesthetics", *The Journal of Aesthetics and Art Criticism*, Vol. 6, 1947.

话题的讨论。20 世纪 50 年代，他在《信仰的审美相关性》（1951）、《艺术家意图的审美相关性》（1955）、《关于审美与认知的一些笔记》（1955）等文章中进一步讨论了作家信仰、意图以及知识对于指导审美鉴赏的意义，但并没有改变审美经验作为最终价值依据的论点。

　　另一位实用主义哲学家史蒂芬·佩珀（Stephen Pepper）从“审美相关性”的艺术批评着手，试图去分析并架构出相关性的评价原则。这同艾肯直接切入审美相关性内容不同，佩珀要表明的是一种要素在何种原则规范下可以同审美相关。为此，佩珀建立了一个双重考查标准：刺激因素考查（stimulus test）和连贯性考查（coherent test）。刺激因素考查着重于外在相关性标准，将考查对象是否符合艺术对象的物理属性作为准绳，表明了佩珀视艺术对象自身物理属性引发的感官刺激为审美经验基础。例如，一幅油画的角落所呈现的灰色区域，当我们仔细发现它并不属于画作而只是栖息于此处飞蛾的翅膀时，就可以判定这种灰色元素与审美无关，这里的重点在于人对于灰色区域的感知是否来源于艺术自身的物理属性。连贯性考查则建立在艺术细节的感官刺激基础之上，并进一步延伸为人对于艺术整体中其他未知形式的“期待”（expectancy），伴随更多细节一一将“期待”证实，这种“期待”本身就具有了相关性。佩珀认为：“一个细节连着一个细节贯穿整个作品，期待的不断满足引出的意义连贯性越广泛，对由细节构成的整体系统就越肯定，并且作品的审美客观性总体而言就越突出。”① 如果说刺激因素考查侧重的是一种细节的物理特征感性描述，那么连贯性考查则可理解为针对一种横跨艺术整体结构的完型心理。一外在标准、一内在标准较好地结合在一起。值得我们重视的是，佩珀的相关性两标准始终以对艺术品的经验（无论是物理属性的刺激性经验还是期待性经验）为基石，从未超越审美活动过程来绝对化地探讨对象知识或规律。如果我们用佩珀的相关性批评原则来审视具体相关性内容的话，那么在与艾肯的比较中会形成有趣错位。艾肯将感性直觉经验同历史、文化、社会以及主体的联想、情感倾向分

---

① Stephen C. Pepper, Karl H. Potter, "The Criterion of Relevancy in Aesthetics: A Discussion", *The Journal of Aesthetics and Art Criticism*, Vol. 2, 1957.

别界定为审美的内容与"语境",实际上探讨的是外在于审美的"语境"与内容的相关性,而佩珀的批评原则不分内容与外延,使得对象的感性直觉特征与文化及主体构造所形成的"期待"居于同等重要的位置。也就是说,感性直觉特征和"期待"并非谁服务于谁的关系,而是共同服务于艺术批评的审美评价,尽管"期待"必然要以感性细节为触发开端。在这个意义上,连贯性考查就不仅仅局限于历史、文化、社会、艺术流派等外置于审美的客观知识而具有无限可创造性①,"期待"从而具有独立的审美意义。

正如上文所提到的,"审美相关性"与实用主义经验论有着密切关联,到了20世纪60年代,另一位以经验论著称的美学家杰罗姆·斯托尔尼茨系统论述了这一观念并由之引发了与乔治·迪基的争论。这一学术史事件对艾伦·卡尔松的环境美学产生了深远影响,并为当代"认知主义"环境美学理论奠定了基调。

在《美学与艺术批评哲学:一个批判性导论》(1960)中,斯托尔尼茨认为"审美相关性"关系到如下问题:"一些不在对象自身中呈现的思想、印象或知识,相关于审美经验吗?如果它们可以相关,又是在什么情况下呢?"②斯托尔尼茨由浅入深地从三个层面论述了"审美相关"与"审美无关"的关键差异。首先,"审美相关"意味着审美反应倾向于感受基调(feeling tone)而非情感基调(emotional tone)。这里,斯托尔尼茨引用了爱德华·布洛在分析单一颜色感知反应所做的关联性区分。人们在感知单一颜色时往往有诸多想法、意象、情感与这一过程相关联,有时这种外在关联完全占据了感知者的注意力,以至于颜色本身仅仅成为激发这一关联的媒介,在达到关联之物时,颜色即被感知关注抛弃。另一种情况是,感知者以颜色自身为核心,将关联物与颜色的感知融合

---

① 佩珀认为这些"期待"有非常多的种类,并且每个时代都有新类别出现,这明显地体现于绘画、建筑、音乐等艺术形式的历史发展对"期待"的新规定。另外,佩珀并没有排斥个体"期待"的合法性,而是将"期待"能否在审美经验的过程中具体实现作为衡量标准,这就为"期待"突破客观共性标准打下基础。

② Jerome Stolnitz, *Aesthetics and Philosophy of Art Criticism—A Critical Introduction*, Boston: Houghton Mifflin Company, 1960, p. 53.

（fuse）在一起，并始终以颜色作为意识关注的焦点。前者即情感基调，后者为感受基调，感受基调的关联之所以关乎审美就在于它符合"无利害"关注的态度，即将对象自身作为审美焦点，接受其引导，并使关联物强化而非削弱对象感知。其次，假使情感基调被排除，感受基调所强调的融合也需要进一步得到规范。斯托尔尼茨举例，学生对一首匿名的宗教诗歌有不同理解，这首诗歌通过对树木的静穆、伟岸以及朝向太阳永恒生长的歌颂，强烈地暗示着对于上帝或宗教神性的礼拜情感，高大笔直的树干隐喻着教堂的廊柱，太阳则象征神性力量。诗歌中的"跪地祈祷""礼拜之树朝向太阳""想到神圣之树时的力量和愉悦"时时告诉我们其内在的宗教意味。但有人可能在感知诗歌的时候，并不会进入宗教性理解之中，具体树木的意象和形态会引发其他看似合理的解读或者单纯使人进入一种宗教情感中而忽略诗歌意象细节的暗示。斯托尔尼茨认为它们都不足以称为审美体验，人的感知与情感融于艺术还必须强调对于作品表象、情感、内涵、细节的协调一致。一言以蔽之，融合经验要密切跟随艺术作品的指引。最后，审美相关性还需要讨论的一点是对象知识在何种情况下具有审美必然性。这些知识是上文多次提到的艺术家、艺术史、社会史、艺术风格等需要艺术品之外的阐发才可得到的知识。斯托尔尼茨认为，知识的相关性需要满足三个条件：一是它不削弱、破坏对象的审美关注；二是它同对象的内涵和表现相一致；三是它增强一个人对对象瞬间审美反应的品质和意义。三个条件从"不削弱"到"一致"再到"强化"审美经验，层层深入，关键的无疑是对知识融合到感知、想象、情感直观经验之中的强调，对于知识的体制化和规范性如何开启直接经验多样性和丰富性的强调。这里，知识的相关性以对审美经验所观、所感、所想的融入为标准，经验成为最终的价值归属。

　　综观斯托尔尼茨的"审美相关性"论述，其理论逻辑从排除极端感性开始，经过对象自身特征的引导，最终达到知识与感性经验的融合，其中有一个从感性到认知、从主观到客观的论证过程。尤为值得注意的是，"审美相关性"讨论在斯托尔尼茨"审美态度"建构中扮演了一个扩充"无利害性审美"的角色，旨在将聚焦于对象自身的审美关注向外在开放，并依然保证这种关注无关乎个人利害以及非认知用途为中心。斯托尔尼茨在学术史上最为人称道的是他对 18 世纪"无利害性"观念的溯源，并由此继承并发展出当代"审美态度"理论。"审美态度"强调"对任何意识到的对象只针对其自身的无利害、同情的关注和静观"①。然而，"审美相关性"的提出有意拓展了审美关注范围，将审美的可能性发散至审美对象"自身"之外，补充了"审美态度"理论。这种补充显然同先前论述有着内核延续性，那就是无论外在知识、联想、情感有多少量和种类的积累，它们必须同追随对象自身的直观感知经验融为一体才可称其属于审美。乔治·迪基在其著名的《审美态度的神话》一文中批驳了"审美相关性"，认为斯托尔尼茨所举相关性事例虽然没有问题，但其所遵循的"无利害性"态度的原则有问题。他说："将无利害态度作为相关性准则是一种兼容性上的混淆。我已经试图去表达的是，'无利害的态度'是一个混乱概念，它不能作为一个合适准则。"② 在迪基这里，"无利害的"与"利害的"态度在艺术品关注活动中没有实质差异，对两者进行区分没有意义。其实，"审美相关性"虽然同"审美态度"密切关联，但却是后者的延伸和发展，是进一步开放了"无利害性"而并非受制于后者。另外，迪基对"无利害"与"利害"态度区分的否认也源于其极大压缩了审美关注以及经验的范围，认为语境、制度、特征鉴赏的对象符合论即为美学或艺术批评标准。迪基甚至认为审美就是一种虚空的概念，这体现出迪基对审美主体经验的否定。"无利害"或"利害"的主体因素自然被排除在外。

玛西娅·穆尔德·伊顿在 20 世纪 90 年代也对相关性问题进行了细致论述，进而构成对卡尔松环境鉴赏理论的支撑，尽管两者并不全然契合。一定意义上来说，伊顿学术思路的发展一直重视审美与语境的密切关系，肯定感性经验与外在知识系统在美学中的相互依存性，而这种关系性讨论正是审美相关性的重要话题。在早期对文学阐释的讨论中，伊顿梳理

---

① Jerome Stolnitz, *Aesthetics and Philosophy of Art Criticism—A Critical Introduction*, Boston：Houghton Mifflin Company, 1960, p. 35.

② George Dickie, "The Myth of the Aesthetic Attitude", *American Philosophical Quarterly*, Issue 1, 1964.

了"好的"和"正确的"两种不同意指解释的复杂关系。对于一个文学文本而言，"好的"与"正确的"解释往往并不相同，有时甚至相互矛盾。在伊顿看来，两者差异主要源于判断的评价准则不同。"正确的"以理解作者意图为准绳，"好的"以审美价值评判为原则，这种差异恰是审美相关性试图弥合的两极。按照日常话语的解释方案，解释文学作品大致分为四个依据：第一，从同一文本内其他地方找直接印证；第二，从语言本身的意义边界做判断；第三，从文本中可能的连续性中做推断；第四，从文本外证据证明解释的合法性。但显然，这几种解释方式最终以作者意图的"正确"为价值依据，且并不能确证审美之"好"。所以，伊顿并没有深陷作品价值评判的客观正确性之中。她说："很多人已经指出，参与阅读活动有创造性方面。读者像作家一样，将特定言语示意行为赋予剧情人物之口来完成转换表述（translocutionary），这就体现了创造性。这种活动处于以别人作品的方式阅读别人作品和重新开始写作为自己的一件作品之间。"① 伊顿对于体现主体创造性、多样性的"好的"解释是赞成和支持的，但她随即对主观因素的泛化深怀警觉，这也几乎是所有强调客观知识作为审美相关性规范的理论家的共同倾向。所以，她认为在处理以作者意图为中心涉及文化语境、历史意义等"真"的解释同以读者"才能"为中心涉及"审美愉悦"的解释的关系时，"务必要非常小心"。只有将"真"与"审美愉悦"相结合才能得出最具审美价值的解释。实际上，20 世纪下半叶随着经验论美学在美国的式微，"真"的认知性美学标准已经成为主流，而"真"的核心路径是从"语境"②（context）入手。伊顿提出的文学解释"正确性方案"一直以语境的知识性之"真"为依据，只不过伊顿敏锐地认识到语境认知一定要同个体感

---

① Marcia Muelder Eaton，"Good and Correct Interpretations of Literature"，*The Journal of Aesthetics and Art Criticism*，Issue 2，1970.

② 20 世纪 50 年代，艺术研究与社会研究、文化研究日益密切，美国的分析美学家提出了诸多语境（context）论美学观念，如阿瑟·丹托的"艺术界"、乔治·迪基的"艺术惯例"、肯达尔·瓦顿的"艺术范畴"均是从艺术之外的语境着手，甚至卡尔松也在文化美学的基础上延伸出"环境鉴赏"理论。这体现出"语境"化美学的强大历史延续性。

性经验结合成为一体才更有说服力。① 这种针对审美与语境认知的调和一直延续下来。在《长矛在哪里？——"审美相关性"问题》（1992）中，伊顿将这种调和的可能性进一步延伸。她对"审美相关性"原则做出如下界定："一种表述（或动作）当且仅当它将人的关注（感知，思考）引向一个审美属性（aesthetic property）之时，才是审美相关的。"② 事实上，伊顿为"审美相关性"设定了一个极为宽泛，却又非常精准的规则。正如伊顿对文学语境的深度认可一样，她对与艺术粘连的艺术家意图、社会政治、历史状况、文化风俗等知识性语境有着充分论述，沃尔海姆的"认知存储"、彼得·基维的"音乐认知"均成为其佐证艺术语境价值的材料。这种对语境广泛性的强调甚至达到一种极端。她说："对于解释和审视种类的限制等同于限制了审美价值的来源。没有单独一种解释占主流，无论它是形式主义的、情感的、经济的、政治的等等。"③ 但所有这些广泛性的语境都集中导向艺术的内在审美属性，这正是伊顿"审美相关性"的精准所在。外在语境无论多么广泛无垠，一定在审美活动中归于鉴赏者对来源于艺术品自身特征的感知与思考，否则语境不具有美学意义。随着语境差异的不断延伸，艺术属性在审美活动中的呈现也千差万别。人们可以从形式、情感、经济、政治、历史等语境指涉艺术品的内在属性，但差异之外，审美活动也因感性经验的融入而具有了集中、专一、聚焦的共同特点。不难看出，伊顿的"审美相关性"论述以突出语境知识的认知为显在逻辑，大到民族文化、国家历史，小到家庭氛围、集体心理，只要能最终引起对艺术属性的关注，我们就不能否定它们。这就引出了对泛化语境可能的驳难——无法提供规范性依据。这个论题后来引发了卡尔松对传统"审美相关性"的重要反思。

---

① 伊顿的学术思路从早期《"好的"与"正确"的文学解释》（1970）、《审美愉悦与审美痛苦》（1973）到《结合审美与伦理》（1991）、《需要健康的美》（1997）、《危险的美》（2000），一直试图调和客观知识性、伦理规范性同感性经验的关系。正因如此，伊顿为美学与伦理学的融合、审美语境的不断扩展做出了很大贡献。

② Marcia Muelder Eaton, "Where Is the Spear—The Question of Aesthetic Relevance", *British Journal of Aesthetics*, Issue 1, 1992.

③ Marcia Muelder Eaton, "Where Is the Spear—The Question of Aesthetic Relevance", *British Journal of Aesthetics*, Issue 1, 1992.

　　基于以上对"审美相关性"的学术史梳理，我们认为此话题基于一个共同诉求，那就是在单纯的主体直观经验之外寻找可以与之结合的知识、话题、语境。这也揭示出 20 世纪美国美学从经验基础向外寻找审美合法性知识的历史趋势。

　　具有相似性的是，这些学者将主体感性经验作为"相关性"探索的基石，或从此处出发又复归于此处，或将之作为完整经验中不可忽略的构成部分。不同之处在于，艾肯和伊顿从审美内核与语境知识体系这种二分结构来探讨相关性，例如艾肯对于审美内容、审美语境的区分，伊顿对于"好的"与"正确"的区分。这种二分方式将经验结构做静态切割，区分出经验直观与外在语境，并在相关性意义上再将两者结合起来。但佩珀与斯托尔尼茨则直接从审美经验的整体来探讨"相关性"判定标准，例如佩珀的两因素考查、斯托尔尼茨的三重条件均是从经验自身展开角度来考虑相关的可能性，并没有将人之外的语境知识与直观经验对举。虽然两种路径有所差异，但这些学者都致力于将审美经验向更加丰富的认知语境拓展，这就为环境美学家卡尔松的环境鉴赏理论埋下伏笔，并因此成为极为宝贵的理论参照。

二　艾伦·卡尔松的拓展与"对象聚焦路径"

　　卡尔松的"审美相关性"概念是从斯托尔尼茨那里继承而来，并因之开启了一段反思传统的思想历程，但他认为"这一问题的现代模式由美国美学家斯托尔尼茨于 20 世纪中叶提出"①，则表明其对这一问题缺乏学术史认识。事实上，尽管 20 世纪论及这一话题的学者不少，但几乎没有人做学术史梳理，他们大多只就自身兴趣讨论此问题。卡尔松也不例外，他延续甚至照搬了斯托尔尼茨的定义，认为"审美相关性"就是"关于何种外在信息关乎鉴赏者的恰当鉴赏的问题"②。正如上文所讨论的，"审美相关性"在斯托尔尼茨那里侧重于经验可能性的判定标准，而

　　① Allen Carlson，"The Relationship between Eastern Ecoaesthetics and Western Environmental Aesthetics"，*Philosophy East and West*，Issue 1，2017.

　　② Allen Carlson，*Aesthetics and the Environment：The Appreciation of Nature，Art and Architecture*，Taylor & Francis e-Library，2005，p. 129.

非对经验做主观与客观、内核与外延的区分。卡尔松事实上也延续了此种言说方式，并在审美跟随对象指引上有所加强。这一方式使卡尔松不需要花特别多篇幅面向审美相关性本身的要素分析，而仅需将其作为一种隐在的规则要素来评判特定经验的合法性。

　　尽管继承了斯托尔尼茨的"审美相关性"定义以及言说方式，但卡尔松还是从自身立场对传统进行了反思。他将美学传统中的讨论划分为保守路径、分析美学路径、后现代路径。保守路径的理论基础是"无利害性"与"形式主义"，而两者对"审美相关性"的回答是"除了呈现于感官之物，其他很少可被认为相关"①。"无利害性"② 在卡尔松看来是由于结合了一种强调主体与对象孤立、分离的态度或心灵状态而形成的美学模式，它在"相关性"问题上的回答极为保守，并将外在于对象的信息、知识、语境通通排除在外。"形式主义"也同样面临排除外在语境关联而聚焦于对象本身形状、色彩、线条等形式关系的指控，卡尔松称之为本质主义的形式论。如果说保守路径切除了外在语境知识的审美可能性的话，那么分析美学路径则将这种关联建立起来。分析美学路径肯定了外在语境的意义，基础就在于其发展史致力于批判"无利害性""形式主义"以及本质主义，伊顿的理论成为卡尔松重点评析对象。尽管分析美学将保守话语改良为开放话语，但在卡尔松这里仍然存在问题，那就是过于开放。正如上文所述，伊顿强调相关语境的广泛性，大到国家、民族、历史，小到社群心理、家庭氛围，只要语境将人的注意力聚焦于对象审美属性即可承认其合法性。这种开放话语在后现代路径中走向极端，即任何鉴赏者偶然的、个体语境都将使艺术对象得以再造。

　　通过对相关性问题保守方案、开放方案乃至极端相对主义的讨论，卡尔松试图从以上两种极端中寻找折中可能，即既强调知识关联又避免

---

　　① Allen Carlson, *Aesthetics and the Environment: The Appreciation of Nature, Art and Architecture*, Taylor & Francis e-Library, 2005, p. 130.

　　② 卡尔松在此处批判的"无利害性"指向的是由 18 世纪夏夫兹博里、哈齐生、阿里生发展出的经验主义传统以及受其影响的康德观念，而非 20 世纪由斯托尔尼茨所改造的"审美态度"理论。对于后者，卡尔松从中汲取了关乎"鉴赏理论"的有益内涵。卡尔松很多时候对所批判理论缺乏时代界定，这容易给人以全盘否定现代美学的错觉。相关论述参见本章第一节。

这种关联缺乏标准。为此，卡尔松抛弃关联与否的传统叙述，转向了如何关联的问题。在解释审美关联内在机制的过程中，卡尔松走向了摆脱"经验主观化"（subjectification of aesthetic experience）的路径，而此问题是卡尔松视野中传统"审美相关性"的根本命门。他指出：

> 所有这些观点的共同之处就在于它们聚焦于鉴赏主体，即鉴赏者，而非鉴赏对象。部分原因是它们，甚至包括后现代最新的郑重声明，都极其坚定地站在可追溯至康德及之前的审美传统之处。它们的信条根源于18世纪英国经验主义美学家成功建立的审美经验主观化。这一信条关乎无利害性与形式主义，前者自身就是鉴赏者的一种独特精神状态，后者将形式与一种鉴赏者的独特情感结合在一起。但即使经过优化的、最新的分析美学路径，例如伊顿的表述，也几乎完全独占地聚焦于鉴赏者的正确关注状态，尽管这一状态可能已经完成。另外，后现代路径看起来仅仅是将所有工作都转移给了鉴赏者及其状态，无论其状态有多少偶然性。①

在如何关联的问题上，英国经验主义、分析美学、后现代美学均被卡尔松打上了"经验主观化"标签。事实上，伊顿同卡尔松一样对康德的"无利害性"审美持批判态度。康德认为审美只关乎对象形式，无关乎对象内容、目的和概念，是一种单纯的愉悦、单一的判断。而内隐于这一论述的是康德对于审美主观合目的性以及普遍有效性的寻求。强调语境认知多样性的伊顿是站在康德对立面的，她说："我真的认为这些对美的'纯粹'、非概念、非评价的使用是很少的。美学家将这种美的观念作为典范性的美学概念来使用，也即似乎从一例说明自然地推论出对于所有审美品质的说明，这显然是个错误。"② 伊顿作为一个康德"无利害性"的反对者以及语境知识介入审美的重要阐发者，为何卡尔松将其归

---

① Allen Carlson, *Aesthetics and the Environment: The Appreciation of Nature, Art and Architecture*, Taylor & Francis e-Library, 2005, p. 131.

② Marcia Muelder Eaton, "Kantian and Contextual Beauty", *The Journal of Aesthetics and Art Criticism*, Issue 1, 1999.

为康德传统的同一队列呢？这里，我们必须认清卡尔松运用了何种批判逻辑。

我们认为，卡尔松是一个主观、客观决然分立的支持者。也就是说，其论述往往将问题根源完全归于主观或客观，两者在基础意义上不能兼顾。他在批判传统之后说，"'审美相关性'问题更富意义的路径正如上一章所提，是将答案与鉴赏客体联系起来，而非鉴赏主体"①。可以说，正是将传统"审美相关性"完全归结为寻求主体答案，卡尔松才得以确立与之对立的客体答案的合法性。但正如上文所述，20世纪的"审美相关性"传统恰恰无一例外地试图寻求外在客观知识介入审美的可能性，也即反对绝对的"经验主观化"。那么，我们有理由相信，卡尔松要么本身秉持的学术倾向引导他对传统答案做出"鉴赏主观化"的排他性判断，要么就是有意误读使然。重新回顾卡尔松于1971年提交的博士学位论文——《审美判断中"反应术语"的使用》也许有助于我们澄清其一贯的学术立场。该文从日常生活语言的术语使用视角来反思艺术批评，其中涉及惊奇（surprising）、沮丧（depressing）、恼怒（irritating）等术语的使用方法与美学合法性。他将"反应术语"的使用归结为三类：语者反应（SR）、特定人群反应（PR）、描述反应（DR）。语者反应强调说话者的个体反应状态，特定人群反应侧重特定群体的反应，描述反应则面向一般情况下的一般人所体现出的反应。在对从日常语用归结而来的不同反应术语反思过程中，卡尔松认为前两者因受特定个体描述、具体环境、人际关系等因素影响无法将属性特征归结于艺术作品，而描述反应因着眼于普遍人群的一般反应可以将特定反应属性归之于艺术自身。卡尔松的结论如下：

> 结论的力量在于用作审美判断或陈述的反应语句可以并且典型的是对艺术品的描述并关乎其信息……当然，人们常常认为所有审美判断在某种意义上都是主观的。这也许是对的，但这里需要注意

---

① Allen Carlson, *Aesthetics and the Environment: The Appreciation of Nature, Art and Architecture*, Taylor & Francis e-Library, 2005, p.132.

的是，也有人认为运用反应术语的审美判断在如下情况属于主观，即这些术语仅仅是做出判断之人（主体）的个人描述，如果它们确属于描述的话。我的看法是这些术语既不能提供艺术信息，也不能提供判断者信息。①

卡尔松视侧重于知识性、客观描述性的反应术语为艺术判断的美学标准，个体性或言主体性的反应术语因其主观特征而被排除在美学术语之外，这事实上造成美学价值评判倾向对象化认知，也造成美学反思中主观、客观的绝对分立。尽管在博士学位论文中卡尔松认为描述反应也需要解释事先设定的判断的普遍能力与敏感性，但其随后转而相信无论解释的效果如何，都无法改变由描述方法确定的艺术特征。这种对于主体性唯一的正向关注也因其对客观特征的附属而被理论话语抛弃。所以，我们不得不承认卡尔松在其学术起步阶段就走在一条主观、客观分立并相互竞争，最终无法达成一致的理论道路之中。

正是在这一学术倾向的引导下，卡尔松将"审美相关性"的保守路径、分析美学路径、后现代路径笼统归之于主观路径，并提出自认为与之截然不同的"对象聚焦路径"（object-focused approach）。这种对象聚焦因其将主体性因素导致的"审美相关性"不稳定特征排除在外而获得合法性，我们或许可以称之为"经验客观化"倾向。这种"客观化"将相关性因素的甄选原则指向了审美对象的本质而非审美主体的状态，对象的本质提出审美要求而主体是被动的追随者。审美主体成为被规范者，而客体成为绝对的统领。

三　"审美相关性"与"鉴赏"

依照当代诸理论家的表述，"审美相关性"可以确立为一种与审美相关的知识、观念、语境合法性以及判断规则的讨论，前诸种讨论见于艾肯、伊顿的论述，判断规则讨论见于佩珀、斯托尔尼茨以及后起的卡尔

①　Allen Arvid Carlson，*"The Use of "Reaction Terms" in Aesthetic Judgement*，The University of Michigan，Michigan，1971，p. 152.

松的叙述。这里有两个问题格外需要注意：第一，"审美相关性"话题实际暗含了一个排他性视野，即"审美无关性"，正是通过"无关性"的否定，"相关性"才具有理论力量；第二，"审美"居于"被相关"的核心往往隐匿其内涵，成为理论家探讨"相关性"问题无意识的预设，但在何种意义上理解"审美"却具有极为重要的导向作用。卡尔松对以上两个问题的回答实际涉及其"审美相关性"与"鉴赏"理论、实践的内在勾连，并因此回答为何前者能够成为后者阐发的根本原则。

如前文所述，卡尔松创立的"对象聚焦模式"将主体性与对象完全对立起来，并将主体性因素归为相关性的非法依据，此即卡尔松在"审美无关性"上的定义。但卡尔松对待"审美"的态度还不甚明了，我们有必要从"审美相关性"与"鉴赏"两套论述话语中寻求其理论关联。

从美学基本思路来看，卡尔松是在统合艺术、环境、日常生活等领域基础上提出了他独特的"鉴赏"理论，并以其为美学核心。但毫无疑问，这一理论的原初形态来源于艺术鉴赏中对"什么"（what）、"如何"（how）① 的分析。如果从"鉴赏"的英文单词"appreciation"来看，其本义就具有评价、估算、鉴别的内涵，后来在艺术美学中成为富有学养、分辨力的主体进行的评价性审美活动。在传统美学意义上，鉴赏同审美其实是相通的，鉴赏就是审美，反过来审美也即意指鉴赏。但这种密切关系在卡尔松的论述中被打破，尽管他经常将两者连接为"审美鉴赏"来使用。他说："'鉴赏'概念对艺术鉴赏和自然鉴赏而言都很常见，但在相关的理论工作中往往未被考察。艺术批评家和艺术史家有关鉴赏艺术的著作很少触及它。关于自然的文献也许是'鉴赏'的典范，但也一般未言及它。美学家对于审美鉴赏的考察沉湎于审美特征，而较少言及鉴赏。"② 言下之意，"鉴赏"并不等同于审美，甚至有相互龃龉、对立之嫌。当然，卡尔松并非对审美一概否定，其对"鉴赏"的言说本身就从传统审美理论的继承开始，这种继承指向了"无利害性"的当代形

---

① 在《鉴赏与自然环境》一文中，卡尔松将"鉴赏什么""如何鉴赏"作为纵贯艺术、自然鉴赏的根本提问方式，并在此基础上提出自然鉴赏的"环境模式"。

② Allen Carlson, *Aesthetics and the Environment*: *The Appreciation of Nature*, *Art and Architecture*, Taylor & Francis e-Library, 2005, p. 102.

态——斯托尔尼茨的"审美态度"①。其中，卡尔松撷取了"审美态度"的两个特征作为"鉴赏"的建构内核：范围和反应性。所谓范围，即指鉴赏对象范围具有无限性，任何人所意识到的对象都可以成为鉴赏对象。所谓反应性，即指鉴赏活动是主体动态、有活力、具有辨识力的反应，而非一种被动、空洞的状态。而后，卡尔松又指出斯托尔尼茨理论中的一个致命问题——通用审美标准。这个问题关乎"审美相关性"的标准问题。在卡尔松的视野中，斯托尔尼茨将审美标准首先建立于"无利害"审美的基石之上，这就导致相关性知识可以在普遍意义上无限延展而缺乏客观规定性。

从理论运思来看，卡尔松显然试图从传统审美理论中提炼出并强化"鉴赏"问题而非独断地否定审美。而在实际论述中，一种非此即彼的对立思维占据了上风。在论述审美与"鉴赏"的对立特征时，他谈道："对于审美的痴迷阻止了对于鉴赏的恰当理解，前者将鉴赏拉向一种有限视域的被动状态，并使其受审美相关性通用标准所限，且类似于一种茫然、母牛般的凝视。形成鲜明对比的是，从哲学美学中辛苦挖掘出并几乎完全违背其原初意愿的鉴赏概念，揭示出鉴赏作为可适用于任意对象、极强调对对象反应、几乎唯一由对象特征指引的精神、肉体参与活动。"②卡尔松在不知不觉中延续了极端化归类，将斯托尔尼茨的整体论述分属于审美和"鉴赏"，并认为"鉴赏"优于审美。甚至在如下表述中，卡尔松流露出与其宏观思路相左的描述，即"审美相关性的通用审美标准被鉴赏相关性的对象启示所替代"③。从分析美学严谨的用语方式来看，卡尔松实际暗含了将"审美相关性"置换为"鉴赏相关性"的必然性。也就是说，"鉴赏"虽然源出于审美并继承其有益特征，但终究其美学合法性在"鉴赏"而非审美上。那么，卡尔松究竟反对"审美"的何种特征，又在哪种意义上确立"鉴赏"的独特性呢？

---

① 关于斯托尔尼茨的"审美态度"理论可参见本章第一节。

② Allen Carlson, *Aesthetics and the Environment: The Appreciation of Nature, Art and Architecture*, Taylor & Francis e-Library, 2005, p. 106.

③ Allen Carlson, *Aesthetics and the Environment: The Appreciation of Nature, Art and Architecture*, Taylor & Francis e-Library, 2005, p. 106.

如上文所述，卡尔松认为斯托尔尼茨的通用审美标准是命门所在，这种通用特征最终落脚于个体的感性经验，因而外在关联知识可以具有多样性且处于附属地位。而从斯托尔尼茨的整体美学理论来看，审美经验优先于知识规范，感知丰富性优先于理性独断论，这在卡尔松看来就是一种不确定性、主观化、非严肃的状态。正是对个体经验基石的反驳，卡尔松走向"鉴赏"，即一种完全对象导向、严格符合对象特征的客观化审美。"鉴赏"的对象化特征因此同传统的由卡尔松为之归类的主体性特征构成绝对分立。所以，尽管"鉴赏"有诸如范围的无限性、动态的反应性等特征，但归根到底是以符合严格的对象特征为前提。

对卡尔松来说，"审美相关性"实指"鉴赏相关性"，但其宏观调和论思路阻止他做出抛弃审美的极端论述。① 这样，"审美相关性"与"鉴赏"的关系也就更加清晰。如果"鉴赏"理论是卡尔松环境美学理论核心思路的话，那么，"审美相关性"则作为"鉴赏"合法性的根本规则而存在。"审美相关性"成为甄别"鉴赏"对象特征知识合法性的独特手段。两者一个是言说思路，另一个是规则方法，它们本身就是一体的。卡尔松在"审美相关性"问题上的"对象聚焦路径"恰恰就是对"鉴赏"对象导向的方法阐述与实践落实。鉴于整体理论的客观性诉求，聚焦客体的"审美相关性"探索成为卡尔松"鉴赏"理论的核心关切。

正如阿瑟·丹托的"艺术界"强调艺术史、艺术批评等因素促成艺术品诞生一样，卡尔松将"审美相关性"方法转移到环境鉴赏领域。他认为"正如艺术批评家和艺术史家提供的信息与艺术审美相关，那么由自然博物学家、生态学家、地理学家以及自然史学家提供的知识也与自然审美相关"②。所以，对于自然科学知识的强调成为卡尔松"审美相关性"的客观性要求。这也解释了为何卡尔松关于自然的"肯定美学"要以科学知识为依托。分析美学视野下的"审美相关性"主要针对艺术品、艺术理论、艺术惯例等问题进行讨论。卡尔松将艺术与环境的美学研究

---

① 可以从卡尔松反对乔治·迪基在《审美态度的神话》中对"审美鉴赏"的整体否定见出端倪。

② Allen Carlson, *Aesthetics and the Environment: The Appreciation of Nature, Art and Architecture*, Taylor & Francis e-Library, 2005, p. 133.

统一于分析美学视野，并试图通过理论解释达到"环境鉴赏的新模式与艺术鉴赏的新模式相媲美"。在薛富兴看来，卡尔松的"艺术审美欣赏是环境美学必要的参照系，因为艺术欣赏与自然欣赏在性质和结构上是一致的"①。卡尔松认为，环境鉴赏与艺术鉴赏在模式上是类似的，两者的沟通、一致实现了有关艺术与世界鉴赏的"匀称感"。其原因在于，"鉴赏"无论是面向艺术还是自然环境，均具有核心价值指向的通约性。

认识到卡尔松"审美相关性"的核心逻辑方法，我们也就不难理解他为何一直强调环境鉴赏的"科学认知""功能知识"了。以"审美相关性"为核心关切的鉴赏问题，就是以对象的客观性为内核。当我们返回到卡尔松对于诸多环境领域问题的探讨时，就可以发现这一内在思路一直贯穿其中。卡尔松将环境美学的当代发展归纳出两个基本取向：主观主义和客观主义。主观主义信奉的是一种对环境任意投入、随意地回应，而不关注在环境中我们应该鉴赏什么以及如何鉴赏。客观主义则认为，在环境审美中存在鉴赏者和鉴赏对象，这两者分别对应于传统艺术对象中的设计者和设计。遵从这种从艺术到环境类比的原则，鉴赏者能够像设计者一样规定环境鉴赏的感官以及特定的对象要素，从而为鉴赏问题提供确切的答案。作为客观主义取向的支持者，卡尔松认为："我们的鉴赏是由鉴赏对象的本质所指导。因此，对于恰当审美鉴赏而言，对象的本质、来源、类型、属性的信息就成为必需。"②

为了实现审美鉴赏对于客观性的诉求，卡尔松在前后期分别以"科学认知"和"功能适应"作为实践操作路径。两者虽然在名义上有差别，但其实均是对环境对象品质的一种规范性鉴赏，强调反映对象本质的知识的决定作用。前者主要应用于自然环境，后者主要应用于极为广阔的人文环境和日常生活。

自然鉴赏的"科学认知"路径主要是从与艺术鉴赏的对比中得来的。卡尔松从分析美学家肯代尔·瓦顿（Kendall Walton）的"艺术范畴"理

---

① ［加］艾伦·卡尔松：《从自然到人文——艾伦·卡尔松环境美学文选》，薛富兴译，广西师范大学出版社 2012 年版，第 5 页。

② Allen Carlson, *Aesthetics and the Environment: The Appreciation of Nature, Art and Architecture*, Taylor & Francis e-Library, 2005, p. 14.

论中找到了这种契机。瓦顿认为艺术的审美判断有真假之分，而判断由两部分组成：一是艺术作品具有的知觉特性；二是我们以正确的范畴或艺术分类感知艺术品的知觉特性。显然，瓦顿将审美判断做了两分切割，即一方面是对象的特性，另一方面是主体应具备的范畴知识（其本身也来自对对象的归纳）。那么，关于判断的真假，瓦顿认为"对一件作品真假的审美判断则依该作品在正确范畴或范畴组下其感知特性被感知的状态而定"①。这就像对于毕加索的《格尔尼卡》，如果鉴赏者以立体主义绘画范畴来鉴赏，那么一定会得出它是美的这一审美判断，因为这一作品充分满足了立体主义范畴的审美特性。如果得出"格尔尼卡是笨拙的"，那么这一判断一定是运用了错误的艺术范畴，比如印象派、传统油画等范畴。瓦顿的这种"艺术范畴"理论使审美鉴赏具有了客观性，有助于区分正确与错误的审美鉴赏。卡尔松沿着瓦顿的这一思路，对自然鉴赏的"自然范畴"进行诠释。他认为人造艺术品并不是产生正确范畴的唯一途径，"虽然自然并非期望人们用某种范畴感知其作品的艺术家造物，也不生产于特定社会，可我们并不能由此得出，我们关于它一无所知，或更有甚者，我们并不知道哪些范畴对自然对象来说是正确的"②。在卡尔松看来，自然也有着关于正确鉴赏的"范畴"。比如，我们鉴赏大象，必须以大象的范畴而不是老鼠的范畴来感知，要以山峰、落日、农田的自身范畴来鉴赏它们。这些范畴的确定并不仅仅以对象的感性特征为依据，因为很多外貌相似的对象其实并不真正同属一个范畴。为了获得"真正反映对象实情的正确范畴"，卡尔松认为应当以博物学家、科学家的科学范畴为依据。这样可以避免一种相对范畴的阐释，从而确保自然鉴赏的绝对性、客观性和正确性。

卡尔松以"自然范畴"建立起寻求自然鉴赏客观性的路径，这被称为"科学认知主义"（scientific cognitivism）。事实上，这种从艺术类比到自然的鉴赏路径并没有内在理论的革新意义，它不过是对"艺术范畴"

---

① ［加］艾伦·卡尔松：《从自然到人文——艾伦·卡尔松环境美学文选》，薛富兴译，广西师范大学出版社 2012 年版，第 69 页。

② ［加］艾伦·卡尔松：《从自然到人文——艾伦·卡尔松环境美学文选》，薛富兴译，广西师范大学出版社 2012 年版，第 76 页。

理论的一种模式转移。正如卡尔松所言："对审美的文化描述要求关于艺术史和艺术批评的知识，这些知识在艺术审美判断中起关键作用。同样，对审美的文化描述也要求关于自然史和自然科学的知识，它们在我们的自然审美判断中同样也起着重要作用。"①

　　后期卡尔松主要以"功能适应"的路径阐释人文环境审美鉴赏。卡尔松的"功能主义"概念主要来源于现代建筑、设计等领域，例如建筑设计大师路易斯·沙利文的"形式追随功能"、现代包豪斯设计的"功能主义原则"以及现代主义运动中对于简约、适用性以及功能的强调。当然，卡尔松的论述是具体到功能主义的审美，这自然不同于以实际效用为追求的建筑设计理论。正如前文所述，卡尔松的后期肯定美学理论就是借助"功能之美"来论述的。这种美学理念是"科学认知主义"的延续，它将客观对象具体的"功能适应"知识作为鉴赏的路径，观照的对象也从自然、农业、园林、城市扩大到人造物、工具、机器、厨具、衣物等日常生活领域，因而理论更加寻求美学的包容性和统一性。

　　卡尔松对于环境鉴赏客观性的强调是由其"审美相关性"的核心关切所支撑的。我们也不能忽略当代环境美学兴起的现实要求，这是卡尔松可以从分析美学视野顺利转移到环境美学的重要现实基础。在北美，早期的环境美学是从对景观品质的探讨开始的。其中涉及两个问题：一是如何对景观品质进行客观评估；二是如何引导大众积极地参与景观审美。两个问题都与当代环境改造、环境教育有着直接关系。这也就要求环境美学理论具有很强的应用性、规范性和指导性。景观的品质探讨，不可避免要以对象视野来审视自然环境，这种审视无论是定量分析还是定性反思都要从客观性出发。在卡尔松的早期论文《论量化景观美的可能性》（1977）中，他立足于哲学视角对当时较为流行的景观品质量化进行了批评研究。卡尔松认为环境美学多学科探讨基于两个背景：（1）公众对环境审美品质的重视；（2）人们对作为整体的环境有着日益增加的要求。对于第一点，这一背景体现了美国 20 世纪六七十年代对于视觉品

---

①　［加］艾伦·卡尔松：《从自然到人文——艾伦·卡尔松环境美学文选》，薛富兴译，广西师范大学出版社 2012 年版，第 81 页。

质强调的高峰，景观学、地理学甚至政府导向上都体现出对于"视觉资源"的保护。第二个背景体现在，视觉审美的要求越来越成为对环境整体需求的重要部分，这个要求推动环境美学研究者积极开发这一资源。所以，基于这样一种总体开端，卡尔松对待环境美学的态度是寻求一种视觉审美。在这篇文章中，他提出环境美学当时的四个主题：客观性、量化、平均主义、形式主义。之后，他结合当时著名景观评估学者谢弗（Shafer）的案例进行讨论。卡尔松将客观性置于首位，一方面体现了当时环境美学通过量化手段实现景观评估非常普遍，另一方面也体现了卡尔松视觉审美客观化诉求的倾向。从此时起，卡尔松的言说思路就侧重于"审美相关性"的客观化路径。

在农业景观、园林、环境艺术等具体门类的研究中，卡尔松也贯彻着对于对象客观审美品质的侧重。薛富兴认为，卡尔松的客观性原则是一种认识论上的客观性，并对这种客观性表示赞同。他说：

> 自然审美欣赏的客观性首先是指认识论意义上的客观性。对此原则的客观性表述是：凡与科学知识对特定自然现象的描述相背离的自然审美经验是不正确的；对此原则的主观性表述则是：凡有意识背离科学知识对特定自然现象的描述而产生的自然审美经验，就是一种认识论态度上的不恰当。①

不可否认，卡尔松的科学认知、功能知识确实需要大量的认识论方法来获取对象特性。但我们还应当注意的是，卡尔松的所谓客观认识论其实并不是基础，只是路径。卡尔松的理论阐发暗藏了其无法否认却常常避而不谈的审美经验。

对审美品质的判断源自审美经验而不是单纯的对象知识，因为对象的知识不能穷尽，对其认知也根本不同于审美。如果从互动阐释的视角来看，我们发现伯林特的描述美学也强调审美品质，但他将其置于审美经验之中来谈而不将其单独区分。卡尔松对于审美品质的态度是将其从

---

① 薛富兴：《自然审美的两种客观性原则》，《文艺研究》2010 年第 4 期。

审美经验中对象化、客观化、规范化。卡尔松"审美相关性"论述的实质是对审美经验的规范化，即留存恰当的审美经验，排除不恰当的审美经验。传统"审美相关性"的历史也在寻求更加广泛性的审美规范，但那些理论家更相信经验的开放性与规范性之间有一种微妙平衡，审美本身的经验丰富性无法于某一个终点结束。但卡尔松的目的就在于寻找那一个对象给予的终点。

四　"审美相关性"一定导向"必然性"吗

正如上文所述，卡尔松对于审美经验有一种暧昧不明的态度。一方面，卡尔松否弃审美中不严肃、琐碎、个体化的经验特征；另一方面，他又不得不依赖人的主体性来建构审美品质的感性特征。卡尔松本身是一个具有绝对化主、客区分的学者，他不能容忍在指向客观性之外主体性的多样化衍生出不可控的理论可能。这种内在张力使其鉴赏论述必然具有调和论基调。这就引发我们提出疑问，卡尔松的"审美相关性"究竟能否导向审美"必然性"呢？

卡尔松指出："当问题是考虑鉴赏对象之后被提出来，那它必须被理解为为了鉴赏这一特定类别的特定对象或对象们，什么'外在信息'是'必需的'（necessary）？总之，审美相关性问题必须解读为一种审美必然性（aesthetic necessity）问题。"① 卡尔松从客观性视角来解读"审美相关性"得出的结论就是：相关之物乃是针对对象审美必需的、必要的知识并排除非相关知识和因素，由此将审美活动定义为"那一个"审美。我们的疑问是，环境美学或美学理论是否仅仅观照"那一个"的审美"必然性"？另一个疑问是，卡尔松式的"相关性"知识能否导向他所谓的"必然性"？

第一个疑问关乎审美"必然性"的范围。我们这里所说"那一个"并不是特指一种品质或类型的鉴赏，而是意指某种已然事先被规定的对象鉴赏。"那一个"审美是由对象聚焦路径下的"相关性"所指引，在纯

---

① Allen Carlson, *Aesthetics and the Environment：The Appreciation of Nature，Art and Architecture*，Taylor & Francis e-Library，2005，p. 132.

粹艺术与自然那里分别由艺术史、艺术批评、历史文化与博物学、生态学、地理学等知识所规定，卡尔松统称此类知识为对象的产生史。产生史知识与处于自然与艺术之间的景观、建筑、规划、农业的功能知识一道构成"那一个"审美鉴赏的"必然性"藩篱。正如上文所提，"审美相关性"问题的产生发展就在于从单纯的经验感知向外拓展，寻求一种感性与认知相结合的普遍审美"必然性"。这种审美"必然性"往往有其规范性，也有其开放特征。伊顿说："理论家和批评家们经常担心，有些特定信息会造成我们接触艺术品时像带着畸变透镜一样……我并不是非常担心扭曲事实，因为对我来说目标并不是'那一个'正确解释。更确切地说，信息使艺术内在属性引起人的注意，难理解的指涉或是扭曲的心理学理论或许和易懂、可接受的信息一样可以做到这一点。"① 伊顿并不将审美相关性知识规定为某一类，因为她不相信对象属性仅仅具有一种正确解读，也不相信主体视域可以简单归并为一个设定。同样的论述可以获得传统审美相关性研究者的共同认可。佩珀对于"相关性"的"连贯性考查"本身基于人的感知心理特征，其心理学意义上的可能性非常丰富，相关的"期待"结构也并不是唯一的。斯托尔尼茨非常重视经验的个体性，他的理论为了应对相关性知识普遍的类的共性特征，强调了深入个体经验过程和内容的独特性。所以，卡尔松限定于"那一个"的审美"必然性"是迥异于传统论述的，也是不能说服人的。

既然美学理论本不需要局限于预先规定的对象鉴赏，为何卡尔松依然执着于此呢？我们认为，卡尔松已然陷入了本质主义的对象观。唐纳德·克劳福德（Donald Crawford）严肃讨论了卡尔松的本质主义理论观，他认为我们必须按对象所是来鉴赏以及必须依照自然科学知识来鉴赏的方式暗示了一种本质主义理论观。这种理论观将产生三种结果："任何版本的形式主义在自然鉴赏中都是不合适的"；"审美经验与认知经验之间不存在冲突"；"'自然环境模式'赋予了自然环境鉴赏一定程度的客观性

①　Marcia Muelder Eaton, "Where Is the Spear—The Question of Aesthetic Relevance", *British Journal of Aesthetics*, Issue 1, 1992.

并且反驳了人类中心主义"。① 然而，这三种结果中任何一个都存在极大的合法性问题。伯林特曾评价，卡尔松同他的差异不是在逻辑要求上，而在于两种截然不同的本体论。他暗指卡尔松延续了西方本质主义的形而上学，并认为"审美不能被一种单一、独特的特征所确定，而是由建立在关联的参与经验之上的综合特征所确认，这种经验的强烈感知内涵不可避免地被认知、文化、个体经验所塑造"②。这种本体论上的差异不仅是一与多的不同，还是绝对化与开放性的不同、先在性与经验性的不同。克劳福德和伯林特分别揭示了卡尔松的本质主义理论观和审美观，但究其内里则是一种本质主义的对象观，即在对象问题上承认一种绝对的、单一的、排他的本质规定。我们说卡尔松不否定审美，只是将审美改造为以对象为焦点的"鉴赏"，但他论述中处处以对象品质的标准、严肃认知分析为核心，这样就将审美置于可有可无的尴尬位置。那么，这种对象认知真的如卡尔松所期望的那样具有坚实可靠性吗？科学知识、功能知识以及由此延伸出的生态伦理知识真的必然具有真理性吗？限于论述重点，我们不讨论真理知识的可能性问题，但可以由此引出另一个次一级问题："相关性"知识真的可以导向审美"必然性"吗？

"审美相关性"不应仅仅停留在对知识介入审美的肯定，以及知识的类型学分析上，还需进一步研究知识介入审美活动的过程。如果仅仅停留在前者，美学史中对于"真实"是否具有美的价值的讨论已经非常之多了，进一步言说环境史与功能效果根本无法深化美学原理论。与卡尔松不同的是，20 世纪的"审美相关性"传统已经在不同程度上介入了这种相关性联结机制。艾肯的"重建性想象"、佩珀经验展开中的"刺激因素"与连贯性期待、斯托尔尼茨对于知识融于个体感性经验的强调、伊顿对于对象特征多元意义的感知与思考都在试图讲清楚"审美相关性"如何推动审美经验过程。正如艾肯所说："我们无法先于经验辨别什么样的感知、情感、认知力量可以因相关而在一件艺术品的审美鉴赏中发挥

---

① Donald W. Crawford, "Reviewed Work（s）: Aesthetics and the Environment: The Appreciation of Nature, Art and Architecture by Allen Carlson", *The Philosophical Quarterly*, Vol. 1, 2002.

② Arnold Berleant, "Aesthetics and Environment Reconsidered: Reply to Carlson", *British Journal of Aesthetics*, Vol. 23, 2007.

作用，我们也不能在并不拥有或还没获得的感受力缺席的情况下认定，理解和信任的无力在多大程度上破坏了一件伟大艺术品要求我们做出的整体反应。"① 先于审美经验，绝对地强调特定知识的合法性与绝对地否定特定规则的合法性都是一种本质主义的、无效的"必然性"前提。卡尔松对待科学知识与传统形式主义、无利害性等问题的态度就体现了这两方面。总体来说，卡尔松的"相关性"论述并未真正涉及"必然性"实现，而仅仅做了一个理论上可实现的预想。

其实，卡尔松并非没有意识到"相关性"无法导向审美"必然性"的巨大麻烦。卡尔松在建立"功能主义"美学理论的时候，发现有两个问题亟须解决：不确定性问题和转化问题。不确定性问题是指对象功能的不确定或相对主义阻碍了功能之美，转化问题是指对象的功能意识如何才能转化为对于对象的审美感知。卡尔松认为必须解决这两个悬而未决的问题，才能真正树立起"功能之美"。所以，他对这两个问题进行了探讨，试图为"功能适应"知识找到既是客观唯一的又是真正审美的路径。

不确定性问题在根本上来说是一个确定何种功能具有审美合法性的问题。就对象功能而言，无论是自然界还是人文环境，都存在功能多样化问题。诸如一个歌剧院，我们可以将其看作具有社群服务功能的场所、大众参与的地点，因而需要它与周围建筑相互协调。但有时候，如果我们单纯将其视为艺术表演的场所，它就不会具有那种为周边、社群服务的功能。所以，"'次要'功能可以为审美判断奠定基础，即使当它们根本上在意料之外"②。功能不确定助长了功能审美的相对主义，这导致了卡尔松意义上严肃、客观的审美鉴赏理论受到威胁。卡尔松的解决办法是，提出一种"功能选择效果理论"（selected effects theory of function）以确定恰当功能。正如其名，这种理论将功能的选择视为核心要点。在自然环境中，被选择的功能关乎两点：一是自然对象因拥有这一功能而

---

① Henry David Aiken, "Some Notes Concerning the Aesthetic and the Cognitive", *The Journal of Aesthetics and Art Criticism*, Vol. 3, 1955.

② ［加］格林·帕森斯、艾伦·卡尔松：《功能之美——以善立美：环境美学新视野》，薛富兴译，河南大学出版社 2015 年版，第 42 页。

提升了适应性，并在环境关系中取得成功；二是自然对象通过自身繁殖，将具有该功能的特性进行传播，并因此解释了此功能在对象群体中的存在原因。简单来说，这种功能特性关乎个体生存和群体繁衍。这其实还是用自然科学知识搭建恰当功能的选择。另外，对于人造物而言，卡尔松以是否"符合市场的需求、期望"作为功能选择依据。"当它符合了市场的需求或期望时，一件人造物的效果是成功的。当它促使人类生产和销售那种人造物时，这种成功便解释了该人造物之现今存在。"[①] 可以看到上述两点是从自然功能选择那里移植过来的，即一方面关乎存在的适用性，另一方面关乎是否由此功能引起大量的传播复制从而具有类意义。总之，无论是对自然环境还是人文环境，卡尔松都试图用"功能选择效果理论"来确定核心的恰当功能。但这种选择无非是对功能种类语境效果的理性分析，而非就功能本身实现审美价值的探讨。

转化问题在根本上来说是一个如何使功能知识转向审美意识的问题，因为功能知识毕竟是科学认识而不是审美感受，能否使得功能意识转变为审美意识就成为重要工作。由于卡尔松的环境美学更多侧重视觉特性，所以他认为获得审美愉悦就要有对于对象感性外观的观照。体现出功能属性的对象如何因其感性外观而成为审美的呢？卡尔松这里的解决方式是运用"貌适"（looking fit）观念。所谓"貌适"，是指对象的功能属性能够给人以外貌上看起来非常适合的感官感受。他认为："当功能范畴被应用于感知对象，使我们将这些对象视为根本不具有反标准特性，而是在更高程度上具有某种暗示其功能性的可变特性时，对象便会具有此特性。"[②] 貌适使得功能属性外在特征展现为对于其标准应用的契合，这种属性被卡尔松认定为一种审美特性。在此基础之上，简约、优美、优雅的审美特性就在貌适的条件下被描述出来。另外，针对不同环境维度，是否应该也有"声适""触适""嗅适""味适"等功能审美效果呢？按照卡尔松的理论逻辑，这种美感评价完全可以顺理成章地实现。"貌适"

---

① ［加］格林·帕森斯、艾伦·卡尔松：《功能之美——以善立美：环境美学新视野》，薛富兴译，河南大学出版社 2015 年版，第 58 页。

② ［加］格林·帕森斯、艾伦·卡尔松：《功能之美——以善立美：环境美学新视野》，薛富兴译，河南大学出版社 2015 年版，第 72 页。

评价一定程度上建立起功能知识与对象感知经验的桥梁，展现出卡尔松由知识"相关性"走向审美"必然性"的努力。但其问题仍然值得注意，"适合"（fitness）的评价有着明显的单一化、对象化特征，非"适合"的审美判断就是不美的吗？适合与否的标准是谁制定的呢？进一步深究就会发现，这里的"适合"依托于对象的理论知识、形式规则，而无关乎现实生活中的人，人只是运用自己的感官能力去迎合对象，得出符合科学合理性的结论。如若不谈实践的伦理功能，这同古希腊人从对数的和谐、几何对称等自然现象观察引出的美的判断没有多大差别。

所以，在理论意义上，卡尔松所倡导的审美"必然性"是"那一个"由对象严格设定的"必然性"，而非传统意义上具有个体性、开放性和灵活性的"相关性"。在实践意义上，卡尔松的"相关性"知识因其缺乏审美活动本身的讨论而仅仅浮于理论的设想。尽管他在"功能主义"美学中试图补救"必然性"缺失，但其所论及的"适合"命题仍然无法逃脱机械符合论。当然，这一理论选择基于卡尔松面向环境鉴赏实践的规范目的，可以说卡尔松的全部理论都在指向鉴赏的价值引导。但就理论本身而言，其建构显然是充满争议和缺憾的。

第三节　鉴赏成为一切恰当审美的前提

我们在前两节已经从来源、理论视域、根本规则方面全面阐释了卡尔松的"审美鉴赏"理论，并论证了这样一种理论如何通过"科学认知""功能适应"的路径指导环境鉴赏。卡尔松的鉴赏理论侧重的是一种规范化、严肃性的鉴赏方式论证，他认为只有通过此种方式才能实现对于环境的恰当审美。因此，卡尔松提出了环境审美模式问题，他对北美学界针对自然审美的不同观点进行了归纳，并一一批驳，最终形成鉴赏理论基础之上的"环境模式"，并视其为最佳方案。

一　环境鉴赏的多元化

卡尔松认为对于自然环境需要一种严肃、恰当的审美，这种审美集中体现在他的环境鉴赏理论中。这种关注于环境鉴赏方式的理论又被具体化为“环境鉴赏模式”问题。它主要关注在自然鉴赏中我们鉴赏什么以及如何鉴赏。通过对这两个问题不同回答的解读，卡尔松区分出恰当审美与不恰当审美。在此，卡尔松通过对其他鉴赏模式的细致分析，维护了以自然对象科学知识为核心的鉴赏的恰当性。

卡尔松澄清了自然鉴赏的两种传统艺术模式，其中一种是“对象模式”（object model）。“对象模式”是指传统的将艺术作为形式特征对象的鉴赏模式，这种“对象模式”在非再现雕塑鉴赏中得到最好体现。非再现雕塑在对象模式的鉴赏中被视为一个完整、自足的物质对象，“雕塑不需要呈现任何外在于它的东西，它不需要引导鉴赏者超出其自身”①。非再现雕塑自身同周边环境相隔离，其自身的形式特征就是唯一的鉴赏特征。雕塑的线条、姿态、表现力均同外部环境相分离。用这样一种鉴赏模式来观照自然，也就是将自然从环境中分离出来，单独鉴赏对象的感觉设计品质和表现品质。卡尔松认为这种看待艺术品的鉴赏方式在根本上混淆了自然本身，导致了审美鉴赏上的混乱。在卡尔松看来，所谓的“对象模式”，适合那种自足完整的艺术对象。当对象从环境中分离出来的时候，对象自身的审美特征不会改变，环境和对象处于鉴赏中的不相关状态。但自然和环境不能被分裂，并且重要的是自然不能单纯以审美外在特征来鉴赏。

另一种是“景观模式”（landscape model）。“景观模式”强调用类似于鉴赏景观画的方式来鉴赏自然。“景观”暗示的是“景色”（往往是一处盛大的景色），它需要从特定的地点和距离被观赏。一幅景观画往往就是这样一处景色的再现。在卡尔松看来，当人审美地鉴赏景观画时，重点不在于现实对象，也不在于再现对象，而在于对象以及它表现特征的表达。卡尔松说：“在景观画中，鉴赏的重点在那些再现风景过程中发挥核心作用的品质：关乎颜色和整体造型的视觉品质。这些品质在传统的景观画中是重要的，这也是景观鉴赏模式的核心。”② 所以，“景观模式”

---

① Allen Carlson, *Aesthetics and the Environment*：*The Appreciation of Nature*，*Art and Architecture*，Taylor & Francis e-Library，2005，p. 42.

② Allen Carlson, *Aesthetics and the Environment* ：*The Appreciation of Nature*，*Art and Architecture*，Taylor & Francis e-Library，2005，p. 45.

是用一种风景画的鉴赏方式观照自然中的色彩、线条、造型等表现特征。这种方式，一方面将自然设定为形式特征的表达，另一方面也将自然平面化、框架化。"景观模式"同"对象模式"一样，都将自然的鉴赏对象指向对艺术品质的类比。在卡尔松的观念中，它们并没有按照自然的品质来鉴赏自然，所以从根本上来说是不恰当的鉴赏模式。

进一步，卡尔松开始探讨诸多当代自然审美的观点。卡尔松考察了阿诺德·伯林特的参与美学，并将其称为"参与模式"。伯林特的"参与模式"强调审美经验中人与自然的交融性参与，主张人的多维感官的全方位投入。在这种参与中，经验不再区分主客体，而是人与自然的完全交融与一体。卡尔松肯定了"参与模式"关注于自然本身并追随自然，同时他也基于自身的鉴赏理论提出了两个问题。其一，"参与模式"以一体经验取消了人与自然的距离，同时也使得传统审美观念中的"无利害性"被完全抛弃。其二，经验取消了人与自然对象的距离，同时也取消了人与自然的二元划分，那么如何确定对象的真正本质就成为难题。在卡尔松那里，如果不能区分主客体，那么就无法为恰当、严肃的鉴赏提供客观化知识。所以，卡尔松认为，"参与模式"极有可能陷入偶然经验，甚至主观幻想。可以说，"参与模式"是同卡尔松的鉴赏理论较为针锋相对的表述。其根本矛盾就在于卡尔松以恰当鉴赏方式为侧重，忽视鉴赏自身的发生问题，而伯林特更多的是对鉴赏经验进行描述，同时也相对忽略对经验构成要素的规范性建构。

美国学者诺埃尔·卡罗尔（Noel Carroll）在《被自然打动：在宗教和自然史之间》中提到了被卡尔松称为"唤醒模式"的自然鉴赏。卡罗尔认为卡尔松的环境鉴赏理论侧重于科学理解，但忽略了日常经验中的鉴赏。卡罗尔主张鉴赏自然很多时候"在情感上被自然唤醒或被自然触动"。这种鉴赏方式体现在："我们可以通过向自然的刺激因素敞开我们自身，通过观照它的诸多方面来使我们处于一种特定情感状态。"① 但在卡尔松看来，这种单纯强调情感关系的鉴赏方式并不能区分出严肃鉴赏

---

① Allen Carlson and Arnold Berleant, eds., *The Aesthetics of Natural Environments*, Peterborough: Broadview Press, 2004, p. 90.

和琐碎鉴赏。此外，卡尔松还解读了强调一种超然、神秘态度的"神秘模式"，强调艺术、文学、传说、宗教等人类文化系统影响下的"后现代模式"及其后续"多元模式"，强调人与自然关系反思的"形而上学想象模式"等。在卡尔松看来，诸多自然鉴赏的模式均存在一定限制，那就是注重现实的经验常识以及科学知识。是否关注这一自然本质的客观性问题，是区别恰当审美和不恰当审美的关键。

卡尔松的"环境模式"是其整体鉴赏理论的具体化。他分别针对"鉴赏什么""如何鉴赏"两个关键问题提出以下两点看法：一是将自然环境视为环境；二是将自然鉴赏视为自然的鉴赏。一些学者认为自然环境的鉴赏对象就是一种无所不包的背景环境，卡尔松并不认同这一点。他认为自然环境固然是人全方位参与的环境，但这种被鉴赏的环境不是模糊的背景而是清晰的前景。这种前景决定了自然鉴赏不可能是无所不包的，而是具有诸多限制和重点。这是自然之为环境的一方面。另一方面，要将自然作为自然来鉴赏就必须具备相关的常识和科学知识。缺乏知识的自然鉴赏往往导致感觉混合的粗糙经验，卡尔松认为只有了解知识才能改变它，并形成一种集中、和谐的审美经验。所以对卡尔松而言，通过科学知识的介入将自然作为自然自身来鉴赏，才是恰当、严肃的鉴赏。

值得注意的是，很多学者的理论阐发并不是有意为自然鉴赏设定一种恰当模式，也并没有去为严肃鉴赏划定规范。卡尔松的核心关切体现在鉴赏方式上，这在一定意义上影响了他去为环境鉴赏划定合法模式。分析美学方法论上讲求的明晰性、客观性在这里得到了充分体现。

二　多种模式趋向融合

近几年，卡尔松缓和了恰当鉴赏模式的规范意义，并试图将多种理论融合进他的环境模式之中。这种融合趋向主要源于卡尔松近期关注的环境保护论。正是在导向环境保护之善时，卡尔松才拓宽了恰当鉴赏的规范性意义。因为鉴赏的目的不仅仅在于观照环境对象品质获取审美愉悦，还在于它要激发参与者的环境保护意识。卡尔松在环境保护论的意义上为自然鉴赏提出了五个要求：鉴赏是"非中心"的而非"人类中心主义"的、关注环境的而非风景的、严肃认真的而非肤浅轻浮的、客观的而非主观的、关涉道德的。这五个要求有助于鉴赏理论将更多相关模式纳入环境保护论之中。

第一点，鉴赏是"非中心"的而非"人类中心主义"的。卡尔松首先批评了传统艺术模式对自然鉴赏的歪曲，认为"如画性"和形式主义具有一种人类中心主义视角。上述两种艺术模式以风景画以及色彩、线条、构图等形式要素来指导自然鉴赏，这使得自然鉴赏失去了自然本身应有的属性。人的主观视角成为鉴赏经验的来源。环境保护论认为："欣赏主体必须抛弃任何一种特殊的立场与视角，无论是来自人类的还是其他方面的，努力去获取这种语境下的审美体验。"① 卡尔松认为他所倡导的"科学认知"立场强化了这种非人类中心主义的观念，同时也强调伯林特的"参与模式"通过融合经验可以更加贴合"非中心"原则。

第二点，关注环境鉴赏而非风景鉴赏。传统景观画的鉴赏模式导致了这样一个结果，即只有风景优美之处才是自然鉴赏对象，人们已经形成一种对于风景的迷恋。这就造成人们将非风景的自然排除在外。但从环境保护论视角看，很多环境虽然不能入画，但具有重要的生态价值。所以卡尔松认为："新的自然鉴赏模式必须是聚焦一切环境类型、而非仅仅局限于某些特定环境类型或特定环境特征。"② 所以将焦点置于环境自身，就必须全身心投入环境并摆脱对于自然风景的选择倾向。环境伦理学家罗尔斯顿（Rolston）在森林鉴赏中就指出，并没有可供我们选择的风景，有的只是与环境融合的对森林自身特征的体验。这种体验能为环境保护提供动力。卡尔松认为"环境模式"就是一种聚焦于环境而非风景的鉴赏方式，同时"参与模式"也拒绝对风景的静观。

第三点，强调严肃认真的而非肤浅轻浮的鉴赏。这一点其实是对前两点的总结性解读。所谓肤浅、轻浮的鉴赏，就是人类中心视角、风景观照模式的一个明显结果，而要实现严肃、认真的鉴赏就必须尊重自然

---

① ［加］艾伦·卡尔松：《当代环境美学与环境保护论的要求》，《学术研究》2010 年第 4 期。

② ［加］艾伦·卡尔松：《当代环境美学与环境保护论的要求》，《学术研究》2010 年第 4 期。

本身。在这一方面，赫伯恩在《当代美学与对自然美的忽略》中提倡一种面向自然本身的严肃审美，超越以往以艺术的特征来鉴赏自然的方式。卡尔松非常自信地认为"科学认知"就是一种严肃对待自然鉴赏并提升这一鉴赏的方式。与之不同的是，"参与模式"则由于沉浸于一体经验而在严肃性上非常模糊。

第四点，鉴赏是客观的而非主观的。环境保护论认为传统的自然鉴赏往往是主观的，这导致自然审美并没有对环境保护、物种保存产生积极作用。所以，如果鉴赏仅仅是主观的，那么环境评估、环境决策就不会将审美价值作为重要的考量标准。从环境保护论的视角来看，自然鉴赏的客观性是极为关键的，因为它能为环境保护提供重要的基础和动力。卡尔松的"环境模式"本身就建立在客观性基础之上，所以它能够有效避免主观性的疑难。但卡尔松认为"参与模式"抛弃了主客分立的二元模式，这容易导致它走向一种主观鉴赏。

第五点，关涉道德。传统的自然审美是缺乏道德伦理意义关涉的，因为它对风景形式的强调距离真正的环境伦理判断太远。这种传统可以追溯到 18 世纪无利害性传统、19 世纪唯美主义等艺术鉴赏观念，它们将审美同伦理严格地区分开来。环境保护论希望自然鉴赏可以同环境平衡、生态健康的伦理价值相关。卡尔松的"科学认知"虽然强调客观性，但它毕竟还是一种审美鉴赏理论，归根到底是对环境审美品质的关注。所以，卡尔松也承认自己的模式还是缺乏一种强烈的道德伦理立场。同样地，"参与模式"由于缺乏客观性，卡尔松也认为它很难区分个人偏好和伦理规范。

总体而言，在上述五个"环境保护论"观念中，卡尔松不仅仅反思了"环境模式"中缺乏道德观照的弱点，同时也充分肯定了"参与模式""非人类中心"等聚焦于环境的理论长处。当然，卡尔松清楚地认识到在鉴赏实践中，"科学认知"的方式同一体经验的"参与"融合很难并行不悖。但这并没有妨碍卡尔松在理论上试图将两者加以结合。因为只有在两者结合的新立场之上，环境鉴赏才能满足"环境保护论"的所有要求，从而具有更强的规范意义和现实意义。但我们认为这种结合很难说是深入的。正如前文所论证的，卡尔松以分析美学贯穿其理论始终，这是一种隐含的内在架构，只有当卡尔松的鉴赏理论回到鉴赏本身，而不仅仅是侧重鉴赏方式，审美鉴赏理论才能具有更多包容性，环境鉴赏的模式融合才能实现。

　　分析美学是美学史上的一次重大转变，卡尔松认为它从"对孤立的艺术对象的感官与形式属性的无利害性地静观，转变到另一方面，对那些文化性的人工制品，特别是按照某种意图或设计而创作出来的人工制品，全身心地进行感知地投入"①。这种从对形式主义、无利害性的批判转变而来的美学成为 20 世纪北美美学的重大"范式"。特别是它对艺术史知识、艺术批评实践以及艺术界的强调成为当代北美学界无法摆脱的话语背景。在北美分析美学强大理论背景下，卡尔松的环境美学也只是试图为这一"范式"寻找一个被忽略的观照领域——环境。美学传统影响之大，使卡尔松仅仅固守于规范意义的方式分析，而缺乏哲学存在论的洞见。因此，我们也就不难理解为何卡尔松一直以"分析美学的新近发展"来为环境美学划定界限了。

---

　　① ［加］艾伦·卡尔松：《自然与景观》，陈李波译，湖南科学技术出版社 2006 年版，第 4 页。

第 四 章

审美经验的展开：
从"一个经验"到"参与美学"

在环境鉴赏模式的讨论中，卡尔松认为伯林特的"参与模式"同"科学认知"并不矛盾，两者在严肃、恰当的鉴赏视域中相互补充。确实如此，如果要以两种理论在同一问题上的不同定向来定义理论矛盾的话，我们无法给出两种理论存在矛盾的结论。但正如前文所述，卡尔松的"鉴赏理论"以客观性为内核，强调主客分立的二元论，伯林特又恰好反对主客划分，两者为何不矛盾呢？

事实上，强调两者的矛盾性是缺乏对其理论根源深入考察的结果。卡尔松的客观性不是认识论上的客观性，而是"审美相关性"视域中的客观性。这种客观性指向审美经验的标准化，在根本意义上是审美的而非认识的，只是它在理论阐发中倾向于鉴赏方式。那么，伯林特又如何呢？伯林特并不以标准化的审美经验为目标，而是以经验自身的展开为研究对象。如果将两种理论置于同一审美鉴赏语境的话，那么卡尔松侧重于鉴赏方式，伯林特倾向于鉴赏经验。正如伯林特所言："对环境的理解是审美地经验它的一个前提，它还不能保证那种意识模式可以成立。"①卡尔松的环境鉴赏侧重于对品质的解读，还没有真正涉及审美经验的发生问题，伯林特恰恰关注于这一点。

我们将在这一部分以伯林特的环境美学理论为主线，探讨北美环境

---

① Arnold Berleant, *The Aesthetics of Environment*, Philadelphia: Temple University, 1992, p. 14.

美学中另一个重要问题——审美经验及其来源。那么，伯林特同传统美国美学的关系又是怎样呢？这与卡尔松用分析美学方法解读环境对象不同。卡尔松虽然将"审美相关性"、客体品质分析从艺术领域转移到环境，但他更多的是强调一种"同中之异"的结合，也就是说要将环境的鉴赏方法同艺术的鉴赏方法在一个框架下区别开来。但伯林特则不同，他希望将艺术、自然、建筑、城市等领域结合起来，用一种"经验"理论来涵盖传统艺术与当代环境。所以，同为借鉴传统理论解释当代问题，两者思路不同：卡尔松寻求同中之异，伯林特则倾向异中之同。

第一节　经验主义美学的延续

伯林特的环境美学理论较早地被中国学者所接触，他所强调的"参与美学"在中国环境美学界也产生了极为深远的影响。一方面，伯林特强调人与自然环境、人文环境的交融一体同中国传统自然观非常契合，中国学人往往更为认同伯林特的理论；另一方面，"参与美学"建立在从艺术到环境一体贯通的"经验"之上，具有更强的理论阐释力。相较于卡尔松"科学认知"在中国产生的广泛批评之声，"参与美学"更多受到褒扬和推崇。近期，学界也越来越关注于伯林特自身理论的架构问题，这种关注无疑能够进一步推动我们对于北美环境美学的背景认知，从而启发中国学派的建构。

一　一元论的经验观

"经验"（experience）来源于拉丁文的"experientia"，本义具有尝试、试验的意思，后来演变为生活中互动交流的状态，以及在后天从事的活动中所获得的倾向、技能、判断等。阿诺德·伯林特的理论建构以"经验"为核心，试图澄清传统艺术同当代环境审美的内在联系。他认为环境美学并不是同艺术理论截然对立的，两者"在根本上相同"。这种包容两种审美领域的统一美学就是参与美学。参与性的美学使人"对于城市和区域规划的审美兴趣同建筑设计一样多，对于流行、民间文化多种方向上的审美兴趣同纯粹艺术一样多，在所有人类关系而非单独为艺术目的而保存的特殊惯例中保有审美兴趣"①。总之，在伯林特那里，"一种综合的审美在经验领域包含了所有这些，但并没有模糊它们的个性"②。"经验"成为内在地架构起传统艺术与当代环境的核心命题。

正如前文所述，将自然与环境在"经验"中关联起来有着当代艺术扩大化的原因。绘画越来越突破材料、主题、图像的传统，雕塑的形式也允许人们在其中穿行并构成一个环境，戏剧也越来越讲求观众的参与互动。艺术向自然环境、城市环境、文化环境领域扩展，这一现状构成对传统二元对立的"静观"审美的挑战。主体与客体、自我与外物在一个统一经验中结合起来了。我们不是从一个外在视野鉴赏景观，而是生活在景观中。

我们又必须严肃思考的是，为何伯林特要以"经验"理论来架构新美学？它同杜威的"经验"又有何关联？伯林特在《杜威的美学遗产》一文中坦言，自己的"审美参与"概念包含了杜威的基本洞见。他指出：

> 这种过程中的"全神贯注"是审美鉴赏的特点。更为明晰和重要的是，他提出在审美感知中没有自我和对象的区分。主观和客观结合在一起，没有任何单独一方可以独立存在。这些观点在超越"一个经验"的审美扩大中仍然得到延续。此外，它们似乎预示了近期被描述为"审美参与"的审美鉴赏观念。这个观念详细阐发了鉴赏艺术与自然，在这种鉴赏中，鉴赏者活动的经验交融是核心特色。正像杜威的理论，它使鉴赏围绕感知经验，但不对经验施加任何形式要求。③

伯林特认为杜威经验主义中的主客融合是"参与美学"的重要先声，

---

① Arnold Berleant, *The Aesthetics of Environment*, Philadelphia：Temple University，1992，p. 12.

② Arnold Berleant, *The Aesthetics of Environment*, Philadelphia：Temple University，1992，p. 12.

③ Arnold Berleant, *Aesthetics Beyond the Art—New and Recent Essays*, Farnham：Ashgate，2012，p. 163.

因为正是这种"连续性"的经验构成了艺术、自然、环境审美的共同基础。在杜威那里，经验来源于人与自然的互动性过程。杜威的经验主义，首要的任务是解释自然，并试图解决现代社会科学、工业、政治同传统理智、道德的断裂。杜威认为："经验乃是被理智地用来作为揭露自然的真实面目的手段。它发现：自然和经验并不是仇敌或外人。经验并不是把人和自然界隔绝开来的帐幕；它是继续不断地深入自然的心脏的一个途径。"① 经验在杜威那里是哲学研究的根本路径和方法。我们从以下三个方面探讨伯林特对于杜威经验主义的继承与发展。

（一）经验的连续性特征

杜威经验方法的重要工作是为其赋予一个真正解决一切问题的意义。传统经验主义要么将经验视为偶然的、零散的，同自然本质有着巨大差异的主观意义，要么将其视为完全是机械和物质的。杜威为了解决这种人与世界的断裂，提出了经验的"连续性"问题。这种"连续性"内涵在美学领域的具体体现就是强调艺术经验同生活经验的"连续性"。

为了阐述这种经验的"连续性"，杜威描述了现代社会造成经验断裂的原因。首先，这种断裂源于民族主义和帝国主义兴起的纪念馆。一部现代艺术史甚至可以根据博物馆和画廊制度的发展过程来书写。那些用来展示绘画、雕塑的博物馆收容了来自民族过去艺术的精粹以及对其他民族的掠夺物。其次，资本主义的迅速发展为艺术品同生活的分离起到推动作用。伴随资本主义兴起的资本家们热衷于艺术品的收藏，他们以艺术的稀有来展现自己的高雅趣味。在国家范围，资本主义也极大推动了歌剧院、画廊等隔绝艺术品同生活关联的独立场所的建立。杜威认为这些建筑物就像教堂一样，"它们与某种'比你更神圣'的态度相对应"②。再次，现代工商业的国际化削弱甚至摧毁了地方特性。经济贸易的扩大以及人口流动使得本土艺术的地方特性越来越弱，艺术成为市场上用来售卖的美的艺术品。艺术品从其起源的社会生活中孤立出来。最后，艺术家为了逃避工业发展的机械性，他们试图通过"自我表现"来

---

① ［美］杜威：《经验与自然》，傅统先译，商务印书馆2014年版，第3页。
② ［美］杜威：《艺术即经验》，高建平译，商务印书馆2010年版，第10页。

同经济力量分离。这种"个人主义"在杜威看来，甚至达到了夸张、怪异的程度。

在杜威看来，现代艺术同生活的经验断裂并不是艺术本性的问题，而是"由一些可列举的外在条件所决定的"。这些外在条件深入我们社会生活，潜移默化地影响了我们的审美知觉。所以，杜威的理论工作也就在于"恢复审美经验与生活的正常过程间的连续性"①。恢复两者的连续性也就意味着恢复平常的经验的审美特质，它是一种澄清而非架接。这种"连续性"预示着审美扩大化的美学新理论。当然，杜威的主要关注点在于艺术，他强调艺术是日常经验的完全表现，但这种连续性的恢复为伯林特的环境审美打开了完全不同于传统的理论视域。

紧随杜威的脚步，伯林特倡导一种"连续性"美学。在理论早期，伯林特是从艺术审美视角讨论这一话题的。伯林特认为，"连续性观念反映了这样的理解：艺术不能与人类的其他追求相分离，而是融合进整体范围的个人、文化经验但不取消其经验的独特性。艺术品同其他通常在非审美语境的对象是有着共同的人类活动和生产技术来源……审美经验是人类整体经验谱系的一部分"②。伯林特不仅仅描述了艺术经验与生活经验的本然连续性，同时他还以"审美参与"重新解读了这种"连续性"中共同的经验要素。这种"参与"来自伯林特对现代艺术冲破主、客明确界限的反思。传统康德意义上的"无利害"的审美愉悦强调一种对于艺术的远距离静观，审美感知与实用性、日常经验与审美经验是明确区分甚至对立的。20世纪的环境艺术模糊了艺术的传统边界，人们不能从特定距离进行鉴赏。装配艺术既不是绘画，也不是雕塑。偶发艺术打破了戏剧、雕塑、舞蹈、绘画的独立性，将它们混合为一个参与式的经验。艺术领域的多样性结合以及艺术的参与性共同引发了传统美学理论的困境。在鉴赏过程中，全身心的审美参与变得越来越重要。伯林特认为："最重要的是，艺术家们已经促使我们认识到，进入艺术世界需要一个整体的人的动态参与，而不仅仅是心灵的主观事件。这种参与强调关联与

---

① ［美］杜威：《艺术即经验》，高建平译，商务印书馆2010年版，第12页。
② Arnold Berleant, *Art and Engagement*, Philadelphia：Temple University Press, 1991, p. 46.

连续，并且最终导向到人类世界的审美化。"① 所以，杜威所强调的经验连续性在伯林特那里得到进一步发展。人的全面经验的参与打破了审美经验与生活经验的过度区分，同时为这种连续性寻找到一种内在的统一性。

（二）经验的感知基础

经验的感知属性并不新奇，因为 18 世纪英国经验论就积极倡导了人的生理感官甚至内在感官对于获取知识的重要性。那么，杜威的感知经验的重要性体现在哪呢？我们知道杜威的经验"连续性"理论建立在"原初经验"基础之上。这种"原初经验"并不是为了获得知识而存在的主观认知，而是一种整体意义上的活动。这种同生命整体的沟通性和连续性是完全不同于主、客二元的传统经验论的。

"原初经验"是"活的生物"（living creature）均具有的基础的经验形式。这种"活的生物"处于自身同环境相互作用，从矛盾向协调的过程中。人作为"活的生物"同鸟兽一样，具有眼、耳、口、鼻、舌的官能。"生物的生命活动并不只是以它的皮肤为界；它皮下的器官是与处于它身体之外的东西联系的手段，并且，它为了生存，要通过调节、防卫以及征服来使自身适应这些外在的东西。"② 在杜威那里，这种经验事实上是全部身体官能同环境进行的交换和互动。生物既要深入环境中，克服困难获取生存的补偿，又要在这一过程中建构自身与环境的相对均衡。用杜威的话说，就是以"最内在的方式做交换"。

这种感官感知是生命体意义的来源，它并不同行动、理智对立。杜威认为：

> 五官是活的生物藉以直接参与他周围变动着的世界的器官。在这种参与中，这个世界上的各种各样精彩与辉煌以他经验到的性质对他实现。这一材料不能与行动对立起来，因为动力机制与"意愿"本身是这一参与藉以进行与指向的手段。这一材料也不能与理智相

---

① Arnold Berleant, *Art and Engagement*, Philadelphia: Temple University Press, 1991, p. 26.
② ［美］杜威：《艺术即经验》，高建平译，商务印书馆 2010 年版，第 12 页。

对立，因为心灵既是参与藉以通过感觉产生成果的手段，也是意义与价值藉以抽取、保存，并进一步服务于活的生物与其周围环境进行交流的手段。①

可见，"原初经验"本身是与多重要素紧密结合在一起，而不是孤立、静止的存在。全部感官同环境的一体互动形成杜威意义上审美性的根源。伯林特评价杜威的经验时认为，"真实的审美经验，正如他所考虑的艺术品，是感知（perception）"②。伯林特继承了杜威身体化感知的经验概念，在环境美学中，他突出强调这种多维感官的参与。

伯林特的经验美学从感官感觉入手，"环境感知的最简单形式是感觉意识（sensory awareness），它是任何其他意识的前提"③。伯林特批驳了传统艺术美学重视视、听感官而忽略触、嗅、味感官的传统。他认为以触觉、嗅觉、味觉为代表的接触感受器（contact receptors）是人类感觉系统的一部分，理应成为环境审美经验的一部分。伯林特有如下著名论述：

　　嗅觉与我们的时空意识保持着亲和性。甚至味觉也能对意识作出贡献，正如普鲁斯特的玛德琳蛋糕意味深长地证明的那样。此外，触觉经验也不如我们常常想象得那么简单。它属于触觉感受系统，既包含触感又包含对表面质地、轮廓、压力、温度、湿度、痛感和内脏感的皮下知觉。它也包括了其他的感觉渠道，这些途径经常被忽视，并与接触相混淆，它们在许多重要方面是不同的。运动知觉包括肌肉感知和骨骼或关节感知，通过表面阻力的程度：硬、软、锋利、钝、坚固、易弯曲，我们感觉到位置和硬度。而且，我们通过前庭系统来直接把握身体运动：上升与下降、翻转与旋转、阻碍

---

①　［美］杜威：《艺术即经验》，高建平译，商务印书馆 2010 年版，第 25 页。

②　Arnold Berleant, *Aesthetics Beyond the Art—New and Recent Essays*, Farnham：Ashgate, 2012, p. 163.

③　Arnold Berleant, *The Aesthetics of Environment*, Philadelphia：Temple University, 1992, p. 14.

和通畅。①

伯林特在强调多维感官参与的意义上更加彻底，不仅普通的五种官能被提及，甚至肌肉感，骨骼、关节的感知，前庭系统的感知都被视为经验的重要内涵。事实上，伯林特的参与经验已经成为身体化的参与。这种身体同环境共成一体，不能分割，可以说环境构成人的身体。此外，伯林特还强调身体多种感知经验的联觉（synaesthesia）。这种联觉将其内在的任何一种感知形态经验为诸种形态的融合。特定的感知形态只有在分析过程中才能清晰辨认。

可以说，伯林特将杜威从生物学意义上的经验感知进行了更加细密、深入的当代化阐释。在这种阐发中，人与环境的紧密关联被阐明，并为其进一步提出相应环境美学理论奠定基础。

（三）经验是过程与对象的统一

杜威经验主义的重要特点就在于以经验的连续性试图统一起实践与理论、艺术与科学、自然和经验。这些看起来似乎对立的要素在杜威看来归根到底都统一于经验。所以从根本意义上说，杜威的经验既不是客观对象也不是主观意识，它就在生物体克服困难获得与环境均衡的过程中。

正如伯林特所言："经验在杜威那里并不能被理解为内在的、主观的过程，而是在人类的普通事务中自然、有机的发生过程，这种经验的核心观点将杜威美学置于经验的生物、文化、现世的状况之中。"② 杜威通过动物的活动以及原始野蛮人的行为阐释了这种经验的当下性与过程性。动物的经验体现在它警惕的目光、锐利的嗅觉以及突然竖起的耳朵，它们的行动与感觉相互交融，过去与未来都作为当下而起作用。野蛮人的行为和知觉也具有连续性，"他的感官是直接的思想与行动的哨兵，而不像我们的感官那样，常常只是通道，经过它们，材料得以聚集和贮藏，

---

① ［美］阿诺德·伯林特主编：《环境与艺术：环境美学的多维视角》，刘悦笛等译，重庆出版社 2007 年版，第 10 页。

② Arnold Berleant, *Aesthetics Beyond the Art—New and Recent Essays*, Farnham：Ashgate, 2012，p. 163.

以服务于久远的可能性"①。这种经验在当下感觉与对象的交融中，从混乱转向平衡，周而复始。同时，正是在一种秩序丧失向秩序重建的过程中，审美的"一个经验"才从中萌芽。

虽然伯林特在经验中突出强调身体化的参与，但在经验中，身体是行动中的身体。他认为："环境的主要维度——空间、质量、体积和深度——并不是首先与眼睛遭遇，而是先同我们运动和行为的身体相遇。"②经验在伯林特这里也是一种当下性的过程而非固定的实体，并且只有这种丰富性、直接性、当下性的经验过程才是审美的。在杜威那里，感知经验虽然具有包容性和统一性，但文化的因素似乎只有还原到原始经验时才同感官的知觉融合起来。伯林特则强调在身体化的感知过程中价值判断、生活方式、宗教等文化要素作用于感知。他强调人的身体化经验本身就是不能脱离文化的，身体是文化中的身体。不同民族、国家、地域的人对于时空、环境的感知就非常不同，这是文化背景带来的经验差异。所以，要讨论环境的经验审美，就必然不能摆脱文化有机体（culture organism）的讨论视角来单独探讨感官经验的当下性。伯林特对于经验感知过程中文化介入的强调无疑是对杜威经验主义的进一步深化。

虽然伯林特非常推崇杜威的经验主义，但在一些细节问题上，他也提出了质疑。伯林特认为，杜威有些过于固执于经验的"统一性"，"一个经验"的完满、自足已经受到当代新兴艺术发展的质疑。伯林特举例论证了这一点：

例如，聚焦于绘画表面的抽象表现主义和硬边油画并不能为他们自身提供一个经验的过程并导向完满。事实上，他们也可以用这种方式鉴赏，并且我觉得这种方式能够推动他们如此鉴赏，但他们的力量主要来自绘画表面的瞬间影响，例如它的纹理、它的色彩感

---

① ［美］杜威：《艺术即经验》，高建平译，商务印书馆 2010 年版，第 22 页。
② ［美］阿诺德·伯林特主编：《环境与艺术：环境美学的多维视角》，刘悦笛等译，重庆出版社 2007 年版，第 10 页。

知的张力以及它们的对比和对立。①

　　现代艺术已经越来越排斥完整、统一的过程。不仅在绘画上，在音乐、电影、戏剧领域也可以看到这种新兴艺术表现方式。它们拒斥完整的"一个经验"，关注断裂、细节刻画。在自然鉴赏领域，杜威的"一个经验"也不具有典范意义。伯林特认为我们对于自然的审美，很多时候聚集在瞬间和细节。我们不仅可以审美地凝视落日余晖的傍晚，在一朵花、一个孩子的脸上，往往也能够抓住瞬间之美。在自然的很多形式要素中，我们也保有审美的愉悦，例如水泊中的涟漪、挂着露珠的青草，等等。这些情形都是转瞬即逝的，伯林特认为对它们的审美很难用完满的"一个经验"来解释。

　　总而言之，伯林特认为从审美鉴赏的角度来看，经验的"统一性"可能是错误的，但经验的瞬间性、偶然性并不能证明"一个经验"在当代艺术、自然鉴赏中是不适用的。首先，"一个经验"是过程性的，但不以过程时间长短作为依据。"一个经验"的时间可长可短，只要能为经验过程划分出开端、发展、完满的逻辑站点即可，而不是具体规定时间范围。其次，"一个经验"的完满实现以感觉经验的达成为归宿。感知的当下性、完成性并不因对象表现形式的断裂、片段而相应缺乏完整，经验本身就不是对于纯粹客体的形式描述。

　　由此我们可以认为，伯林特的经验参与理论并不具有彻底反叛杜威理论的意义。在杜威经验主义的基础上，伯林特确实根据当代艺术、环境的新问题做出了更加深入的阐发，但他的新理论很难说在经验的核心概念上区别于杜威。

二 "审美场"的境域与"交互"视角

　　在伯林特看来，理论自身来源于经验，而不是专断的设定。对理论家而言，首先要做的不是去界定概念、建构系统，而是要参与对现象的

---

① Arnold Berleant, *Aesthetics Beyond the Art—New and Recent Essays*, Farnham: Ashgate, 2012, p. 163.

体认、关联以及解释。他认为：“理论要首先考察那些吸引并困扰我们的经验，之后根据首要问题现象的相关性确定讨论的界限。理论家再发展出概念并辨别关联。他根据要解决的问题、能获得的资料，以及能够考虑到并把控的经验，综合成适合的条件详细阐发范畴与结构。这样，我们必须首先面向经验，并且经验决定了合适的理论结构、内涵以及操作。”①伯林特将“经验”视作理论架构、范畴的核心依据，其理论可以说是一种“经验”决定论。为了进一步将杜威的“经验”理论具体化，伯林特创立了为理论界所熟知的“参与美学”。“参与”在伯林特这里首先是一种艺术审美感知，强调多维感官在传统艺术审美经验中的应用，并极力否定传统艺术的无利害静观。这同杜威认为的经验官能同外在世界具有连续性一脉相承。另外，“参与”的审美经验不仅局限于艺术，而且扩展到更为开放的、具有交叉性质的环境艺术甚至环境本身。伯林特认为：“由于相同特征以相似的方式在这些境域（situations）中发挥作用，在绘画和摄影中的参与感知在物理环境的感知中同样真实存在。当我们处理物理环境的审美感知时，人类对景观图画空间感知的感官交融方式同明显是一种动态的艺术审美方式差别不大。”②感官与境域的交融不仅在艺术中如此，在更大的环境之维也如此，“参与”在艺术与环境的境域转变中成为不变的核心枢纽。

　　为了在艺术、环境领域获得更大的理论阐释力，伯林特建构了其经验美学的境域理论：“审美场”（aesthetic field）。伯林特这样界定他的“审美场”概念：“艺术只能被一种整体境域（total situation）的指涉所界定，艺术的对象、活动以及经验在其中产生，它是一种包含所有这些所指对象乃至更多的环境（setting）。我要叫它审美场——艺术对象在其中动态地、创造性地被经验为有价值的东西。它就是这样一个包容性的环境（inclusive setting），我们必须从它的整体来考察，之后才可以给出一

　　①　Arnold Berleant, *The Aesthetic Field: A Phenomenology of Aesthetic Experience*, Springfield: Charles C Thomas, 1970, p. 6.

　　②　Arnold Berleant, *Art and Engagement*, Philadelphia: Temple University Press, 1991, p. 96.

个什么是艺术的精确解释并且让人苦恼地回答什么构成美学理论。"① 伯林特一再强调这样一个"审美场"中的诸多要素是不可分割和不可区分的，它们在审美经验的发生过程中具有一体性。事实上，杜威在讨论艺术时多次提到境域。他在情感表现的论述中提到，"情感是由情境所暗示的，情境发展的不确定状态，以及其中自我为情感所感动是至关重要的。情境可以是压抑的、危险的、无法忍受的、胜利的"②。经验的内在肌理——表现性活动并非只是两个固定要素的互动，而是有着多重因素参与进来的境域活动。只是在杜威的论述中，这种境域表达是隐含的而非显在的。无论是杜威还是伯林特，他们所提到的境域都是一种限定性环境，即经验发生的环境。

伯林特将境域阐述视作经验理论的进一步细化。在"审美场"的境域中，他认为主要有四大审美构成要素：艺术对象、感知者、艺术家、表演者。艺术对象是有关艺术学问的焦点。在传统的艺术史研究中，纯粹艺术运动、学派的发展演化以及艺术家的艺术风格和影响均围绕艺术对象这一焦点展开。伯林特认为这种解读使艺术对象过分孤立化了。伯林特从"审美场"的经验发生意义上来解读艺术对象。他认为艺术对象的合法性来源于它在审美场中具有推动审美经验发生的功能而非其自身的属性。他举例说，古希腊的花瓶、史前时期的鸟类化石、非洲的仪式面具以及类似对象在内在属性上并不具有艺术地位，但它们却在变换了场景之后被审美地接受了。这其实就依赖于对象在审美场中对于审美经验的推动。在感知者方面，从 18 世纪英国经验主义提出一种主体的感知经验到现代的审美态度理论，关注主体的经验理论就一直延续下来。但伯林特认为，如果不能从审美场中的经验发生来探讨主体感知，那么过度强调"关注心理"就是一种局限。在当代艺术领域扩大化的语境中，感知者不再与对象保持静观的距离。感知者是投入艺术经验中的感知者，是在一个特定审美场的发生过程中的感知者。此外，伯林特也非常重视

---

① Arnold Berleant, *The Aesthetic Field*: *A Phenomenology of Aesthetic Experience*, Springfield: Charles C. Thomas, 1970, p. 47.

② ［美］杜威：《艺术即经验》，高建平译，商务印书馆 2010 年版，第 77 页。

艺术家在"审美场"中的重要作用。艺术家不仅仅是能够把握声音、线条、颜色等材料的工匠，同时也在创作中拓展人类的感知。艺术家是艺术品的创造者，也创造了审美经验的可能性。在这个意义上来说，艺术家首先必须作为"审美场"中的感知者而存在，艺术家与感知者在这种场域中具有了融合的可能。另外，表演者的因素往往被传统艺术所忽视。表演者处于艺术创作者与感知者之间，一方面，表演者的艺术展现往往具有自身的独特性，它不能等同于音乐家、剧作家以及舞蹈编排者的原初目的；另一方面，表演者又拒绝了传统感知方式对于距离、静观的诉求。在伯林特看来，这恰恰是审美经验发生场域的重要内涵。他认为表演者通过表演使得艺术展现为一个事件。在艺术表演过程中，艺术自身得以展现，同时它也将自身置于感知者审美经验的语境中。表演艺术的功能就是推动这样一个整体"审美场"具有美学意义。伯林特所提到的四个审美要素还受到生物、心理、历史、文化等诸多外在因素的影响，在这种综合因素构成的境域关系中，审美经验得以发生。

伯林特将"审美场"视为参与式经验的阐释语境，以此区别于传统艺术理论将概念过分孤立化的弊病。正如学者埃尔默·邓肯（Elmer Duncan）所评论的："这一观点似乎认为，审美经验、审美对象、审美价值等核心观念除开包含它们所有要素的整个'审美场'语境之外，并不能被定义。"① 尽管在"审美场"的区分性描述中伯林特一再强调多种要素间的互动性和一体性，但他依然认为这种条分缕析式的结构性解读有着过分分析化倾向。他说："然而，'审美场'的这种解释一定被视为发生于审美境域经验整体的一种分析式解释。当我们经验地而不是分析地来理解场域的时候，可以称它为'审美交互'（aesthetic transaction）。因此，'审美场'成了分析审美经验结构的一个尝试。它并非实际的事件，但却是认知这一事件努力的产物。所有这种尝试一定对艺术经验保持敏感，因此它们一直是派生出来的。美学中没有东西是建立在原则之上的也许

---

① Elmer H. Duncan，"Review Work：The Aesthetic Field：A Phenomenology of Aesthetic Experience by Arnold Berleant"，*The Journal of Aesthetic Education*，Vol. 6，No. 3，1972，pp. 117–119.

应当被视为一个信条。"① 伯林特对这种审美场理论存有一种否定之否定的理论设想，即首先提出四要素构成的一个理论结构来否定片面的、静态的传统审美理论，进一步又试图消解这一理论结构，目的在于破除对于专断理论模式的本质归因。审美场试图追溯审美经验本身的发生，因而它是派生的而不是本质来源的，是认知审美事件的尝试而不是事件本身。所以，审美场理论在伯林特这里就具有很强的开放性、发展性，而非传统理论的封闭性和绝对性。为了将这种审美场的经验属性呈现出来而非埋葬于理论架构中，伯林特进一步着重论述了"审美交互"。"审美交互"与其说是一种理论范式，不如说是一种审美经验境域的解读方法，一种基于互动、交融、一体原生经验的整体视角。正是在这个意义上，伯林特将其视为"审美场的关键"。

"交互"（transaction）的本义是商品交易。其现代内涵可以追溯到 19 世纪著名物理学家克拉克·马克斯维尔（Clerk Maxwell）。如果说近代自然科学的发展从伽利略到牛顿一直延续了对物体运动要素及其"相互"关系的分析，那么近代电磁物理学的发展则拓展出了系统之中能量运动的"交互"关系。这是完全不同于实体性物质粒子对立关系的思维方式。它更加强调系统中所有构成要素的布局、运动以及协调关系。杜威同亚瑟·本特雷（Arthur Bentley）于 1949 年出版的认识论著作《知与所知》（*Knowing and the Known*），突破性地将这一自然科学思考方法进一步拓展到哲学认识论。② 在这本讨论认知与命名的书中，作者认为"所有的观察都处在系统之中，通过假设的方式，人们才能接近它们，好像这些观察之间的关联是可以建立的。但这种关联并非显而易见。那些宣称'知者'以某种方式在可知自然面前更具优越性以及被称作'所知'之物更具优

---

① Arnold Berleant, *The Aesthetic Field: A Phenomenology of Aesthetic Experience*, Springfield: Charles C Thomas, 1970, pp. 89 – 90.

② 在此之前，1944 年美国学者 Eliseo Vivas 曾发表 "A Natural History of the Aesthetic Transaction"（原文载于 Yervant H. Krikorian 编辑的论文集 *Naturalism and the Human Spirit*），其中涉及的"交互性"问题仍然以传统的主客审美关系为基础。Vivas 突出强调侧重对象固有属性的审美注意，并将审美经验同道德、科学、宗教经验严格区分开来。Vivas 虽然使用 transaction 一词，但并不是在根本意义上指向人与世界交互性、一体性的动态关系，而仅仅用来指代特定对象的审美经验。

越性的人，我们坚决反对，他们将古老的阻碍加之于像我们这样的研究。我们认为，作为观察者，我们是人类有机体，受限于观察所处的世界位置，并且我们接受这一点且将之视作获得重大发现的境遇而非阻碍"①。这样一种统一立场试图说明传统认知与被知、物与物之间的绝对分裂是人类认识局限性的结果。人类在承认这一局限的基础上，仍然可以从这种视野中假设、探求一种与他者的关联，从而破除一种以"知者"与"所知"者为核心的片面视角。进一步来说，这种关系性存在的方式有着"相互"和"交互"之别②。"相互"着眼于物与物之间的相互作用，即作用力与反作用力的配合。其中一方是施力者，另一方是受力者，两者都是已经完成定义的实体。"交互"作用的两方均具有施为的动力，并且不具有完成性，也即双方在动态交换过程中才可以相互定义。"交互"关系中的能量流动使得我们无法从静态角度对其中一方进行最终定义，因为进行定义必然涉及它同其他要素的交融关系。所以，"相互"关系可以完全排除环境进行二元划分，"交互"关系却必须从多元要素相互交融的系统、境域出发认识其中任意一个要素。"交互"着眼于系统内在动态关系，并不将具体的物质、元素、实体视为解释一切的最终根源，同时也不将要素、关系等从系统中孤立起来，一切具体事物的认知建立于动态的系统关联之上。这样，"交互"较"相互"的认知方式能够更加清晰还原事件发生的原貌，摆脱僵化认知和固定时空条件的束缚。伯林特正是借鉴了杜威在认识论上的突破性成果，从人存在于世界、认识世界的基本方式入手探讨审美问题。以"交互"立场对审美经验进行还原，这促使伯林特采用我们上文所指出的一种观念立场：否定对审美场构成四要素的单纯分析。

---

① John Dewey, Arthur F. Bentley, *Knowing and the Known*, Boston：Beacon Press, 1960, p. 80.

② 杜威同亚瑟·本特雷把人对世界的认识做了三重区分：自作用（self-action）、相互作用（interaction）以及交互作用（transaction）。三者既有明显的历史发展阶段区分，又往往在某些理论中相互交织。自作用（self-action）认为世界万物发展变化有其内在动力，不借助外部世界的影响。亚里士多德的物理学即是这种世界观的典型。相互作用（interaction）、交互作用（transaction）分别以近代物理学和现代物理学理论为变革基础，下文将具体阐明。

显然，四要素的划分只是理论演进的一个节点，是还原审美经验"交互"现场的前提，因为"包含艺术感知者和感知审美对象的交互经验才是真正的审美场的核心"①。伯林特还提到，"为了表达我们称之为审美的整体复杂经验，'审美场'概念就是最好的方式。这里以客体、感知者、创造者、表演者为代表的四个要素是产生作用的核心力量，它们受到社会惯例、历史传统、文化形式和实践、材料和工艺上的技术发展以及其他类似语境状况的影响。单独挑选出其中之一作为艺术的中心都是用部分误导审美场的整体"②。因此，审美场理论是以"审美交互"的经验一体性作为现实基础与理论基石。如果我们否定"交互"的整体性视角而滑向对立要素间非此即彼的片面逻辑，那么"审美场"理论则同传统审美要素分析理论无差别，从艺术审美导向包含艺术与环境的参与美学理论也不会有必然性。

另外，我们要清楚的是，"审美场"理论虽然早在 1970 年就被伯林特提出，比"参与美学"概念的提出早 20 多年，但它的理论言说却处处同"参与"经验相协调，甚至在理论严谨性、整饬性上更胜一筹。这种严谨性、整饬性首先体现在伯林特对艺术参与四要素（艺术对象、感知者、艺术家、表演者）的全面梳理，涵盖了艺术创作、艺术鉴赏、艺术表现等领域，并将它们之间经验基础之上的互通性阐发出来。其次，四要素分析最终服务于动态、开放、一体的"交互"经验而非理论结构的自洽，这无疑是其更高明之处。四要素固然是传统艺术经验场域中的核心参与者，但经验本身的交互发展，不断衍生出的新分支、新特征，使得任何一种机械的本质归因都失去立足点。承认一种审美经验基础的开放性，无疑对其理论发展具有重要意义。后期的"参与"经验阐释以感知为核心，理论视角开始缩小，此时的"参与美学"也被其他学者诟病为过于主观而缺乏界定。但这显然并非伯林特本意，我们将在下节进行讨论。

---

① Arnold Berleant, *The Aesthetic Field: A Phenomenology of Aesthetic Experience*, Springfield: Charles C Thomas, 1970, p. 90.

② Arnold Berleant, *Art and Engagement*, Philadelphia: Temple University Press, 1991, p. 49.

第二节　从经验参与走向环境美学

对伯林特而言，从艺术美学转向环境美学并没有太大的理论跳跃，因为从其早期关注艺术领域的扩大化问题以至后来聚焦自然与人文的环境审美，伯林特一直秉持一种经验美学立场。这种经验美学排除主客分立的传统艺术鉴赏模式，强化一种具有包容性的经验在场。无论是艺术境域还是环境境域，其边界本身就已经在现代艺术中被消解。强调人在审美场中的经验性参与是前后两种理论的共同内核。所以，伯林特的艺术美学与环境美学理论有着非常好的内在一致性。

一　描述美学的核心方法论

正如上文所述，伯林特建构了一个以交互性经验整体为理论前提的境域理论，这一理论语境涵盖了传统艺术与现代环境思考。在环境美学的参与经验中，伯林特强调："环境美学并不单单关注建筑和场所，它有关于在综合境域中人加入进来并成为参与者。"① 对于审美经验场域的还原，必须从多种要素相互作用的整体而非独立参与者出发。这样，对于一体性经验的反思而非要素的独立分析就变得尤为重要。伯林特认为审美经验有着诸多整体性特征，例如动态感知（active receptive）、品质的（qualitative）、感官的（sensuous）、当下的（immediate）、直觉的（intuitive）、非认知的（non-cognitive）。这些基于审美交互性的特征涵盖了从艺术到环境的开放审美境域，也影响了伯林特美学阐释的独特路径。

正如在"审美场"中运用描述方式解读经验，伯林特在环境美学阶段也突出强调了这种美学方法的核心意义。伯林特的"描述美学"（descriptive aesthetics）是"对艺术和审美经验的描述，它可能一定程度上是叙述的，也可能是现象的、唤起的，在一些情况下甚至可能是启示的"②。

① Arnold Berleant, *The Aesthetics of Environment*, Philadelphia: Temple University, 1992, p. 12.

② Arnold Berleant, *The Aesthetics of Environment*, Philadelphia: Temple University, 1992, p. 26.

"描述美学"是当代美国美学发展的新趋势之一。相对而言，实质美学（substantive aesthetics）有着更为长久的历史，它以艺术总体的特征、经验以及意义作为探讨内容，并且擅长以哲学框架寻求艺术定位。同时，元美学（meta-aesthetics）搁置实质美学的宏观问题视野，转而寻求艺术的定义、概念的分析、艺术的分类等问题，其主要代表是美国著名分析美学家门罗·比尔兹利。与上述两种传统的美学理论不同，伯林特提倡的描述美学既不侧重于哲学宏观归纳，也不侧重于概念分析，而是从感知经验的描述着手。那么，如何才能进行审美描述呢？

首先，审美描述以鉴赏经验为关注焦点。正如描述美学的根基在于经验审美，伯林特的审美描述旨在通过这一描述手段呈现经验参与过程。在参与的过程中，环境无处不在，它与我们的身体有着多维度的相互作用。"审美的环境并不仅仅由视觉的对象组成，它通过我的脚被感觉到，在身体的动觉感知中被感觉，是对皮肤上阳光和风的感觉，在树枝对衣服的拖曳中，在吸引我注意的任何方向上来的声音中被感觉到。"① 但同时，这种参与经验也并非普遍化的感知意识，它有着独特的知觉品质。也就是说，这些品质使得环境经验具有丰富性、集中性和当下性，而非流于泛化。诸如人脚对于土地质感的把握，对于空间场所的感知，都具有深刻、生动的品质，用伯林特的话说是"一种对于真实连续性的鲜活感知"。另外，这种一体化的感知还突出强调一种联觉的统一。环境参与是全部感官的参与，这种全部感官不是简单相加而是内在共通，任何一种感知意识都关联于其他感知。

其次，描述美学融合了人的记忆、沉思、意义理解。在伯林特看来，描述本身并不具有感知的纯粹性，它总是带有观察者的视角。所以，描述美学会同人的记忆、沉思、意义的理解相交融。审美的感知经验虽然具有当下性，但相似地点会引发人们将当下感知与过去记忆交织在一起。不仅如此，人所持有的知识、信仰会不自觉地同人的感知经验联系在一起。对于经验的描述能够唤起这些内含于感官感知背后的人文因素，并

---

① Arnold Berleant, *The Aesthetics of Environment*, Philadelphia: Temple University, 1992, p. 27.

因此可使描述和阅读者产生共鸣。

再次，描述美学具有关联作者与读者经验的意义。伯林特认为："那种我们考察的语言具有两个方向：导向与之相关的作者经验；导向由它所引出的读者经验。"① 作者通过语言，创造出富有感染力和场所感的环境，为读者营造出一个经验环境的多种可能性。作者抓住了当下的独一无二的环境感受，以解释者的在场描述了经验的知觉整体。在此感知经验中，场所、时间、记忆、内涵使环境变得丰满。读者被这种描述性环境所指引，能够积极地融入一种经验的感知整体之中。所以，总体看来，描述美学是一种经验的分享。

最后，描述美学具有深刻的理论内涵。这种描述美学是否会成为任意的主观幻想呢？伯林特的答案是否定的。他认为这种描述性手法能够结合敏锐的观察和生动的语言，达到对于感知经验、对象的理解。描述美学不是规范性的，也不是说明性的，其核心意义是将丰富性、集中性的当下经验全面地传达出来。这是纯粹的理论语言所无法达到的，但这并不表明描述美学缺乏理论意义。伯林特认为它还具有考察艺术内涵、呈现鉴赏经验例证、为批评提供素材的功能，"审美描述展现了作者对批评性关注的聚焦，这并非只是一个对象或场所，而是这些要素成为构成部分的经验过程"②。所以，描述美学以经验的呈现来解释环境审美经验，它具有更多的包容性、多样性，具有更大的启发功能。当然，描述的文本也会比理论叙述具有更多的歧义性，但这正是伯林特认为的它的价值所在。

二　描述美学路径下的具体境域

伯林特采用具体化的经验描述作为环境美学的根本路径，所以在涉及诸多审美境域时，他倡导一种具有启发性和指引性的解读。这种解读注重环境经验的直接性、当下性和在场性。我们从伯林特自然、城市的

---

① Arnold Berleant, *The Aesthetics of Environment*, Philadelphia：Temple University, 1992, p. 36.

② Arnold Berleant, *The Aesthetics of Environment*, Philadelphia：Temple University, 1992, p. 38.

经验描述来看其主要应用。

伯林特以名为《泛舟班塔姆河》的游记作为自然环境经验的描述例证：

> 我慢慢地顺水荡漾，穿过一座小桥，这时碰见一株光秃秃的灰树桩，看得出它曾经是棵大树，日晒雨淋后只剩下残骸，活像一位哨兵，守候在灰胡桃溪与班塔姆河的交汇处。此时，我处于另一种状态，拥有了另外一种新体验：身体蜷缩，膝盖紧紧贴着船身，手代替了腿来推动船前进。我还注意到，原先遮蔽天空的树丛渐行渐远，明亮的天空显露出来，沿着这条三维之路前进的是与河床平行的树林。……顺流而行，突然一块钩住了许多漂浮物的浮木挡住了去路。独木舟只有小心地避开四处散落的枝条，借助水流的冲刷才能艰难地从狭缝中通过，变得跟漂浮物没什么两样……公路上隐隐传来的声音与其说提醒我注意它的存在，还不如说让我意识到自己实际上离它有多遥远。眼前，一棵树伸展着宽大的枝条，几乎占满狭窄的河道。我急忙俯下身去，因为粗糙的树皮和树枝锋利的断口正迎面向我撞来。这儿可没什么水，稍不注意，坚硬的尖刺就会割伤或撞上头。每个环境都一样，其中审美和利害的考虑混杂在一起……鸫鸟的鸣声，划桨声，桨板与船舷轻轻的碰撞声，灌木丛中鸟儿的拍翅声。还有聒噪的乌鸦群，黑压压的一片，它们或飞、或蹲、或叫，一时间整个世界都成了它们的领地。握着桨的手始终温热，它不像时髦的、自诩牢固的现代运动品那样，由冷冰冰的金属或塑料制成。我握着它时，手体味着油漆过的木头散发出的温暖气息和表面粗糙不平的颗粒。有时，桨被打湿了，冰凉的水碰到被太阳晒得发烫的肌肤，让我吃了一惊。这两种感觉反而更强烈。河流逐渐变宽，以至于像个大池塘，旁边还有山谷陪伴。树木、草地勾勒出的纹路和色调如此层出不穷，让这一小方时空变得无限生动。这是一次感觉的大聚会，它如此丰厚，我深深地沉迷其中，分不清

哪些是直觉，哪些是冥想，它们与这环境，与彼此都不可分割……①

　　在此经验中，动作与感觉统一于一身。人的感官异常敏锐，不仅通过看、听、触、嗅、味的五官同河流的大环境保持密切关联，同时感官感觉即是行动，中间不存在间隔。主人公看到河流中的浮木、河边的枝条、水草，听到各种鸟鸣，接触到被太阳晒得发烫的木桨，以及感受到身体与船体在水流中不断寻求平衡，这些身体的感官感受同他泛舟的过程结合在一起。此外，过往的记忆、现实的想象、理性的判断都统一于当下的人自身。因为在泛舟过程中，人的过往经验、对于河道状况的知识都融汇到统一经验之中，利害性的认识同审美态度在经验中变得不可分。

　　描述美学虽然没有运用理论语言来解读经验，却能够指引我们透过语言参与其中，因为描述美学的目的本来就是指向经验呈现，而不是对经验进行理性认知。这种呈现显然更加具有本原意义、指引意义。当然，我们并不能据此认为这一方式就是反理性、主观化的幻想，因为理论意义本身其实已经包含于这一经验描述之中。我们可以通过对描述进行解析看到这些内涵的理论指向。正如伯林特所说："如果像科学一样，将批评限定在一个对象上，那么批评也会像科学一样导致分裂、偏颇的扭曲。批评能够在描述美学所促成的广阔、连贯视野的引领下具有生命力。因此，批评不会是对艺术对象、建筑、城市、风景的批评性评价，而是对其情况、品质、综合动态过程以及它们同人类关联丰富意义的具体呈现。"② 在城市境域中，伯林特希望推动建立城市生态的审美范式，他运用描述美学的路径具体阐发了城市经验的四个维度：帆船、马戏团、教堂、日落。运用这种描述美学的具体分析，伯林特为日常审美经验寻找到一个全新的展现、引导的方式。

　　经验的具体境域因为人的参与而具有了审美的活力，人与环境的互动与渗透构成伯林特意义上的文化美学。在这一解释语境下，一切环境

---

　　① ［美］阿诺德·伯林特：《环境美学》，张敏、周雨译，湖南科学技术出版社 2006 年版，第 30—32 页。

　　② Arnold Berleant, *The Aesthetics of Environment*, Philadelphia：Temple University，1992，p. 38.

都是文化的环境，一切参与都是文化有机体的参与。这种参与经验是对象性批评难以切中要领的。描述美学以人的感知为起点，注重描述人与环境的连续性经验，这就为文化美学的整体把握奠定了基础，同时也为增强人的环境经验提供了更多的现实指引。

然而，伯林特的质疑者必然会问：描述美学的规范性在哪里？它有理论意义吗？正如学者卡尔松所批评的那样，"描述美学"的笔法很容易让人认定其为一种主观幻想或毫无重点的意识投射。归根到底，无论是它的表达形式还是内在核心观点都过为开放和零散，和真正的理论话语差别很大。

事实上，从伯林特的整个学术研究生涯来看，他早就为这样一种有偏见的驳难准备了思想武器。伯林特为美学理论的建构设定了三步走的策略。第一步是非认知的审美经验，属于美学理论建构最普遍的素材；第二步是由境域事实、经验事实、对象事实、评价事实、跨学科事实构成的审美事实，以描述为主，是对非认知审美经验的进一步规范，其中境域事实非常接近于原初的审美经验；第三步是建立于审美材料和事实基础之上的审美理论，是对审美事实的组织和解释，它的特点就是概念化和导向认知评价。① 三个方面是层层奠基的关系。伯林特不反对理论建构，他反对的是凭空建立起来的或以其他代理理论为依据的理论模型。他认为任何事实、理论的描述和阐发都要紧密结合基础的非认知审美经验，在此基础之上才具有价值评判、要素分析以及诸多理论模型的规范。所以，三个方面又是贯通到一起的。

如果没有基本的非认知审美经验基石，任何理论言说都是无根的。相关问题集中体现在伯林特同卡尔松、中国学者程相占关于规范性美学的争论上。卡尔松曾批判伯林特的"审美经验不能提供一个审美标准""审美参与引起过分主观的结果""立场难以实现严肃美的直觉"②，等等。事实上，这些判定隐含了卡尔松提出问题的重要形而上学前提，即

---

① 参见 Arnold Berleant, *The Aesthetic Field: A Phenomenology of Aesthetic Experience*, Springfield: Charles C Thomas, 1970, p. 16。

② Allen Carlson, "Critical Notice: Aesthetics and Environment", *The British Journal of Aesthetics*, Issue 4, 2006.

"一个审美标准"、主客观区分、严肃审美和肤浅审美区分。卡尔松延续了西方传统理性对于最终根据和标准的固定眼光，认为环境审美也需要一个永恒不变的标准。而且，审美活动要以主、客特征论进行研究，主观的审美态度和模式以对客观属性的符合程度为评判标准。这是以经验论美学为根基的伯林特所不能接受的，他反复强调"我们的差异在形而上学层面比美学更多"[①]。伯林特继承自杜威的"交互"认识论，不将任何静止的要素、实体视为最终解释源头，而是将包含诸要素的系统关系视为关键。所以，伯林特承认参与式的非认知经验并不是审美的唯一标准，而是一个综合特征中起到基石作用的必要部分。审美经验永远是向认知、文化、个体性特征敞开的经验，而非封闭的内在理论循环。伯林特的描述美学可以被认为是一种开放性的规范文本，其对于卡尔松的主客原则有所包容却不限于这种机械论的切割和符合。程相占对伯林特的挑战也集中于他过于沉迷经验一体性的论述，认为"正如'环境公平'和'政治生态'这样的术语所显示的那样，环境的边界是由政治、经济甚至军事力量所明确界定的。我们在现实中所经历的各种各样的环境，都是必须添加定冠词'这个'的'环境'"[②]。进一步，程相占认为伯林特对康德的"无利害"有意误读以达到对传统主客关系论的彻底否定，并在相反的方向指出康德美学可以为生态美学奠基。程相占的生态美学虽然赞赏伯林特的经验论美学，但归根到底是一种先知识后审美、先秩序后经验的规范性美学。伯林特对程相占的回应直击要理，认为"生态美学更多的是从认知上而不是审美上，来促成对于环境的欣赏，我对此持怀疑态度。也就是说，我不赞成将生态美学意义上的环境欣赏，等同于在理解环境情境中各要素之间的工作机制与相互关系之中，所得到一种智力上的满足"[③]。虽然伯林特也承认审美经验与生态视野并不相悖，

---

① Arnold Berleant, "Aesthetics and Environment Reconsidered: Reply to Carlson", *The British Journal of Aesthetics*, Issue 3, 2007.

② 程相占：《从生态美学角度反思伯林特对康德美学的批判》，《文艺争鸣》2019 年第 3 期。

③ ［美］阿诺德·伯林特：《就环境美学与生态美学之关系答程相占教授》，宋艳霞译，《文艺争鸣》2019 年第 7 期。

但孰先孰后、以谁为讨论中心却成为两者的主要差异。

由此可知，描述美学紧紧抓住了美学理论建构的第一层，即基础性的感知经验，并力图在此基础上建构起包容任何理论的美学大厦。他不从根本上反对环境美学的科学认知理论、生态美学等差异化论述，而是将它们置于自己理论大厦的事实部分、认知部分，言明基础的经验感知要贯通于诸部分。所以，描述美学并没有一种符合论的、客观的、统一标准的规范性，但有着面向经验事实的、最为开放的规范性，它将艺术对象、感知者、艺术家、表演者①、生物学要素、心理学要素、材料与技术要素、社会与文化要素集结于审美经验发生的境域，将实验心理学、阿恩海姆的格式塔心理学、胡塞尔的意识现象学、梅洛－庞蒂的肉身化等理论进行经验化改造，即破除其理论的纯粹性，连接起它们同经验性参与的原初关系。这种具有开放性的理论标准，建立于共识性经验事实的基础之上。

第三节　审美模式的特质与论争

审美模式的论争在当代受到广泛关注，不同模式理论的阐发者基于各自视角对理想的环境审美做出了解释。其中，影响深远且具有典范意义的是阿诺德·伯林特的"参与模式"和艾伦·卡尔松的"科学认知模式"。彭锋从环境美学对 18 世纪经验主义以至康德"无利害性"观念的批判出发，将伯林特与卡尔松的审美模式定义为后现代审美模式。关于两者的异同，他认为"与柏林特相似，卡尔松也强调欣赏者无法从自然环境中超越出来将自然作为对象来静观，但不同的是，卡尔松还强调我们需要将自然放在适当的范畴下来感知。由此我们可以说，卡尔松的环境模式中的介入比柏林特的介入模式中的介入要更深刻，同时他也说出

---

①　针对艺术美学审美场的四要素，艺术对象、感知者、艺术家、表演者，在后期环境美学阐释中被改造为感知中心、感知经验、将此种情境或对象带入感知存在的创造性因素、确认和集中全部交融经验的活动。

了比柏林特更为丰富的内容"①。事实上，环境美学的模式之争远比这一单一化对比复杂。这体现在，"参与模式"以一种现象学视角还原人参与环境审美的浑融过程，集中体现于"文化有机体"的"身体化"、审美感知与日常感知的融合以及"人性化"的追求；"科学认知模式"则从一种规范性诉求出发强调严肃、科学的环境审美，突出体现于客观主义的二元论、科学认知基础的伦理倾向以及后期功能主义思想。两种模式的争论焦点集中于介入与分离、一元化与二元化。

一　阿诺德·伯林特的"参与模式"

（一）美学的"身体化"

伯林特试图建构一种全新的美学范式，即"参与美学"。这一美学范式并不仅仅以环境的审美参与作为其理论落脚点，而是扩大到整个艺术领域。在《环境美学》，他这样说道：

> 在此情形下，一般形成两派截然对立的选择。通常的选择是把环境审美看作与艺术审美不同的另一类鉴赏活动，另一派则主张环境与艺术的审美从根本上一致。前者遵循传统美学，后者则要摈弃传统，追求同等对待环境与艺术的美学。这种新的美学，我称之为"参与美学"（aesthetics of engagement），它将会重建美学理论，尤其适应环境美学的发展。人们将全部融合到自然世界中去，而不像从前一样仅仅在远处静观一件美的事物或场景。②

伯林特从西方的审美无功利、静观等传统艺术欣赏出发，抨击了西方文化唯智主义传统所导致的审美活动对象化、客观化，认为这种主客割裂最终歪曲了审美活动的多维度参与。伯林特首先质疑了传统审美感官的区分，因为在西方人的感官系统被划分为远感受器（distance recep-

---

① 彭锋：《环境美学的审美模式分析》，《郑州大学学报》（哲学社会科学版）2006 年第 6 期。

② ［美］阿诺德·伯林特：《环境美学》，张敏、周雨译，湖南科学技术出版社 2006 年版，第 12 页。

tors）和近感受器（contact receptors）。远感受器以视、听为主，被认为是审美专属感官，而近感受器所包括的触觉、嗅觉、味觉则仅仅是我们的日常感知，并且不具有审美属性。在伯林特眼里，他认为应当打破这一传统界限，引入这些感官参与审美。他认为：

> 近感受器的感官是人类感觉中枢的一部分，在环境体验中扮演积极的角色。比如嗅觉，它在空间、时间意识的生成过程中时刻存在着，即使味觉也有份，普鲁斯特独有的玛德琳蛋糕就无可辩驳地证明了这一点。触摸的体验，属于触觉系统，更不像平常理解的那么简单。当感知物体的肌理、轮廓、压力、温度、湿度、痛觉及内脏感觉时，既产生表皮触觉，又有皮下感觉。它还包含一些经常被忽略或隐藏起来的感官通道，彼此各不相同。①

那些物理性的环境布局在伯林特看来是"由身体和感官在动觉性（kinesthetically）中所感受到的邀请或敌意、恐吓或关心、压迫或舒适以及所有这些对立情形之细微差别的物理在场"②。伯林特这种对感官参与多维性的强调可能让人误解，即环境审美是否仅仅是流于生理快感和对自然刺激的被动感受？显然，这并不是伯林特所认同的。伯林特的美学"身体化"正是基于对外在体验与内在灵魂二元分割的反驳。

要理解伯林特的"身体化"，我们要从他的环境感知谈起。他所认同的环境感知绝不是通过视、听、嗅、触、味等器官对外部现象界的感觉输入，因为从来不存在纯粹的感觉。感知具有主动性并且积极参与到环境中去。个体社会文化因素中的习惯、信仰、生活方式、行为模式、价值判断等都会作用于感知并且形成一定的刺激反射和行为制约。因此，这种环境感知观念显然殊异于哲学对于认知二元论的划分。在传统观念里，外在感知同内在精神相对立，正如同康德对物自体与现象界的划分。

---

① ［美］阿诺德·伯林特：《环境美学》，张敏、周雨译，湖南科学技术出版社 2006 年版，第 18 页。

② Arnold Berleant and Allen Carlson, *The Aesthetics of Human Environment*, Ontario: Broadview Press, 2007, pp. 85 - 86.

环境感知必须摆脱这种划分，"让感觉能回复到一个涵容自然、文化背景的整合人所具有的一体状态"①。对于这种文化因素对感知的作用，伯林特认为不同个体，由于个性、文化、职业、宗教信仰和居住地的差异，彼此对时间快慢、速度、效率的理解都不同。同样在空间感方面，情况同样如此，人们对空间大小、舒适与否的感受也大相径庭。由此，我们可以知道伯林特所认同的环境审美的"身体化"实际上是一个文化有机体的环境感知，并且处于交互性的整体之中。交互性体现在，我们的多维感官一直处于同环境的动态关系之中，即我们运动的身体对环境产生影响并得到回应。整体性则着眼于我们的身体与环境的不可分割，伯林特认为没有脱离文化环境而存在的身体。因而，伯林特认为，"文化和历史的内涵同感官知觉的材料融为一体，进而形成了几乎流动的感觉媒介"②。

（二）审美感知与日常感知

伯林特认为审美感知源于一种文化有机体的感性体验，这一感性体验无疑是一个非常广阔的感知领域。他谈道："人类环境，说到底，是一个感知系统，即由一系列体验构成的体验链。从美学角度而言，它具有感觉的丰富性、直接性和当下性，同时受文化意蕴及范式的影响，所有这一切赋予环境体验沉甸甸的质感。"③ 由此我们可以知道审美的感性体验在根本上是与人的生存经验相连。环境之审美感知要求我们时刻关注环境体验的在场，在现代艺术领域，审美被有意地孤立在同日常感知不同的地方，比如画廊、展览馆、音乐厅等，但伯林特所试图重建的美学——参与美学则有意探讨环境审美感知的普遍性。

伯林特强调一种审美感知与日常感知的连贯和交融。这源自他现象学的哲学思维，正如同海德格尔"此在在世"的"因缘整体"观念，伯

① ［美］阿诺德·伯林特：《环境美学》，张敏、周雨译，湖南科学技术出版社 2006 年版，第 19 页。

② Arnold Berleant and Allen Carlson, *The Aesthetics of Human Environment*, Ontario：Broadview Press，2007，p. 86.

③ ［美］阿诺德·伯林特：《环境美学》，张敏、周雨译，湖南科学技术出版社 2006 年版，第 20 页。

林特从根本上反对客观化对象世界的区分。此外，约翰·杜威的经验论美学也为他的美学阐述提供了较好的理论基础。在《艺术即经验》中，约翰·杜威认为审美经验在根本上是不与日常经验存在差异的，因而应当"恢复审美经验与生活的正常过程间的连续性"。在《环境美学》中，伯林特在提出"新美学"三大特征的时候，首先提到"艺术与生活的连续性"，他强调"或许新的艺术形式所主张的最旗帜鲜明的一点，是艺术活动和艺术对象与日常生活的活动和物体之间的连续性和相似性"①。邓军海认为："哲学假定则是分离的形而上学。连续性作为环境美学所理解的环境的形而上根基，最明显地表现在阿诺德·伯林特的自然观上。"②邓军海所论述的就是伯林特在审美感知与日常感知连接上所做的努力，他将这一理论逻辑思路称为"连续性的形而上学"。

伯林特一直强调建立一门包含环境审美与艺术审美的参与美学，因为两者都应被审美地欣赏，更重要的是它们都能够与欣赏者进行互动交流，引导参与者进入一种整体的感知情境之中。伯林特希望建立一套当代最为广泛的美学体系，这种美学体系与我们上节中所提到的"身体化"密切相关，"身体化"恰恰是一个文化有机体广泛参与环境感知的基础。为了进一步探讨参与美学的广泛价值，伯林特从城市生活入手，具体概括出四种城市中环境审美的范例，即马戏团、教堂、帆船和日落。在伯林特眼中，城市显然是充满生活和艺术的环境，是一个人类全部体验可能发生的场所，而在这些日常感知当中，恰恰就隐含着至为丰富的环境审美因子。

这里仅撷取一例进行探讨，即帆船。帆船并不仅仅是只有一个船体，还要有操作它的人来引导航行，船身、水面、风、帆以及水手控制下的各种船上设施构成一个功能性环境。人的全部感官和物理环境需要很好地融合在一起，水手要将全部身体投入功能性过程之中。他的眼睛、耳朵和皮肤捕捉风向的每一次转变和风力的逐渐变化，通过这些变化不断

---

① ［美］阿诺德·伯林特：《环境美学》，张敏、周雨译，湖南科学技术出版社2006年版，第54页。

② 邓军海：《连续性形而上学与阿诺德·伯林特的环境美学思想》，《郑州大学学报》（哲学社会科学版）2008年第1期。

改变着对帆船的操控以获得帆船行驶的最大效率。另外，有关大海、天空、航行以及船舶操作技术的知识也在强化水手获得感知的丰富性。这一切感知与行动的意义在于——推动了一个人性化功能环境的建立。如果我们从对象化认知的视角来解读帆船环境范式，可以理直气壮地认为帆船中的帆、桅不过是为了保证船体在风浪中正常行驶，水手的对于天空、水面甚至雾霭的气味的感知无非是具体功能利害性的认识。但在真正的环境参与过程，功利和无功利本身就是相互交融、不可分离的。在帆船这一例中，水手感知的丰富性已经和帆船行驶的整体功能融合，由此产生的体验是直接的、在场的、强烈的，可以说是一种环境审美的。伯林特提倡的"参与美学"模式正逐渐打破传统审美感知与日常感知的界限，强调一种统一于文化有机环境中的互动参与。

（三）"人性化"追求

伯林特所提倡的"参与美学"具有极强的建构性，这种建构性显然不仅仅是指导我们建一处公园、保护一片湿地那样简单。特别是在城市环境中，他强调环境应当更有利于感知的多样性、活动的多样性和意义的多样性，因为在这种多样性之中，个体才能体验到生存丰富的可能性，进而取得伯林特所谓的"社会和文化进步的丰富可能性"。在这里，环境已经成为综合审美、道德的生活世界，伯林特更将这种环境关注看作一种"人类生态系统"的关怀。其实，人类在改造自然形成社会环境之后，也在形成生态系统，而社会生态并不仅仅是由物理条件所维持，文化体验和需求才使社会成为适于人居住的家园。因此，在城市设计与规划之中，必须依据人的尺度，使之成为人的补充和完成，这样的环境才会具有"家园感"。"家园感"的理念对陈望衡的环境美学观产生重大影响，并被他定义为环境美的本质。如果说家园感作为一种环境美学建构目的的话，那么作为家园感环境建设推动力的环境批评则具有较强的指导价值。

伯林特认为，"获得一个以人的尺度为参照的城市环境最为重要的一点是决定和控制那些影响感知模式的条件"①。我们可以通过这些条件的调整与规划来丰富、增强人的环境感知，进而建构一种"人性化"环境。我们不仅要注重城市中的道路、节点、区域、边界和标志物等凯文·林奇所谓的"意象性"视觉体验，还要更加重视听觉、触觉、嗅觉环境的建设。在伯林特那里，听觉的环境绝不仅仅是交通的嘈杂声、机器的轰鸣声、录音带的音乐声，触觉的感知也不仅仅是人造建筑表面的质地，嗅觉也不仅仅是腐败、燃料燃烧的气味。伯林特认同的这些体验方式应当是内在于有吸引力的参与性环境，如滨河区域、市场、餐馆、公园，等等，人的多感官融合使这种参与成为可能。总而言之，这种人性化的环境扩大了我们体验的范围、深度，并使之更加鲜明，同时使人获得情感上的慰藉以及文化记忆，"能够真正像人一样生活"。正如伯林特所说：

　　为了让世界更加完整，调动所有感觉的能力，就是为了增强我们的经验、我们的人类世界以及我们的生活。②

二　艾伦·卡尔松的"科学认知模式"

(一)　二元论与严肃的审美

关于环境的内涵，卡尔松认为环境作为我们的鉴赏对象，就是环绕我们的一切。他指出："既然它是我们周围的环境，鉴赏对象也强烈地作用于我们的全部感官。当我们栖居其内抑或活动于其中，我们对它目有凝视、耳有聆听、肤有所感、鼻有所嗅，甚至也许还舌有所尝。"③ 卡尔松同伯林特都意识到人对环境全身性参与的重要意义，但卡尔松始终确信在环境审美中有确切能指的对象。卡尔松明确分析了环境美学研究的两个取向：一个是主观主义和怀疑论的方向，另一个是客观主义的方向。

---

① ［美］阿诺德·伯林特：《环境美学》，张敏、周雨译，湖南科学技术出版社 2006 年版，第 63 页。

② Arnold Berleant, *Aesthetics Beyond the Arts*: *New and Recent Essays*, Surrey: Ashgate, 2012, p. 58.

③ Allen Carlson, *Aesthetics and the Environment*: *The Appreciation of Nature, Art and Architecture*, London: Routledge, 2000, p. 12.

他认为主观主义或怀疑论的取向是在认识到环境的无框架、无规律之后所采取的一种审美泛化或者是否定环境审美的倾向。在这里，卡尔松将环境与艺术的存在机制进行对比，并据此抽象出一条极端路径：要么"心随意愿地回应，欣赏所能欣赏之物"，要么认定"不存在一个名副其实的环境审美鉴赏"。"客观主义"的倾向在卡尔松这里同样被拿来同艺术鉴赏相比较。如果说传统艺术中往往包含"设计者""设计"两个角色的话，那么在环境之中，我们也可以找到两种资源主体来承担这样的任务。在卡尔松看来，环境审美参与中的人恰恰就是"设计者"，因为人在面对环境时要选择与环境鉴赏相关的感官并将活动限定在特定时空，环境则是在艺术审美中呈现给我们的"设计"。依据卡尔松的认识，环境的这种作为"设计"的角色将为我们的审美鉴赏提供必然的指导，使我们像欣赏艺术一样在欣赏环境中获得美感。

在卡尔松的环境观念中，有着明显的二元化区分，即主体、客体间的明确界限。通过了解他对于客观主义的青睐，我们可以知道，客观环境的科学本质对环境鉴赏具有决定性的影响。例如，他在对参与模式进行批驳的时候就说道："没有主体/客体的区分，自然的审美经验就面临着一种蜕化的危险，即仅仅蜕化为一种飞速飘失的主观幻象"[①]，"试图消除主体与客体的二元区分，参与模式也可能失去那种可能性，即区分琐碎肤浅的鉴赏与严肃恰当的鉴赏的可能性"[②]。作为一个环境审美的二元论者，卡尔松将鉴赏的核心要素放在了认知性的客观对象上，即用一种科学认知的模式来保证确定的、和谐的、集中的经验，也即一种严肃的审美。

卡尔松的严肃审美首先关注的是欣赏什么的问题。尽管卡尔松非常赞赏伯林特所强调的环境参与的全方位投入，并且支持对对象模式与景观模式等传统环境审美的反驳，但他所不能接受的是，参与模式放弃了二元对立，同时也使环境审美放弃了任何程度的严肃性。其实，卡尔松

---

① ［加］艾伦·卡尔松：《环境美学：自然、艺术与建筑的鉴赏》，杨平译，四川人民出版社 2006 年版，第 20 页。
② ［加］艾伦·卡尔松：《环境美学：自然、艺术与建筑的鉴赏》，杨平译，四川人民出版社 2006 年版，第 20 页。

这里严肃的审美等同于客观性。卡尔松引用人文地理学家段义孚（Yi-Fu Tuan）的一段话对环境鉴赏对象进行讨论：

> 一个成年人要想欣赏自然的多姿多彩，必须学会像孩子那样的温顺和粗心。他需要穿上旧衣服，这样他才能充分体验到大踏步地行走在小溪岸边干草上的自由，沉浸在全方位生理感官的体验之中：有干草和马粪的味道，大地的温暖及其鲜明或柔和的轮廓，微风送来的阳光的温暖，蚂蚁那纤弱的小腿探路时给你瘙痒，飘飞的树叶在你的脸上留下投影。流水冲刷大小石块所发出的声音，蝉鸣与远处汽车的声音。这样的环境可能打破了所有悦耳和审美的正常规划，以混乱代替秩序，却能给人以全方位的满足。①

卡尔松从严肃审美的立场出发，显然是无法赞同这种审美体验的。他认为这种"自然感觉的一种混合"是没有任何意义和含义的，环境作为一种审美对象绝不是模糊的、无所不包的背景，而是一种清晰的前景，一种被突出出来、更为集中、确定且直观的对象。

环境审美的对象得以规范之后，卡尔松全面阐述了"如何欣赏"的理论，即科学认知模式。这种科学认知模式建立于同传统艺术类比的基础之上。我们知道传统艺术往往具有自足性，并且其形式框架规定了艺术欣赏的范围。例如，在绘画中，有画框的限定，色彩被视为欣赏的重点。而到了环境审美中，卡尔松显然更希望有一种方式使环境审美参与得到规范，使之成为严肃的审美，科学知识因之就成为一个核心概念。科学知识包含地理学、生物学、生态学知识，卡尔松希望以科学的环境知识给我们看似纷乱的环境经验以限制，从而使我们的环境审美成为一种客观严肃的，而不是任意、粗糙、散乱的经验。这种科学知识的参与最终形成一种同艺术知识相类比的范畴基础。

---

① 转引自［加］艾伦·卡尔松《从自然到人文——艾伦·卡尔松环境美学文选》，薛富兴译，广西师范大学出版社 2012 年版，第 50 页。

（二）环境伦理的指向

科学认知主义强调，自然必须被作为自然而不是艺术来欣赏，并且应"如其本然"地被欣赏，即以自然史、自然科学特别是地质学、生物学和生态学为依托的欣赏。这种自然科学认知基础上的环境审美有着很强的环境伦理倾向。

客观性立场在环境审美中有伦理维度。科学认知主义强调以当代生态学、博物学、地质学知识作为恰当环境审美的核心要素，这样的话，就在一定程度上抑制了人类中心主义的立场，达到一种"真实对待自然"的严肃欣赏。当然，这里的问题在于人类所获得的科学知识是否具有人类中心主义的傲慢视角呢？我们认为如果这种科学知识以现代环境科学为主要来源而不是将环境仅视作人类可以任意开采的资源的话，就可以避免偏激的人类中心主义。一定程度上讲，客观化视角可以产生更多环境关切的反应。我们首先要肯定的是科学认知模式是一种强调功利性参与的模式，卡尔松在批判传统如画观念以及形式主义欣赏模式的时候，认为环境审美中运用艺术参与模式并不能有效解决环境恶化以及培养人们的环境伦理意识。与之相反，卡尔松支持一种自然全美的"肯定美学"观念以增进人们对环境价值的理解。

何谓自然全美呢？即所有野生自然物本质上均有审美之善。这是卡尔松极力倡导的观点，因为这样不仅能确立自然自身完整的伦理价值属性，同时也是对传统"肯定美学"观念的发扬。肯定美学在 19 世纪景观艺术家和环境改革者那里已经变得清晰，特别是乔治·马什（George Marsh）的《人与自然》突出强调了"只有在一切美好的处女地，自然美方可被完满、普遍地欣赏"[①]。当代哲学家对于"自然全美"也同样给予了重要关切，例如环境伦理学家罗尔斯顿说"我们说我们发现了所有生命之美"。肯定美学的立场在当代西方学者的讨论中，特别是生态学领域的话题中较为普遍。卡尔松继承这一观念，并从与艺术审美的比较开始对其进行论证。

---

① ［加］艾伦·卡尔松：《从自然到人文——艾伦·卡尔松环境美学文选》，薛富兴译，广西师范大学出版社 2012 年版，第 87 页。

首先，在卡尔松那里，建基于自然科学知识正确范畴基础之上的审美必定是积极的、肯定的，就是说"全美的"，而与之相比较的艺术审美则未必都是积极的、美的。这里的关键问题是如何判定假设的正确范畴与客观对象产生的先后。按照卡尔松的理解，艺术的范畴往往是先于艺术对象而成为一种评判正确与否的先在，因而"在艺术中，范畴及其正确性之确定在总体上将优先并独立于审美之善的考虑"①。因此，在艺术审美中，并非所有判断都是肯定的审美判断，因为人所运用的审美范畴是有差异的。比如，处于一种印象主义范畴下欣赏凡·高的《星夜》要比将其放于表现主义范畴下欣赏好得多，而人所运用的范畴视野未必是卡尔松所谓的"正确范畴"。与艺术不同的是，自然作为一种已然存在物，它只等人去"发现"而不是去"创造"，自然范畴作为被发现自然的描述、概括、理论化之物而存在，因而用这种范畴进行审美欣赏必然是积极的、全美的。

其次，承认科学正确性与审美之间关系的复杂性与偶然性。卡尔松一方面正如我们上面所述认定科学知识范畴下的环境审美可以获得正面的经验，另一方面也承认了科学知识本身的变易性，体现了一定的灵活性。他认为"我们将科学发展解释为通过持续自我修正，旨在使自然界对我们似乎越来越易于理解，即使有时未被我们所全面理解，我们仍能解释肯定美学的发展"②。因此，卡尔松没有完全确定科学认知的完善性，并且为其与肯定美学的完全对接留有余地。我们运用科学认知对客观自然世界秩序、规律、和谐、平衡、张力、稳定的揭示使得世界对我们来说"变得可理解"，从而为自然审美范畴提供支持，使人可以获得自然全美的感受。

在卡尔松的著作中，他多次提到了他的理论顺应于当代环境运动的时代潮流，为环境保护和建设提供理论指导。他认为，依据环境保护论应该有五个条件对审美进行衡量，即"非中心的、聚焦环境的、严肃认

---

① ［加］艾伦·卡尔松：《从自然到人文——艾伦·卡尔松环境美学文选》，薛富兴译，广西师范大学出版社 2012 年版，第 106 页。

② ［加］艾伦·卡尔松：《从自然到人文——艾伦·卡尔松环境美学文选》，薛富兴译，广西师范大学出版社 2012 年版，第 109 页。

真的、客观性的、关涉道德的"①，"科学认知主义"较其他理论更为符合和贴切。在卡尔松看来，这种环境审美的规范性建构可以为环境伦理奠定基础。因为无论是在利奥波德还是罗尔斯顿那里，卡尔松看到了科学知识奠基之上的审美范式为环境伦理学带来了重要动力。

（三）向融合与功能主义的转变

对于卡尔松后期思想的转变与发展主要从两个方面来探讨：一是对参与美学的认同；二是对功能之美的探索。

早年卡尔松曾批评伯林特的参与模式，认为参与经验所要求的全身心投入存在两个难题：一是主客体距离的消除会使最终经验成为非审美经验；二是主客二元区分的取消会使琐碎肤浅的鉴赏同严肃恰当的鉴赏混为一谈。卡尔松总结道："没有主体/客体的区分，自然的审美经验就面临着一种蜕化的危险，即仅仅蜕化为一种飞速飘失的主观幻象。"② 从卡尔松与伯林特理论观点来看，两者确实存在较大的差异，但在这种差异背后实际上也有着互相认同的契机。卡尔松在 2007 年发表的论文《恰当自然美学的要求》中认为，当代自然美学理论要努力结合五项要求，其中就包含伯林特的美学模式。他认为"消除艺术与自然审美间之鸿沟"是值得赞赏的，并且认为建立一门统一美学学科是至为关键的。在卡尔松眼里，参与美学的非人类中心视角和环境聚焦的视野同科学认知的严肃伦理介入应当统一在一起，其结果有利于当代环境审美与环境伦理更加协调地发展。

另一个重要思想的转变是对功能之美的重视。正如卡尔松自己所说，从 20 世纪 70 年代到 90 年代，他主要致力于自然美学，只有少数论文涉及建筑、公园和环境艺术。2000 年后，他开始在人类影响环境和人类构造环境领域做更多工作。2008 年，同格林·帕森斯（Glenn Parsons）合著的《功能之美》（*Functional Beauty*）由牛津大学出版社出版。这本书可以说是卡尔松思想由"科学认知主义"向"功能主义"转变的重要标

---

① ［加］艾伦·卡尔松：《当代环境美学与环境保护论的要求》，《学术研究》2010 年第 4 期。

② ［加］艾伦·卡尔松：《环境美学：自然、艺术与建筑的鉴赏》，杨平译，四川人民出版社 2006 年版，第 20 页。

志。这种"功能主义"强调功能知识对于普遍审美的重要作用。首先，在人类环境和工艺对象中，我们参与其中的功能性较为明显，例如农业景观和城市建筑景观。其次，在自然环境之中，对于这种功能知识的了解依然重要，功能概念同其在人类环境之中有所不同。卡尔松强调一种"选择性效应功能"，它阐释了这种功能主体为何能够在自然之中生存下去，对此种恰当的功能的了解能为人对环境进行审美起到积极作用。最后，这种功能主义与科学认知主义紧密相连。正如卡尔松所说，"'功能主义'与对审美经验的认知视野紧密相关，只有当它强调事物的功能知识在人们恰当的审美欣赏中尤为重要时，它才是独特的"①。卡尔松的功能主义可以和他先前所强调的自然、社会的科学知识紧密相连，共同构成对于环境恰当审美欣赏的范畴判断。当然，功能之美也有其内在的逻辑着力点，卡尔松将"不确定问题"（the problem of indeterminacy）作为重点。他认为"在评估以功能为基础的相对主义价值时，有两个重要论题需要考虑。第一个是其视野，或它所产生之处的准确语境，第二个是这种相对主义出现的范围"②。"不确定问题"是形成相对主义的来源，并成为卡尔松这一阶段理论的主要阐发点。

综上，尽管卡尔松是一位环境美学的奠基者、开拓者，但其思想仍然有着很大的发展可能。其理论上的独特性在于，始终将二元论划分和科学认知作为理论核心要素。尽管他部分地承认了其他学者思想的合理性，但根本立场上的分裂还是导致统一环境美学理论建构遥遥无期。

三 两大模式论争焦点探究

伯林特与卡尔松作为环境美学体系建构的代表，其理论存在巨大反差是不争的事实。一方面，伯林特强调环境审美多感官参与；另一方面，卡尔松强调科学知识在恰当环境审美中的核心地位。我们认为以获取愉悦的审美经验为目的的环境审美活动应当更加侧重于伯林特的"参与模

---

① ［加］艾伦·卡尔松：《从自然到人文——艾伦·卡尔松环境美学文选》，薛富兴译，广西师范大学出版社 2012 年版，第 335 页。

② ［加］格林·帕森斯、艾伦·卡尔松：《功能之美——以善立美：环境美学新视野》，薛富兴译，河南大学出版社 2015 年版，第 41 页。

式"，卡尔松的"科学认知模式"应当成为一种审美参与活动的有益指导。下面，我们将从介入与分离、一元化与二元化两个维度来探讨两位学者的论争焦点。

（一）介入与分离

介入与分离概念首先见之于史蒂文·布拉萨（Steven Bourassa）的《景观美学》：

> 　　一方面，景观的概念，像它在历史上已经形成的那样，往往暗含着一种分离的外在者（outsider）的观点（point of view）。另一方面，一个人要想充分地领略景观的日常经验，他就必须参考积极地沉浸在景观之中的、存在论意义上的内在者（insider）的看法（perspectiue）。①

布拉萨在上文中所使用的"景观"一词不仅仅是传统地理学意义上的，同时还包含了文化景观的意义，因而在宽泛的意义上讲，它就是我们所感知并鉴赏的环境。正如上文所述，人们对景观的审美分为外在者（即分离模式）以及内在者（即介入模式），它们的差别在于前者以审美无利害心态欣赏景观的外在形式，而后者则将审美经验建基于较为广泛的日常经验。因而，在当今环境审美的讨论中，人们很自然地将伯林特的"参与模式"归为介入模式，把卡尔松的"科学认知模式"归为分离模式。但这里似乎有一个小小的问题，也是关涉到伯林特与卡尔松思想论争的一个重要因素，即卡尔松的"分离"是真的以一种无功利的心态同环境保持距离吗？我们知道，卡尔松是反对传统如画性和形式主义的，所以卡尔松的观念肯定不是只强调形式特征的外在欣赏，但是问题出在哪里呢？

彭锋认为卡尔松的环境模式也是一种介入模式，但他所介入的不是环境而是"知识界"，即地理学、生物学、生态学的科学知识的理论氛围。这和我们前面提到的恰当的审美范畴相关。但仔细深究，我们会发

---

① 　［美］史蒂文·布拉萨：《景观美学》，彭锋译，北京大学出版社2008年版，第40页。

现卡尔松的科学认知模式只能归为分离模式。

首先，从环境审美经验的角度来看，伯林特的参与模式从"身体化"到审美感知与日常感知的交融再到"人性化"追求，是从现象学视角还原我们的环境审美经验，是从经验核心出发来区别传统艺术审美经验；卡尔松的科学认知模式则是以类比的方式，从艺术审美模式与环境审美实践的错位出发，指出我们应当以一种更加合理的方式参与到环境审美之中，但并没有从审美经验出发充分论证环境参与过程。所以从本质上讲，卡尔松的理论没有深入环境审美介入，只能被认定为一种分离模式。

其次，从精神意识参与度来看，它是回击这样一个观点，即卡尔松的理论本质上是介入的而非分离的。如果要对其分离还是介入进行判断，我们必须来考察什么是介入和分离。按布拉萨原意，分离模式意指 18 世纪以来艺术领域的无利害审美观，按斯托尔尼兹的话说即"为观照而观照"的审美态度，介入模式则强调一种与日常实践经验相连并对之进行加强的综合性参与经验。如果按照这一解释，我们是无法把卡尔松的"科学认知"理论划归到任何一方的，因为卡尔松既不认同"为观照而观照"，也不赞成一种完全参与性经验。这里卡尔松的理论具有相对的独立性，如果我们在介入模式的内涵中加入一种精神意识的参与度视角，情况就会变得明朗。假如将审美意识参与度作为一个评判标准，并且只有达到较高的参与度才可以被认定为一种介入模式，那么"科学认知模式"是难以达到的。卡尔松本人也承认这一点，他认为"当一个人全身心地投入到所欣赏对象而又想同时关注相关的科学知识时，也存在实践上的困难"①。因此，在这样一种介入视角中，卡尔松的理论被认定为一种分离模式。

（二）一元化与二元化

同伯林特与卡尔松理论论争密切相关的另外一个焦点是一元化与二元化的关系。综观二人观点，伯林特"参与模式"的美学理论更加侧重于一元化，而卡尔松侧重于二元化。这种一元化在伯林特这里是身体与

---

① ［加］艾伦·卡尔松：《从自然到人文——艾伦·卡尔松环境美学文选》，薛富兴译，广西师范大学出版社 2012 年版，第 332 页。

环境的一元、文化与自然的一元、审美与日常经验的一元，而在卡尔松那里，人与环境始终是二元化的。

伯林特认为“没有一个身体是单独存在的”，这个观念精确概括了伯林特身体与环境的一元化观念。在生理意义上，我们从环境中认识到了身体，同时也通过这种背景找到了身体的生命、意义和存在；在文化意义上，文化环境塑造了身体，没有脱离文化而存在的身体，正如伯林特所说：“文化环境极大地影响了人的体型、面部表情、行为举止和行动……比如一个人的穿着不仅是身体的外部形象，还是身体的一部分。”[①]总而言之，在伯林特那里，身体是全面语境中的身体。

伯林特否认纯粹自然的存在，因为人类很难接触到未受人类影响过的自然。我们现在所认识到的野生自然其实自古至今都有人类的烙印，例如采矿、造林、侵蚀、改造地表，等等。伯林特认为，“地球上没有一处地方能对人类免疫”。另外，我们对环境的审美参与也是一种多元感觉能力的融洽，其中“利用了所涉及的对象的知识，利用了我们过去的记忆和我们在想象中这些经验的拓展”[②]，因而既有自然感官的体验，也有心理、精神的文化内涵。所以，无论是生存境遇还是审美交融，都是文化与自然的一元化。

正如我们前面提到的，伯林特认为环境审美同我们的日常经验紧密相连，并且提出一种文化美学概念来意指审美领域的跨经验维度。他特别提到了中国和日本的传统文明、印尼巴厘岛和土著美国文化，并认为这些远古文明中的宗教仪式、精美的宴会园林等生活、功用性场所都蕴含着审美参与。总而言之，伯林特肯定了审美与日常经验的一元化。

与之形成鲜明对比的是卡尔松理论的二元化追求。二元化源自卡尔松对环境审美规范性的诉求，即强调一种恰当、合理的审美方式，这种诉求贯穿其理论发展的始终。像早期的二元论和严肃的审美，卡尔松明确提出了客观主义的立场以反对非认知立场，使得环境审美成为他所认

---

① ［美］阿诺德·伯林特主编：《环境与艺术：环境美学的多维视角》，刘悦笛等译，重庆出版社 2007 年版，第 175 页。

② ［美］阿诺德·伯林特主编：《环境与艺术：环境美学的多维视角》，刘悦笛等译，重庆出版社 2007 年版，第 17 页。

同的"法则鉴赏"。但如我们所知，人在参与环境审美时并不能排除主观的经验、记忆、历史甚至想象。卡尔松的二元化追求实际上割裂了环境审美经验同环境审美规范模式间的有机联系，从理想的规范模式入手重新嫁接科学的主观知识与环境对象，使得二者在实践中处于一种断裂二元状态。

从环境审美参与的视角看待两者冲突，我们更赞同伯林特的一元化视角，但不应否认的是，卡尔松的二元化追求始终是有着较为明确的现实意义与伦理指向，能为审美活动提供科学理性的指导。从伯林特与卡尔松两位代表学者的理论可以看出，当今环境审美模式论争有着多样化特点，就其理论合理性来讲两者各有专长，我们不可厚此薄彼。伯林特的"身体化"强调一种"文化有机体"的交互性参与，重视自然与人文的融合过程，卡尔松的严肃审美强调一种以自然对象客体为导向的"如其本然"的鉴赏。伯林特重过程，卡尔松重对象，伯林特批评卡尔松主客二分将环境审美同传统艺术审美相类比，卡尔松批评伯林特主客浑融的参与模式使环境审美成为"自然的一种混合"。但就两种理论的倾向来讲，其实存在着某种相互借鉴与补充的契机。这一契机不在于对过程与对象的强调，而在于同环境审美密切相关的环境审美经验。对这一要素的重视，也许是我们进一步探讨环境美学的重要方向。

第 五 章

审美价值的生态伦理化：
从"大地伦理"到"自然价值论"

随着 20 世纪生态学理论的发展，19 世纪末发展起来面向荒野的"有机整体观"开始成为传统文化观念的反叛者。这一反叛借助 20 世纪发展起来的诸如"生物群落""食物链""生态系统""小生境"等生态科学，增强了自身的理性特质。一批学者开始探讨人与自然环境的伦理关系。这些早期的生态伦理学家往往既是科学家，同时也是生态环境的思想者与保护者。利奥波德的"大地伦理学"就是最为重要的先声。受其革命性影响，当代另一位学者罗尔斯顿发展了这一伦理学观念，并拓展为"自然价值论"的环境伦理学。从生态伦理到环境伦理，两者在承认自然的"有机整体"上是一致的，但在理论语境的专业性上，后者则深化了前者。另外，对自然生态的审美思考在两位学者那里实现了传承。两者在整体意义上肯定了自然生态的审美价值，但在具体阐发中又有所差异。这正是本章要探讨的话题。

第一节　环境美学与价值论

一　价值论在中国

"价值论"（axiology）来源于希腊词根 axia（价值）和 logos（理论）的组合，简而言之也就是关乎价值的学问。美国学者厄尔本在《评价：其本性和法则》（1909）中提出了与认识论不同的新学说"价值论"。

"价值论"发展初期更多的是从属于伦理学,它也常常被称为"元伦理学"。虽然伦理学和价值论重合度很高,两者都是以关系因素作为问题探讨的出发点,但价值论的视野要更加开阔,研究领域也更加多元。价值论包含人与人伦理关系的探讨,同时还涉及更为复杂的人与物、人与自我等价值问题,它们显然不属于传统伦理学的研究领域。价值问题涵盖了科学、历史、文艺、伦理、经济、审美等几乎所有的知识系统,可以说只要与人相关的领域,都有价值思考的空间。因而,价值论也逐渐被接受为哲学中与形而上学、认识论相平行的二级学科。

20 世纪 80 年代,价值论研究开始在中国兴起。李德顺、李连科、王玉樑等学者是这一新兴学科的积极倡导者。事实上,价值论确实是一个发展较晚的理论领域,中国学者更为关注价值理论的探讨。李德顺将价值论视为与存在论、意识论相并列的所谓"元哲学"的分支,足以看到这一领域的受重视程度。在李德顺看来,"价值论提出和回答的问题是:'世界的存在及其意识对于人的意义如何'"①。这种对于价值论基础性的确定,使其将这一学科视为"相对独立的""最高层次"的理论。李连科也是较早进入这一领域的学者,他在 1985 年出版的著作《世界的意义——价值论》产生了广泛的影响,1999 年完成出版的《价值哲学引论》是对前期理论的完善、增补、开拓。此外,还有王玉樑、孙伟平、袁贵仁、邹诗鹏、江畅等一批学者参与了对当代价值论的讨论。他们以马克思主义的实践观点来解读价值论,认为价值根源于人类改造世界的实践活动并排除了将价值单纯归为主体意识或客体属性的理论。事实上,20 世纪 80 年代的价值论热潮就来自马克思主义视角下对真理标准问题的探究。杜汝楫的《马克思主义论事实的认识和价值的认识及其联系》(1980),刘奔、李连科的《略论真理观和价值观的统一》(1982),李德顺的《真理与价值的统一是马克思主义的重要原则》(1985),体现出价值论在 20 世纪 80 年代被探讨的基本理论轮廓。当时的学者将价值问题与真理认识相关联,试图寻找真理的不同面向。例如,袁贵仁在《论价值真理概念的科学性》中将真理区分为事实真理和价值真理,薛克诚、辛

---

① 李德顺:《价值论》,中国人民大学出版社 2007 年版,第 6 页。

望旦等则认为价值本身的多层次性会歪曲真理的客观性。此种论述是将价值作为哲学认识论的一个分支来进行研究，并以马克思主义的客观性要求来限定价值的阐发。

但从 20 世纪 80 年代后期 90 年代初开始，价值论开始摆脱对认识论的依附，逐渐成为哲学一级学科下的新方向。这一时期的学者纷纷以价值元问题为焦点，探讨价值的本质、价值哲学的方法论等问题。价值本质讨论中尤为盛行的是"需要论"，即客体的价值体现在它能满足主体需要。张岱年的《论价值的层次》（1990）、袁贵仁的《价值学引论》（1991）均从人的需要层次、需要评价等角度论述价值问题。言及价值，我们不能否定主体、客体间的需要与被需要关系，但是否主体的任何需要都是合理的呢？针对"需要论"的主观化倾向，王玉樑引申出了"效用论"的价值观。他认为："价值的本质是客体主体化，即客体作用于主体，对主体本质力量的效用。"① 因此，价值的本质就从主体的多样化、具有变易性的需要转移到了实践基础之上的社会效应。价值理论建构在 20 世纪 90 年代出现了主体性人学价值论、主客体统一论、效用价值论、人道价值论、价值二重性论、系统价值论等论述②，价值论在当代中国成为一股新的哲学热潮。当然，学者们也针对外在价值（功用价值）、内在价值（为己价值）进行了讨论，但由于缺乏生态哲学、环境哲学语境，这类讨论并不兴盛。

20 世纪 80 年代兴起的价值论热潮是一个在马克思主义唯物实践观点影响下探讨价值本质、价值关系、价值评价标准等具体问题并相对孤立于世界学术场域的学术尝试。20 世纪的中国价值论有着浓郁的人本主义色彩，对于价值本质的解读无非是在主体之人与客体之物间进行抉择，而主体往往居于此种关系的核心。但这种朴素直接的言说方式切切实实对一种价值关系做了透彻的要素分析，为当代探讨新价值论提供了理论思路的前设。事实上，无论在中国还是西方，没有一种环境、生态哲学反思介入的价值论述很少能够跳脱出人本色彩，如果有也往往带有宗教

---

① 王玉樑：《20 年来我国价值哲学的研究》，《中国社会科学》1999 年第 4 期。
② 参见王玉樑《20 年来我国价值哲学的研究》，《中国社会科学》1999 年第 4 期。

性、想象性特征。所以，从一种当代中国的、朴素问题探讨的价值论建构出发来引出本书所界定的新价值论既能清晰展现出价值学说从人本主义到生态整体主义的革命跨越，也能为当代环境美学的价值论根基提供一个明晰解说。

下文，我们将从价值关系的构成、主体客体的区分、价值意义的单向化三点总结当代中国价值论的主要理论特点，并以此为基石汇通中西环境哲学的价值论，呈现价值理论的革命性演变，阐明隐含的新价值论及其美学效用。

二　价值的关系性构成

要谈论有关价值的理论问题，必然涉及一种关系。价值总是建立在两者的关系之上才能得以描述。价值有着关系性构成的基础，并且总是对于某个对象的评判。当代学者的态度也基本一致，那就是以建立于社会实践基础上的依存关系作为价值探讨的起点。① 这种依存关系涉及人与世界的关系。这些学者往往从"存在论"视野为价值论提供建构基础。人的生存、发展需要外界自然为人提供基本保障。人类在历史的实践中改造自然、改造社会，使外物满足人的需求，对人而言，被改造的自然、社会具有重要的价值意义。

李德顺对价值的关系性构成阐发得非常透彻。他说道："所谓'关系思维'的特点，就是不再把'存在者'即任何客观的事物当作没有自身结构、孤立的、抽象的实体（实物个体、粒子、孤立的质点、不变的刚体等），而是从内外部结构、联系、系统、秩序、信息等关系状态来把握它的存在，从运动、相互作用、联系和关系即'存在方式'的意义上来

---

① 李德顺将价值理论归纳为五种：观念说、实体说、属性说、关系说、实践说。观念说是将价值归为一种精神现象，李德顺认为这一学说易导致价值相对主义；实体说是将价值视为一种独立的终极存在，这种同社会生活之间的断裂容易导致神秘主义和绝对主义；属性说又分为客体属性说和主体属性说，两者将价值要么视为客体自身所决定，要么将价值视为"人性"的彰显，两者都会走向价值独断论和绝对主义。李德顺认为应当在对关系说发展的基础上，阐述价值学说。这种关系学说认为价值是人的"主体性"在对象性关系中得到彰显，并且这一关系的根基就在社会历史实践当中。

理解现实世界，从而进一步把握丰富、深刻、动态的'存在'。"① 显然，这种关系性构成就是李德顺价值论解读的基础，对对象的把握要从整体的存在论语境切入，从其关联、系统、运动的角度来审视。所以，对李德顺而言，价值也就要从对象的动态关联来解读了。他认为："在实践中，人要满足自己的需要，就不能不对自然界本身及其规律有所了解和服从，于是，满足主体需要的意识同把握客体现实的意识，就同时成为人类意识中的两个基本方面。"② 通过对主体需要与客体对象的把握，人在意识中把握到了主客之间关系的价值意义，并最终使这一价值在为人的满足上得到实现。在实践的基础上，李德顺将价值的本质视为"世界对人的意义"，并且这种意义是一种客体属性与主体尺度的统一。

李连科也是价值论领域的开拓者。同李德顺的"实践价值论"研究的侧重稍有不同，他更加强调历史唯物主义的决定性作用。李连科认为："人的需要在本质上是社会性的，它是社会创造的，因此是被历史地决定了的，是不依任何人的意志为转移的。"③ 他的这一表述为价值论的阐发设立了理论前提，即价值问题是客观存在于人类历史实践当中的，并受社会性所决定。更进一步，李连科将人的"需要"同主观"欲求"进行区分，认为人的需求取决于社会本性，它是客观的规定和对象。与之相对的欲求则是需求在意识中的反映，它主要包含了人的"七情六欲"。这种区分的结果或者是目的就将"需要"规定为客观的、历史的、不为人的主观意志所转移的存在，而"欲求"则被视为具体需要在意识中的反映。这种"需要""欲求"的区分分别构成了客观性与主观性的界定，更为本质的"需要"在根源上被归为客观性。这种阐述用一种历史决定论的口吻，将人类需要的客观对象视为历史的、实践的对象，因而也规定着人类的价值。但人类历史实践本身不排除人的主观意志，价值自身也并非由现存的实践创造物所决定，将客观性、主观性对立起来，不仅是机械的，而且也是不符合马克思主义的。虽然李连科与李德顺在价值的

---

① 李德顺：《价值论》，中国人民大学出版社 2007 年版，第 34 页。

② 李德顺：《价值论》，中国人民大学出版社 2007 年版，第 8 页。

③ 李连科：《价值哲学引论》，商务印书馆 1999 年版，第 90 页。

本质上存在一定争议，但对于关系性的重视，他则同李德顺一致。李连科谈道："主体—客体关系问题，是马克思主义哲学的中心问题之一，也是正确了解价值问题的理论前提。如果否定主体—客体关系问题，或者否定主体—客体关系的辩证法，就取消了价值问题。"①

事实上，对关系性的把握，在当代学者看来是对价值问题进行哲学探讨的一个前提，否定了关系性也就否定了价值论。例如，学者王玉樑也认为："价值是客体对主体的价值，是在主客体之间的关系基础上产生的，主客体之间相互作用是价值产生的基础。"② 虽然众多学者均重视关系性在价值探讨中的基础意义，但在价值的本质定义上还是有着差异。我们赞同马克思主义的价值论解读，认为价值的产生与定义应当建立在社会性、实践性关系基础之上，但这种关系性绝不是机械的、受动的、排除人的主观意志而被决定的。虽然李德顺强调用"关系思维"来解读价值，从内外联系、系统、秩序等视角来把握客观的事物，但这种"关系"仍然是以客体的对象性为前提，并没有将作为主体的人同这一对象的整体变化结构视为一个观照对象。所以，李德顺的"关系"学说仍然局限于二元割裂的认识论。当然，我们认同李德顺的这一观点，即这种关系是在人的主体性实践活动中展开并具有社会历史性，但并不认为在此实践基础上的主客体关系仅仅以人作为最终价值主体。这种对象性如果不能在包含主体的整体境域中把握，就会使得客体滑向机械的客观化对象而导致关系学说成为伪学说。

三　主体、客体的区分与意义单向化

价值的关系性构成离不开主体与客体的相互作用，对两者做理论区分也是当代价值论的另一重要特点。我们这里着重考察主、客体内涵的具体界定。对于当代价值论而言，主体往往就是特指人，客体特指人之外的世界。这种界定在当代阐述中被认为是毫无疑问的。例如，李德顺说："'价值'这一哲学概念的内容，主要表达人类生活中一种普遍的关

---

① 李连科：《价值哲学引论》，商务印书馆1999年版，第70页。
② 王玉樑：《价值哲学新探》，陕西人民出版社1993年版，第26页。

系，就是客体的存在、属性和变化对于主体人的意义。"① 李德顺认为，在实践基础上，人类通过对自身需求以及客观对象属性的思考，确立起对于价值的意识。这种价值来源于人类改造世界的实践过程。同样，李连科也极为重视客观世界对于主体人的价值意义。他说道："人在自己同外部世界的关系上能够作为主体而出现，首先就是因为人本来就是这个世界的产物和有机组成部分；逐步转化为客体的外部世界是人的生存和发展的基础，人对这个客体的关系首先是'受动'的，即受制约的关系；人作为自然存在物，永远受制于自然的生存条件；人作为社会存在物，永远受制于社会的生存条件。"② 显然，在李连科这里，人与世界的关系不仅是分立的，而且相互之间有着制约关系。这在一定意义上形成了他所谓的价值客观性。

价值作为主客体关系性的存在，它是客体对于主体需要的一种满足，是客体对于主体的意义。这一观点在我们提到的学者那里得到广泛认同。这种主客关系的阐发暗含一个重要内涵，那就是主客体之间的一种区别。我们并非否定主客体之间进行划分、区别的合理性，关键问题是如何看待这种主客体之间的相对关系，或者说如何对主客体进行理性划分。通过考察，我们发现，当前价值论的架构有着较为明显的机械性和二元论。

无论是李德顺的"实践价值论"还是李连科的"客观历史决定的价值论"，在对价值进行唯物史观解读的时候，均从历史实践的角度肯定了人与自然的相互关系。但当问题涉及价值分析的时候，主客体之间的关系解读就抛弃了这种互动性。主体、客体的关系成为世界对于人的意义，而人对于世界的意义却被忽视了。价值主体同价值客体之间的有机关系似乎僵化为一方提供需求、一方提供满足的简单逻辑。这种主客体关系以"主体性"为依托阐述价值，并将最终归宿仅仅限定为人。这不禁让我们怀疑，他们的价值论仅仅是唯物史观掩护下机械二元认识论的变种。

我们引用李连科《价值哲学引论》中的一段话来做例证和分析：

---

① 李德顺：《价值论》，中国人民大学出版社2007年版，第8页。
② 李连科：《价值哲学引论》，商务印书馆1999年版，第73页。

关于价值的本质，我确立了这样三个要点：来源于客体、取决于主体、产生于实践。说价值来源于客体，是说客体或外部世界（包括人本身）作为人的生存和发展的客观条件，具有满足人的物质、文化需要的属性；而人把外部世界或客体作为自己的生存环境，在于它能在外部世界中，或者说能利用外界来满足自己的生存和发展的需要。但是，人满足自己生存和发展的需要，是与动物的本能生存需要根本不同的：客观世界不会自动地满足人的需要，人不能单纯依靠大自然的恩赐，必须依靠自己的实践活动去创造。①

有关价值产生于实践的观点，我们在上一小节价值的关系性构成中已经谈过，这里不再赘述。在这里，我们重点考察主、客体同价值的关联。依李连科的观点，价值来源于能够为人的生存发展提供条件的客体，这个被称为客体的外在世界甚至包括人本身，主体则是价值的真正决定者和需求者，也就是人。虽然在这段论述里人作为世界的一部分也可以被认为是价值客体的一部分，但这仅仅是指单独个体的人而不是人类自身②，只是客体相对于另一主体而言。事实上，上文的观点较为明确地为主、客体划清了界限。两者与价值的关联是：客体提供价值来源，主体为价值提供归宿。另一位学者王玉樑则直接认为："主体必须是主动地进行活动的一方，有自主性、自觉性、主动性。主体以具有自我意识，能自觉区分主客体为前提，所以，主体只能是人，而不是其他生物或自控系统。"③ 所以，虽然在本源意义上当代价值论肯定人与世界的互动关系，但这种有机关系却没有延续到价值关系解读当中。缺乏价值关系解读中的互动意义事实上割裂了主体、客体的密切关联，并将双方固化成一方为抽象价值的供应者、一方为享用者。这种发端于传统主客二元认识论的价值探讨直接否定了唯物史观所肯定的人与世界的互动生成关系，

---

① 李连科：《价值哲学引论》，商务印书馆1999年版，第3—4页。

② 有趣的是，在《价值的本质》一章里，作者认为客体是一种"外在物"，它包含自然、社会和某种客体形式的意识形态。客体又被界定为外在的、独立于人自身，并为人提供满足的对象。客体并不包括人类自身。

③ 王玉樑：《价值哲学新探》，陕西人民教育出版社1993年版，第37页。

并最终强势地把价值主体捧上意义追寻的高台。主体之人（抽象的全体人类）成为与客体世界（具体之人，有时也作为客体）逻辑关系的绝对统领者，后者的价值和意义只能朝向主体生成，因而两者既是割裂的，同时意义也只能产生于从客体向主体的单向生成链条。

中国传统价值论学者在面对环境哲学问题时延续了这一价值论倾向。例如，李德顺在谈论环境价值时极力维护"人类中心"。他认为人是并且只有人才是价值世界的"中心"。那么，当今环境哲学所倡导的自然价值、生态价值、动物权利是否就是错误的呢？李德顺认为环境哲学价值论忽略了存在命题与价值命题的区分。若是从存在命题上看，宇宙之大、物种之盛、时空之无边际都暗示了人的微不足道，人并不居于世界中心。若是从价值命题上看，"对人自己的观照，是人类一切活动、思考和情感的'中心'；人的尺度（人的本性、需要、能力等），是人类判断一切好坏、善恶、美丑、利弊得失的标准的'中心'；人的自我实现和全面发展，是人类一切价值理想、追求、选择、创造的目标'中心'；等等。总之一句话，'人是人的世界的中心，人是人自己的中心。'"① 在李德顺的视野中，自然价值、生态价值附属于"人类中心"的价值观，而企图用自然、生态独立价值来驳倒"人类中心"价值只能体现出人们对存在命题与价值命题的混淆，存在的无中心与价值的人类化是泾渭分明的。李德顺的问题在于他所谓的存在命题根本不属于存在论问题，因为存在论不是认识论视野下对于人之认知所烛照客观事实的描述，而是包含人的存在世界。此外，价值论的建构本身就是建基于人的存在事实。将价值视为人的中心视角，而将存在视为纯粹客观的无中心视角，源自事实、价值分裂的二元认识论，价值本身被绝对化和人化。李连科在谈及自然价值时同样如此，他认为"自然环境无论多么重要，不过是相对人类而言"②。这种二元分裂的认识论在中国传统价值论学者那里普遍存在，以至于他们很难从这种指向人的意义单向化过渡到当下环境哲学新话语。

---

① 王玉樑、〔日〕岩崎允胤编：《价值与发展——中日〈价值哲学新论〉续集》，陕西人民教育出版社1999年版，第306页。

② 王玉樑、〔日〕岩崎允胤编：《价值与发展——中日〈价值哲学新论〉续集》，陕西人民教育出版社1999年版，第315页。

　　在当代西方环境哲学语境，这种价值关系常常遭到否弃。西方环境哲学研究起始于 20 世纪 70 年代，出现了理查德·劳特利（Richard Rout-ley）、霍尔姆斯·罗尔斯顿（Holmes Rolston Ⅲ）、阿伦·奈斯（Arne Naess）、尤金·哈格洛夫（Eugene Hargrove）等一批优秀学人。必须言明的是，在当代中国争论得不亦乐乎的环境美学、生态美学之别在西方哲学语境中并不存在。事实上，西方环境哲学与生态哲学两个概念更多的是指称侧重的不同。"环境"指向实存的自然环境，"生态"更侧重自然环境本身的关系性。那么，是否实存的自然就与其内含的关系属性相龃龉呢？显然不是。在当代西方语境，生态属性本身就是研究环境哲学的根本要义，生态系统的哲学反思也构成环境价值论的关键。所以，依照西方学术话语，本书不对环境哲学、生态哲学进行概念区分。在劳特利具有开端意义的文献《有一种新的、环境的伦理学需要吗？》（1973）中，他切中肯綮地抨击了传统自然哲学的非生态价值论，而这种价值论恰恰与我们传统的人本主义价值论一脉相承。从劳特利的角度来看，我们之所以需要一种新的、彻底的环境伦理学以及其中精要的价值论，原因在于从人类中心主义延续下来的传统观念无法引领人们重新认识生态环境。他说："我们倾向于抓住一个伦理系统们的家族，这些系统在核心或根本原则上与那一个伦理学并无不同……除了一种新的伦理学外，事实上有其他两种可能迎合了评价：盛行伦理学的扩容性调整；一种已然包含于或潜藏于盛行伦理学中原理的发展。"① 这里所谓的盛行伦理学毫无疑问就是传统人本主义伦理学，无论是将人际伦理学扩容并包含人与动物、植物关系还是为自然伦理提供一套貌似全新但已潜藏于人本主义之下的概念系统，它都无法证明自身的革命性。劳特利沿用帕斯莫尔所划分出的自然伦理三种类型来显示传统伦理的强大延续性，即专制姿态（des-potic position）、管理姿态（stewardship position）、合作姿态（co-operative position）。除开专制姿态所设定的人完全按照自身意愿来攫取自然资源，另外两种姿态虽然温和但仍在强调人对于自然环境为己性的介入。所以

① Richard Routley, "Is There a Need for a New, an Environmental, Ethic?", *Proceedings of XVth World Conference of Philosophy*, Bulgaria: Sofia Press, 1973, pp. 205 – 210.

劳特利说："事实上，这两种次要传统导向了完全应用的原则，这原则暗示了所有自然区域应当被耕作或为其他人类目的被使用，即被人化，而彻底的环境伦理学将会拒绝它。"① 所以可以想见，激进的西方环境哲学一开始就以彻底的去人本化为理论目标，在人伦价值观念之外寻找新价值论。

那么，究竟环境哲学在价值论上有何种突破呢？这种突破只能从摆脱弱人类中心的自然价值论和生态整体主义说起。罗尔斯顿是较早倡导生态价值伦理的几位学者之一，尽管其伦理学研究的主线在于确立人面对自然环境的伦理"应该"，但其对伦理原则背后的价值描述无疑是深刻的。他认为在传统人本主义自然价值观中，人们为自然实践设立的"道德义务前提"是"应该共同保护人类生命"或"应该保护人类价值的基础"。这样无论生态学的动态平衡、互动交融原则如何重要，人们依然固守人类价值，因此生态科学本身无法为环境伦理提供根本革新。唯其将"道德义务前提"设定为"应该维持生态系统的完整""完整的生态系统是有价值的"，并以之作为道德实践准则，我们才能说生态科学与人的价值评判有效融合在一起并建立起彻底的环境伦理学。罗尔斯顿清晰地表明："在生态系统层面，我们面对的不再是工具价值，尽管作为生命之源，生态系统具有工具价值的属性；我们面临的也不是内在价值，尽管生态系统为了它自身的缘故而护卫某些完整的生命形式。我们已经接触到了某种需要第三个术语——系统价值（systemic value）来描述的事物。这个重要的价值，像历史一样，并没有完全浓缩在个体身上；它弥漫在整个生态系统中……系统价值就是我们在第 6 章所说的创生万物的大自然（projective nature）。"② 由于承认生态环境的整体价值，所以价值主体就不再仅指人类自身而是指向生态系统中多样化的主体，主体、客体的赋权不再是固定不变，而是互为主体、互为客体。不同自然物种因其自为存在目的而具有了价值主体地位，诸多主体的动态和谐关系构成更高

① Richard Routley, "Is There a Need for a New, an Environmental, Ethic?", *Proceedings of XVth World Conference of Philosophy*, Bulgaria: Sofia Press, 1973, pp. 205–210.
② ［美］霍尔姆斯·罗尔斯顿Ⅲ：《环境伦理学》，杨通进译，中国社会科学出版社2000年版，第255页。

一级系统价值。意义的指向也因主体多样化而突破了对人的单向归属。

在西方环境哲学语境中，物种权利、动物保护论是常谈话题，它们背后隐含的是传统人本价值论所否定的自然内在价值。只有建立起自然价值，才有可能为自然权利、人类的主动保护提供基石。在罗尔斯顿那里，自然物种的内在价值是作为系统价值的次一级焦点呈现出来。他说："有机体所寻求的那种完全表现其遗传结构的物理状态，就是一种价值状态。……作为相互联系的生命网中的一个'网结'，活着的个体是某种自在的内在价值。"① 卡里科特在面对科学主义对事实、价值绝对分立的逻辑挑战时，还是坚持认为环境价值并不能简单被划归为人类主体的幻象。他说："所有价值之根源（source）乃人类意识；但我并不能据此推出：所有价值之核心（locus）乃意识自身，或意识的一种形式，如理性、快乐或知识。换言之，某物有价值乃仅因有人为之赋值，但它亦可为其自身而有价值，并不出于为评估者提供的任何主观经验（快乐、知识、审美满足，等等）之因。"② 为了证明这种内在价值的合法性，他搜罗了整体理性主义、生物同情理论、意动理论甚至神学中早期《创世记》版本的自然书写，最终认为宗教性信仰和生物同情可以为大众建立自然价值观念提供有效引导。在这里，证明其合法性是一方面工作，另一个艰巨使命是如何澄清价值本身的关系逻辑。有机体内在价值肯定了物以自身为目的的价值，在价值关系中强调的是他物"为己"的关系逻辑。这就推翻了传统人本价值论以人为主体、世界为客体的关系模式，也不同于以人为归宿的意义指向。但单一的自然内在价值讨论缺失了使价值论具备革命性的契机——系统性。没有了系统性，自然内在价值不过是人的内在价值逻辑在自然叙述中的转移。我们不过是在人的物种之外，建立起价值反思上的"新人类"。

当代环境哲学尽管强调自然价值，但也存在价值论革新上的缺憾。一方面，环境哲学侧重于伦理学叙述，以伦理规范准则描述和实践批判

---

① ［美］霍尔姆斯·罗尔斯顿Ⅲ：《环境伦理学》，杨通进译，中国社会科学出版社2000年版，第135页。

② ［美］J. 贝尔德·卡利科特：《众生家园——捍卫大地伦理与生态文明》，薛富兴译，中国人民大学出版社2019年版，第130页。

为主体，在环境价值论等基本问题上讨论不够细致、深入；另一方面，环境哲学深受人本价值论逻辑影响，学者们往往认为赋予环境、生态以人的价值地位即可使其获得相应权利，并对人与自然关系产生规约，由此产生了大量关于内在价值、权利的论证。即便是强调系统价值为根本追求的罗尔斯顿，其价值关系论述也不甚清晰。中国的环境哲学家们在面对生态系统价值时也同样有此缺憾。他们从环境哲学、生态哲学视角讨论价值论，倾向于一种价值问题的本体论化。他们将生态系统的本体价值，即多元性、交融性、互动性、生命性等特征，做一种全面分析并将人的"生态位"置于其中，但鲜有对这种置入的关系结构做总结，即对系统与人的双向价值关系做反思。盖光对生态价值的探讨具有典型性。他说："价值本身应该是属人的，是由人对对象认同前提下表现出来的需要与满足需要的关系；生态价值是由人对自然生态及生命共同体的价值认同与体验中表现出来的。对自然的生态价值认同不同于人类中心意义上的价值认同，因为这必然得自于人类与自然互生、共生条件下的价值体验。"① 他将生态的系统价值视为人与自然生态浑融一体基础上的关系评判，并且在后期论述中将此种系统价值称为"生态元价值"。"元"即是生命，生态之元是一种生命能量的联通、交会与转化，这一价值形态导向了系统中各要素协同共生的永恒意义。所以，"生态元价值"显然是从世界本体角度来界定其生态属性，其价值既面向生态系统中的各个主体，同样也面向自身。这种面向导向人也是成立的，所以盖光说："当人们能够从中真正认识生态系统运行对人的存在的不可或缺时，并且不断明了，如若人类要永续性地、步履矫健地走向未来就难以别离自然生态时，实际也就从真正意义上认同了自然、生态系统的价值本性，同时也在这种认同中深深地悟解到人的价值意义，乃至生命价值的奥妙，并不断创设开放性的文化价值。"② 如果说生态价值此处是面向人而成立，是一种关系逻辑基础上的价值演绎，那么被悟解的人的价值又是面向谁呢？按作者的意思，人的价值是在系统关系下自身意义的本体论规定，并无

① 盖光：《文艺生态审美论》，人民出版社 2007 年版，第 208 页。
② 盖光：《生态境域中人的生存问题》，人民出版社 2013 年版，第 174—175 页。

确切价值指向的表达，换句话说，此价值只指向人自身。所以，作者在后文中又说："由于人的存在本性及需要而产生的人的意识关系的存在，又决定了关系存在的'为我'性，并认定人与自然的关系必然也是'为我'性的关系。"① 这种"为我"的本性解说同前文人的价值相一致，但同时也否定了价值的外在关系性而仅归于本体论，形成了生态价值本体和人的价值本体的划分。所以盖光既强调生态系统的关系性，但又在人的价值与系统关系的言说中否定关系性②，以至于此种价值理论并不能够提供一种彻底的关系界说。除此之外，余谋昌将自然价值建立在客观性之上，并认为它"是这种真、善、美的统一，即它的内在价值和外在价值的统一"③。他对自然价值做了一种系统价值论述，但基本从本体论角度讨论其属性特征，没有说清文化价值在关系模式中如何能同自然价值本然地和谐一致。卢风的生态文明价值论述侧重于物质主义的现代性批判，更加倾向于弱人类中心主义的建构逻辑，没有清晰讨论生态价值与人本价值的异同和关联。陈红兵、唐长华的"人—社会—自然"协同发展价值仅仅从资本逻辑的批判着手，强调把生态存在价值与社会实践方式改造结合在一起，事实上没有突破传统系统价值本体论。

综上，中国当代的价值论探讨将关系模式作为核心思路具有重要意义，但主体、客体的划分虽然稳固却很机械，客体之物对主体之人的价值面向也因人类中心主义弊端与单向化逻辑而饱受批评。无论是中西语境，环境、生态哲学都在有意引导传统人本价值论走向系统价值论，传统价值论的"关系性"得到了进一步延续和发展。但值得思考的是，理论家们纷纷倾向于对生态系统客观属性做本体论解读，并要求人在生态系统内的居住跟随系统的和谐状态。如果说客观的生态本体论叙述还可以包容系统与主体、主体与主体的多向价值关系，那么对系统中人的价

① 盖光：《生态境域中人的生存问题》，人民出版社 2013 年版，第 181 页。
② 盖光认为人与生态存在的协同性一直面临朝向人还是朝向自然的困扰，这实际如上文所述是在系统价值讨论中走向包容人之面向的本体论，但在人的价值讨论中走向"为我""狭隘的、非生态性认同的意识"的本体论而忽视人的价值也是面向系统具有基础意义、永恒意义的价值面向。
③ 余谋昌：《自然价值论》，陕西人民教育出版社 2003 年版，第 65 页。

值界定则很少遵从系统关系逻辑。理论家们要么突出人的价值的自身面向，要么突出人的价值的生态面向，从而造成生态价值与人文价值本身的分裂。可以说，正是人的价值讨论上的非系统性阻挠了环境、生态哲学进一步澄清其内在革命性。生态系统价值论述亟须从有机的本体论叙述走向彻底的价值关系建构，以此澄清生态存在本身的多元价值。

四　从线性关系模式走向环形关系模式

我们并非反对生态系统价值的本体论研究，而是强调这种本体论言说应当践行彻底的关系性，即价值本然的关系结构。当代环境哲学的缺憾是无法站在彻底的系统价值论高度来解释存在意义上的生态关系。我们将从价值的关系性构成、主客体的内在关联、意义的回归三个方面来重新解读价值论的基本结构。正如上文所言，关系性是价值理论的基石。毫无疑问，人类在主体性的社会实践活动中改造自然、社会、自身，创造了指向人类自身的价值，但同时这种价值界定受到人与对象世界相互依存、相互构成的关系影响。这种关系性不仅作为价值评判的基础，同时它也直接影响了价值主客体之间的关联，影响了价值意义的指向，并最终影响了价值理论。所以，本书试图澄清一种摆脱了传统主客二元认识论视野、建基于真正存在论基石之上的价值论。目标之所以是"澄清"而非"建构"，原因在于我们相信这种价值论本然地内嵌于当代环境哲学的理论反思，只是鲜有明晰、透彻的论述。我们讨论中国当代人本主义价值论，目的也在于借鉴并强化一种价值关系的清晰逻辑并凸显人本主义向生态整体主义的革命性转换。

人类自身来源于自然界，通过实践改造自然界，使其成为人的客体。这是认识论意义上对人与自然的界定。但从存在意义上说，人属于世界，并且须臾不能从世界之中脱离。对于价值主客体而言，如果我们设定人之外的世界为价值客体，人自身为价值主体，那么仅从客体对主体需要的满足来判定价值就忽略了主体、客体间的从属和依存的双向关系。人作为世界的有机组成部分并不能为价值评判划分出外在绝对的价值客体，价值客体总是与主体间有着依存、互相生成的关联。当我们划分出人之外的价值客体，并忽视这种互动关联后，这种价值逻辑也就仅仅是机械的、非唯物史观的，建基于传统理性主义观念中的理论。这种被评判的对象在根本意义上是一个包含人在内的价值整体，价值整体是对人以及与人相关外部世界的整体对象的价值评判。否定这种价值整体而仅仅将外在对象视为价值来源，无疑是一种人类中心论的视野。它忽略了人对于外在对象的影响，忽略了对象自身的需求，忽略了生态整体的价值要求。这种价值客体理论只能使人被动地接受世界整体变化的结果，而不能让人明白它们很多时候是人类价值索取后果的复归。所以，从价值客体到价值整体的转变并不仅仅是我们价值关怀的扩展，从深层意义上来说，这是对基于存在视野的人与世界有机关联的一种回归。实际上，罗尔斯顿对于价值整体有着精彩论述。他说："这种改变（从人类利益转向生态整体利益）集中体现于人与自然间再也没有明确的边界，生态学不承认有一个高高在上、与其环境对立封闭的自我……人类的血管系统既包括动脉、静脉，又包括河流、海洋和空气流动；清除一堆垃圾与补好一个牙洞没有实质上的差异。自我通过新陈代谢与生态系统相互渗透（至少从隐喻的意义上说），世界与我成为一体了……从一个有限的视角，可以说人们是为了使人类利益最大化而致力于促进系统的善，但这里已很难说后者仅仅是前者的手段，因为二者差不多是同一回事，只是我们对之作了不同的描述……这里我们有的是整个系统的利己主义……利己主义已转变成了生态主义。"① 可以说，罗尔斯顿正是从人类价值与生态整体价值的一体化来消弭与传统利己主体相对的价值客体，创造出价值整体的可能，但价值整体在关系结构中的位置仍然是传统环境哲学没有言明的。

价值整体从人与世界的存在关联出发，以此种关系的核心属性作为价值意义的基础。那么，人与世界关系的核心属性是什么呢？人与世界的关系是建立在能量交换、物质循环等物理关联之上的，这种相互依存并存在一定冲突的关系最为直接地体现为一种伦理属性。这也是建基于存在之上的最为核心的关系理论。传统的伦理学主要涉及人与人的道德

---

① ［美］霍尔姆斯·罗尔斯顿Ⅲ：《哲学走向荒野》，刘耳、叶平译，吉林人民出版社2000年版，第26页。

关系，那是因为人对于自然环境的改造有限，人与人的和谐关系最为重要，自然对于人而言更多的是一种生活资源以及精神归宿。近代工业的发展极大地改变了自然生态，人与环境生态的紧张关系使得一种伦理关系从历史中浮现出来。人们开始以理性思维来思考环境实践，并且认为人与生态天然存在一种伦理关系，只是传统田园牧歌式的自然改造掩盖了这一关系可能具有的冲突向度。人与环境的和谐或冲突是直接建立在整体存在基础之上的关系事实，是实践活动中交融依赖关系的两种内含因素，因而是本然的伦理关系性存在。随着理性能力的发展，人们日益清晰认识到这种关系的伦理属性并将伦理原则在文化中建构出来。价值整体的意义基础就在一种环境伦理的核心属性，即生态环境有机的、动态的、整体的和谐和冲突。否定这种伦理属性，价值的根基也就不复存在了。所以，价值整体对人的意义已经完全不同于以往客体对主体的意义。如若我们孤立地谈对象对于人的经济、工具价值而不去考虑价值整体的和谐要求，这种价值意义就是暂时的、不可持续性的，并最终构成与人的冲突。

更进一步来看，因为"主体"的人已经内含于"客体"的世界，所以价值整体对于人的意义在根源上是世界面向自身。这里不再使用传统的"价值主体"一词来表述处于世界关联中的人，因为人自身不再完全承担起"主体"的描述，世界中的诸多因素都可以成为"主体"。当价值整体的意义面向自身之中的人之时，事实上也指向了与人有着密切伦理关联的环境境域。也就是说，价值整体对人的意义将对人的关系境域产生作用，而不仅仅作用于孤立的人。从人的存在出发，价值整体必然导向现实关联中的人。尽管价值整体对于与人相关联的其他主体有着具体不同的意义，但正是这种意义的不同体现出主体间的差异。价值整体在这种对人的面向中，通过人与环境的有机关系同时面向了整体自身。价值整体对于主体需求满足的不同，恰恰就是价值整体意义的多元性统一。例如，在环境生态良好的地方，美丽的桃花静静绽放，人们在此处也感觉怡然自得。桃花对人所具有的意义作为价值整体的一部分体现为审美价值，但对桃树自身的意义却是吸引蜜蜂为自己传粉繁殖。价值整体的意义并非单独为人而发挥作用，在与人关联的不同主体那里，这种意义也相对不同，但在众多的差异之上又有着整体的和谐、稳定和统一。这也是价值整体自身的应有之义。

现在，我们可以从面向上对传统价值论和新价值论做一个对比。

首先，客体→主体（归宿）。传统价值论无论是将客体视为主体的满足、意义还是效应，都在理论建构上排除了主客体的有机关联。这种排除体现出价值论与存在论视野的生硬割裂。世界成为以人为中心的主体的资源、材料、工具，是人类自我意识觉醒的产物。从历史意义上来看，这种价值论体现了人类改造自然、社会过程中对于主体价值的高扬。从理论意义上来看，这种价值论为自身的进一步革命提供了理论基础，因为这种客体指向主体的意义也是新价值论的基本关系类型。不可否认的是，这一传统关系结构还只是一种线性关系模式，它以客体面向主体的单一逻辑为核心。在这种关系中，我们只需静态地分析客体所能提供给主体的诸多要素，以此作为评价依据。

其次，整体→人→整体（归宿）。新价值论从人与世界的依存关系出发，进入价值论的理论探讨。新理论看到，价值客体并不能从人的关系性中分离，价值对象的评判不能以人本主义的对象关系为依据而是要以人与外物关联的生态整体主义作为价值评判标准。价值整体的概念应运而生。价值整体作为传统价值客体的替代者，其显著的革新就在于将人与物的关联统一于自身，并将核心属性确立在人与世界的伦理关系之上。价值整体对人的意义并不是面向外在的独特对象，而是面向自身的一个要素，并且这一要素始终与周围境域存在伦理关联，有着丰富的价值交换。所以，这种面向是通过整体对于人与世界的伦理关联来实现的，从而实现整体对自身的复归。这种回归的特点体现出意义的多元性统一。回归的依据不是神秘主义的或有神论的，而是建立在当代环境、生态科学的系统论以及人文学科面向存在本身的当代反思之上。与传统价值论相比，价值整体对人的意义最终回归于整体自身，而不仅仅停留在人类自身的需要及评价，从而实现彻底的系统关系性。从生态整体主义的角度看，我们更应秉持人的"中介意识"，即人仅仅是价值的暂时归宿和节点（无论是人的内在价值还是工具价值界定），是必将走向系统关系性的中间环节。因此，我们可以说"整体→人→整体"破除了单一的线性关系模式而走向了环形关系模式，将价值论真正建立在动态融合的生态整体关系之上。

价值来源于人类历史实践，价值主客体的区分只是相对而言的，它体现了以人的主体性为出发点和归宿的理论态度。这种价值论没有将人与世界的有机关系作为价值评判的依据，从而在实践中面临着众多的伦理责难，也对人类自身的生存造成威胁。我们从人与世界融合的视野出发，将价值客体扩充为包含人在内的价值整体，将人与世界的关联作为价值评判的基础。价值整体从存在的关联性上有着核心的伦理属性，一切意义都以此为基础。价值整体对人的意义也是面向自身的意义。这种对自身的面向，从人的视角来看，包含了对人以及与人相关的伦理关联的境域的意义；从整体的角度来看，这种意义对不同的主体有着不同的影响，这些不同的价值意义恰恰复归为价值整体的多元性统一。

五 新价值论与环境审美价值

上文我们讨论了新价值论的关系结构，此部分将进一步探讨新价值论视野下独特的价值类型——审美价值。价值的类型多种多样，划分标准也可以不同。按照物质、精神的二分法来区分，就有物质价值和精神价值。物质价值又包含了生产生活价值、经济价值、工具价值等，精神价值又包含了审美价值、科学价值、文化价值等。就价值类型的具体划分来看，这种区分并不具有绝对性，一个对象既可以有物质价值，又可以有精神价值。此外，对于物质价值中的具体种类，我们也不能完全否定它们可能具有审美价值、科学价值。所以，价值类型的定位要依照具体的主客体关系来界定，不可一概而论。

就审美价值而言，它是指对象对于人的审美需要的满足，属于精神价值范畴。斯托洛维奇从马克思主义的价值观出发，认为审美价值具有客观性。他指出："审美价值是客观的，这既因为它含有现实现象的、不取决于人而存在的自然性质，也因为它客观地、不取决于人的意识和意志而存在着这些现象同人和社会的相互关系，存在着在社会历史实践过程中形成的相互关系。"① 这种价值客观性既包含了事物的自然属性，也包含了事物同人、社会在历史实践中的相互关系。斯托洛维奇对价值的客观性描述已经非常全面了，但这仍然不能掩盖其中的问题，即价值最终以人为导向。这就是说，无论自然的属性被认定为客观，还是价值被一种历史实践的相互关系确证，它最终是一种客体对主体人的意义。

正如前文所述，客体对人的多种价值意义是价值论的基本关系结构。但这种解读如果不能落实到存在论的基础上，也就是仅仅以对象对于主体的满足为条件的话，人与世界的有机关联就被切断。这种缺乏远见的理论建构必定与人真实的价值感受相违背，我们亟须新价值论来澄清富有关联性和系统性的价值境域。当审美领域扩展到自然、环境而不仅局限于人造物的艺术品时，这种存在境域中的密切联系更不能被我们忽视。传统的艺术审美虽然也内含有人与他人、社会、文化、自然的伦理关系因素，但这种关联是二次建构的而非来自直接性的存在境域。也就是说，艺术品是艺术家单独创造出来以供人们欣赏的价值对象，它自身有着严格的框架、边界和自足特征，不受与外界之物存在关系的制约。比如说，《蒙娜丽莎》既可以在法国罗浮宫展出，也可以到美国、日本、中国等国家展出。作品没有与特定物理空间存在绝对的依存关系，观众只能在画作之外进行静默的观赏而非介入画作本身，更不能擅自改变它。但画作本身的技法和表达与特定社会文化确实存在伦理关联，比如达·芬奇为何要打破女性肖像画不及腹部的构图，为何突破传统呆板木讷的人物表情并赋予蒙娜丽莎以微笑？其中隐含的就是一种艺术伦理问题。这种艺术对社会伦理迎合或挑战的表达，欣赏者只有深入地了解意大利文艺复兴以及中世纪绘画传统才能深刻领会。当我们充分了解了艺术史并深深叹服于达·芬奇的精湛艺术之美时，那种感性满足显然也同作品与时代语境的伦理张力交融在一起。蒙娜丽莎的微笑给人的震撼恰恰同达·芬奇将人从呆板肖像画与神性形象中解放出来有关。在 20 世纪，阿瑟·丹托受现代艺术（特别是安迪·沃霍尔的"布里洛盒子"）启发，从艺术品

---

① ［爱］斯托洛维奇：《审美价值的本质》，凌继尧译，中国社会科学出版社 1984 年版，第 29 页。

自身的感知属性外寻求艺术定义，认为"艺术界"赋予了艺术品一种关于意义的声明，而"艺术界"具有历史生成性。继之，乔治·迪基阐发出"艺术制度论""艺术圈"来进一步说明艺术品是受到特定人群以及由他们形成的特定制度所约定的对象。20 世纪下半叶，传统艺术美学从一种传统自律论走向语境论，包容了艺术与社会关系、文化习俗、时代精神的伦理关联。但这种二次建构的伦理关联尽管无处不在，但更多隐藏在宽泛的艺术语境中。

　　当代环境美学、自然美学研究者开始重视人与自然环境的直接性伦理关系，并且强调伦理与审美应当建立起联系。斋藤百合子在《就其本身鉴赏自然》中维护了卡尔松的科学认知主义，并认为民间故事、神话等本土自然话语同生态科学一样可使鉴赏者摆脱主观化偏见。她认为依照自然本身鉴赏并不仅仅在于认知意义上的求真，更在于人有道德义务去尊重自然，倾听自然的真相。如果说斋藤的伦理关系更倾向于主体自持的道德自律，那么伊顿、纳苏尔、林托特则认为这种伦理关系本身同环境鉴赏一起有助于自然环境的优化和健康。伊顿认为只有在生态的可持续性和审美的可持续性结合起来时，建立可持续性的尝试才能成功。特别是在环境审美活动中，生态学知识产生了类似于艺术理论知识的作用，它能够将知识规范融入并丰富经验，进而启发人在经验外进一步寻找新知识服务于审美。这样一种循环结构不仅推动了环境审美的可持续性，而且在审美之外启迪了人们依照生态规律来保卫生态本身的可持续性。纳苏尔则从文化的可持续性角度论证美学与生态学的结合能够有效维护景观的生态健康。他说："景观的健康需要人欣赏并照料它。"① 所以既能引导人欣赏景观又能观照景观的文化建构就非常重要。他认为景观具有"范围"和"变化"两个内在属性，景观"范围"应让人关注可感知特征，同时从风景审美渐入观照的审美并接受生态自身的变化，这一切应当由文化建构来调节。但纳苏尔认为人类是景观的管理者和拥有者，所以很少结合人与生态的一体关系来谈论问题。林托特认为审美趣味、

---

　　① Allen Carlson and Sheila Lintott, eds., *Nature, Aesthetics and Environmentalism: From Beauty to Duty*, New York: Columbia University, 2008, p. 365.

喜好对现实行为有着巨大影响，人们对自然保有何种感情，是否尊重自然，并不完全受经济、健康等理性因素支配，但如何将生态观念融入审美确实存在一定困难。所以林托特尝试分析了三种审美趣味的改变。第一种是突出生态性需要而审美性低估的要素，例如关注点由精细修剪的草坪转向充满生物多样性的杂草；第二种是训练人们的无利害审美鉴赏，这样人们在面对自然时只需要关注颜色、对比、设计感等因素，从而不再把野生自然对人的危险置于考虑中；第三种是在自然审美中融入崇高感，崇高感意味着人对自然的审美经历恐惧、压迫直至最后舒缓的过程，生态自然的丑、骇人乃至奇异都可以被包容进来。可见，林托特试图将生态性要素通过美学范畴结合进审美，进而达到改善生态的目的。尽管他也意识到这种结合面临同卡尔松一样的"相关性"困难，但我们仍有理由相信他的"走向生态友好型美学"倡议是值得往前推进的。

由上文得出，当代美学家们更多从艺术审美的基本结构出发寻求环境、生态知识的审美内涵，从艺术的语境论开拓出环境审美的生态系统语境论。我们可以称之为审美建构派。它的基础是分析美学，以生态意识的启蒙与现实面向为主旨，认同生态伦理知识与审美的融合能够有效推动生态保护。与此不同，我们倡导的是在价值论基础上本然的伦理和审美的一体，可以称之为价值美学派。为此，需要澄清并深化人们对于伦理价值、审美价值的理解，启迪人们重新发现存在世界被忽视的复合系统价值。事实上，无论是环境美学家的审美建构派还是环境哲学家的伦理建构派，都还没有彻底从价值论本身讨论环境问题，但价值问题始终是他们提出问题、思考问题、解决问题的根本背景，是存在境域中的实然状态。新价值理论虽未言明但已构成言说方式，人们需要排除遮蔽，发现并强化那种感性系统价值。

存在世界既是伦理世界也是感性世界，伦理意义的基础是物质、能量、信息交互过程中的冲突、和谐以及共同导向整体和谐的倾向，感性世界的基础是人与其他有机体均具有的感官感受能力。如果说非人的有机物不具有人的感性能力，那么其感官感受器至少具备与世界互动的类感性。人类的感官感知在社会实践、文化建构、艺术创造过程中逐渐被塑造为独属于人的感性能力，它同至今仍有些神秘的其他物种的类感性共同组成存在世界的感性特征。伦理属性和感性属性均为世界存在的两个维度，存在相互奠基关系。作为伦理基础的世界各个存在主体间的交互关系并不是抽象的物质合并与生成，而是以基本的视、听、嗅、味、触、动等感觉器官为中介，也就是说伦理关系必须依赖于感性或类感性在生理或心理上的直接触动才可能发生。没有感性特征的世界是不真实的、虚构的理论世界，它无法将事实存在的物种冲突、人对自然的无序利用落实到基础的感性满足上，也不能将自然、生态审美确立为和谐生态关系的感性基础。人或其他物种的感性偏好往往依赖于与他物在环境、生态系统中的冲突或依存关系。当人对某一物种呈现出感性的欣赏或依赖时，此状态一定建立在物与人在伦理关系上的和谐而非冲突。例如，存在于人类环境中的白杨、榕树、桦树、松树以及松鼠、斑鸠、杜鹃等物种，人们之所以会在感性层面欣赏它们，其基础就在于与人类生态伦理的整体和谐关系。而造成大量海洋生物死亡的赤潮，严重威胁人类生存的眼镜王蛇，以及环境污染造成的生物畸形发育，这些自然现象和物种很难在存在意义上对人具有正向的审美价值，原因在于，在基础的生态关系上，人与它们完全对立，存在激烈冲突。

所以，当我们试图去探讨环境语境中的审美价值时，实际上是在寻求人与世界依存关系之上的感性关联，而这种感性关联与伦理关联是交织在一起的。依照前文新价值论逻辑，审美价值的对象不仅是客观外在物，同时它也应当是包含人在内的审美价值整体。从聚焦感性特征看，这种审美价值整体本身是以伦理属性为基础的。建立在有机整体观念上的环境伦理学为人与生态和谐共处提供了理论依据，伦理学的革新意义推动了文明进步，这种进步事实上就在于对人类生存之"真"的洞悉。人与环境的伦理关系并非依赖于理论的建构，它本身就存在于人的生存世界。工业社会凸显出来的人与环境的尖锐矛盾、自然对人的报复实际上就是伦理关系恶化的后果。人所处的环境存在着这样一个伦理关系事实，其变化发展直接作为人类理性反思、感性体验、行为策略的重要基础。环境有机整体的伦理关联构成价值整体的核心属性之一，这也为审美价值整体的解读奠定了基础。所以说，环境美学在根本意义上应是一种环境伦理美学，否定这种伦理属性也就否定了环境审美参与的伦理关系基础而与艺术鉴赏无异。我们在上一小节中提到,新价值论的意义指向是:整体→人→整体。环境审美价值就建立于这一意义路径之上。以伦理属性为基础的环境审美价值整体对于人的审美意义并不是单向的,人对于环境整体的审美,即人与环境整体的感性关联,并不仅仅以人的需要得到满足为最终归宿。真正的环境审美一定经由人自身的存在关联又返回到环境整体,也就是返回到整体的伦理和谐与感性和谐的实现之上。这种对于整体的返回不再是审美精神的静态观照(已在价值整体向人的意指中实现),而是在观照之后因受伦理意识、审美意识的推动而产生的一种感性实践活动。环境审美的重要意义在于有助于实现整个生态的伦理和谐,这归根到底是源于环境对自身的面向。当代环境危机并不能否定这样伦理、审美交织的整体价值论,恰恰是工业技术思维的割裂性、片面性、实验化等特征将人本然存在的系统思维遮蔽。人们得以在人工设置的空间而非生态有机关联中实践、思考、感受。我们现在要做的正是澄清存在关系而非创造新的人工障碍。

本书的主题是对北美环境美学进行影响史的考量,为什么会单独用这么长的篇幅论及看似无直接关联的话题呢?这是因为要真正了解北美生态、环境伦理思想家们的美学思想,我们必须从新价值论的角度来审视伦理学的当代变迁,并以此为基础考察环境审美价值的真正内涵。伦理学的变迁伴随着价值论这一核心构成部分的变革而摆脱了人本主义传统,这让仍然秉持传统价值论的学者难以在根本上认同。这种新伦理学是被动产生的,是受到当代环境科学研究的启发,同时也暗合了哲学向存在的转向。美学作为一种价值理论,其在当代的重要分支——环境美学正是建立在新价值论的基础之上,并受其规范性影响。也就是说,哲学的基本问题——价值论的自身革新为建基于它之上的传统学科提供了变革可能。环境伦理的探讨同环境审美有着共同的价值论基础,两者互相渗透并相互构成。从这个意义上来说,当代的环境伦理学家走向环境美学更具有理论、现实的合理性与必然性。但这种新价值论在环境伦理学家、环境美学家那里还没有得到清晰阐明,它往往隐藏于当代环境人文学的理论建构中,并且发挥重要导向作用。这也是本节从中国当代价值论、环境价值论、新价值论一路讨论下来的根本用意。

第二节 利奥波德的"大地伦理美学"

利奥波德（1887—1948）是美国具有世界影响力的环境保护理论家。1909 年，利奥波德从耶鲁大学林学专业毕业，开始任职于联邦林业局。由于对政府部门从经济利益出发保护野生动物非常不满，利奥波德离开政府，开始从事专门的研究工作。从 1928 年到 1931 年，他受资助对美国中北部 8 个州进行了野外考察，发现大量可耕地和河流被损毁。利奥波德开始反思人对于环境的破坏性影响，运用生态整体主义的视角阐发环境伦理思想。在利奥波德被威斯康星大学聘为教授期间，他创建了"荒野学会"并主讲野生动物管理课程。他去世后才出版的《沙乡年鉴》（1949）被称为"环境保护主义运动的新圣经"，他本人也被认为是"现代环境主义运动的真正祖师爷"。

一 "大地伦理"

自然的有机整体观在 19 世纪的北美已经开始兴起，但这种观念的发展还并没有建立在生态学坚实的科学基础之上。例如写作《瓦尔登湖》的梭罗，他将自然视为具有生命的整体，并且反思了人与自然的伦理关系，但他的思想主要建立在一种自然神学的观念之上，主张人通过直觉把握物质表象之下的世界整体。另一位自然主义者约翰·缪尔积极参与美国西部荒野的保护。在思想上，缪尔将包含人在内的自然整体视为上帝的创造物，人只是万千自然的普通一员。无论是动物、植物、石头还是水，对人而言都具有精神上的净化作用。所以，缪尔的有机整体观也有着浓厚的宗教色彩。在 20 世纪，利奥波德继承了有机整体的自然观，同时以自然生态学为依据为这一观念注入了现实科学意义，并有力推动了当代北美环境伦理学的建立。

首先，利奥波德倡导伦理原则的扩大化。在"大地伦理"部分，他以传统的故事叙述了伦理标准的时代特征。古希腊犹如神灵般的奥德修斯从特洛伊战争中归来，由于怀疑自己的 12 个女奴在他离开的时候对他不忠，便用一根绳子绞死了她们。在古希腊的奴隶制度中，奴隶属于私人财产，主人杀死自己的奴隶犹如对自己的财产进行处置一样无关乎对错。它同当代我们的私利行为一样，没有伦理内涵。可以说，古希腊的伦理结构还没有突破奴隶制度。但随着时代更迭，伦理框架是逐渐扩大的，奴隶制度最终被废除。利奥波德以神话故事做比拟，认为传统道德规范经历了不断扩展，人与自然的关系也必然需要伦理介入。

其次，利奥波德试图建立起自然有机共同体的伦理学——大地伦理。传统伦理学主要运用的是哲学术语，它强调"伦理是对社会行为同反社会行为（anti-social conduct）进行的区分"[1]。但在利奥波德看来，伦理学的扩大本身是一个生态进化的过程。从生态学意义上看，伦理是对为生存奋斗的行动自由的限制。互相依存的个体或组织发展出了合作的模式："共生"（symbioses）。"共生"的相互依赖状态是生物个体、种群存在的本然倾向，它在生物界和人类社会都广泛存在。政治学、经济学不过是摆脱了原始无序竞争状态的高级共生状态，它们将包含伦理内容的合作机制奉为法则。"共生"视角不仅可以透视人类社会的政治、经济学伦理，而且可以发现以往伦理学对于大地的忽略，而仅将其视为经济资源。利奥波德认为，伦理关系经历了个体—个体、个体—社会、人—大地三个阶段，并将大地伦理视为伦理学发展序列的第三步。他指出："大地伦理简单地扩大了共同体的边界，使其包含土地、水、植物和动物，或总体来说：大地。"[2] 在这一大地共同体中，人类不再以对于他物的征服者自居，而是对其他构成要素以及共同体自身报以尊重。

最后，生态价值、权利的新阐释。北美的环境保护运动自 19 世纪到 20 世纪 40 年代几乎进行了一个世纪，但这一运动却成效甚微。利奥波德认为它在根源上没有触及人类行为背后哲学、信仰的精神基石，仅仅以经济利益驱使人们保护环境无法根治环境问题。以现代生态科学为基础的大地伦理学强调生态之善，作为构成要素的人对大地健康负有责任。可以说，正是从生态学视角重新解读人与大地的伦理关系，才使得利奥

[1]　Aldo Leopold, *A Sand Country Almanac & Other Writings On Ecology and Conservation*, Curt Meine, ed., New York: The Library of America, 2013, p.171.

[2]　Aldo Leopold, *A Sand Country Almanac & Other Writings On Ecology and Conservation*, Curt Meine, ed., New York: The Library of America, 2013, p.172.

波德赋予自然本身以内在价值。这种价值来源于他所论述的生物区（bio-ta）的能量循环（energy circuit）。这一能量循环建立在特定生物区域的金字塔式结构之上。处在底层的是泥土，在其之上的是植物，继而是昆虫，然后是鸟类、啮齿类，再之后经过多样性的动物群达到大型食肉动物的塔尖。每两个相邻层面的构成者都面临着吃与被吃的关系，并且越往上的生物数量越少。在这种食物链中，能量得到传递，而动植物死亡之后又会被分解融入泥土参与到新的能量循环。当然，这种生物金字塔式结构并不是机械式的，很多动物既食肉又食草。但总体而言，这种生命共同体具有高度结构化的稳定性，其功能依赖于多重部分的合作与竞争。人作为自然中的生命是这一金字塔结构的一部分，也是能量循环的构成要素。利奥波德认为，这种生命共同体自身有着内在的价值与规律。当其中的动植物发生变化，能量循环也会相应调整。"人为改变不同于进化意义上的改变，并且会造成超出目的以及预期的复杂影响。"① 所以，人在根本意义上要为生命共同体的稳定负有责任。这种责任要在整体意义上肯定不同物种均具有生存发展的权利，不同物种均具有为整体的重要意义。人具有维护大地健康的义务，而不仅仅是为了自身利益。利奥波德的土地观念不仅仅是指泥土，而是指在土地、植物、动物间循环流动能量的源泉。他的大地伦理指向的是一个区域环境整体生命机能的稳定、和谐。人为对自然的改造应当维护自然的健康，也就是能够使自然能量循环保持在自我更新的范围之内。这也是人对于自然整体的责任。

　　当代环境哲学充分肯定了利奥波德大地伦理观念的生态整体主义意义，将其视为破除人类中心主义环境观的先锋。但有关其环境伦理的讨论仍有很多误读，并直接掩盖了大地伦理的新价值论基础。利奥波德大地伦理的深度建立在生物学进化论的科学发现之上，这引起了传统伦理学家对其原则的批评。在传统伦理学中，存在事实（fact）与价值（val-ue）的二元论。学者们认为事实叙述和价值叙述存在逻辑鸿沟，我们不能从侧重事实的"是论述"（is-statement）直接演绎出侧重价值的"应当

---

　　① Aldo Leopold, *A Sand Country Almanac & Other Writings On Ecology and Conservation*, Curt Meine, ed., New York: The Library of America, 2013, p. 183.

论述"（ought-statement），反之亦然。摩尔认为仅在事实描述基础上就做出好或坏的评价性判断属于"自然主义谬误"（naturalistic fallacy）。所以，当利奥波德的大地伦理要求我们按照维护自然整体平衡、稳定、和谐的标准来关心其他物种的时候，其事实价值就同伦理价值相混淆。也有中国学者提出质疑："道德向度的自然演化作为一种与人之精神性存在共生的精神结构，它是否能够通过基于生态学的生物进化所观察到的自然现象加以描述呢？"①

卡利科特为利奥波德做了辩护，认为"科学以及由它们揭示的事实确实能够影响价值和改变伦理，而且应该如此"②。例如，基因科学告诉我们智人是起源于非洲并向其他大陆扩散的单一物种，因此单一人种优越性的种族主义就站不住脚。除此之外，科学研究还告诉我们，仇外心理、恐同症、厌女症等畸形价值本身是错误的。作为利奥波德的研究专家，卡里科特一贯认为利奥波德的进化生态世界观（evolutionary-ecological worldview）具有直接的价值规范意义。事实上，达尔文的进化论本身就暗示了生物学原理向伦理学原则的演化。达尔文认为自然选择最终演化出人类伦理，为保持社会团结提供方式。在部落内部，谋杀、抢劫、背叛往往被定义为永久的罪恶，因为这些行为使部落无法团结在一起，并且孤立个体也无法单独完成生存和生产。所以，谋杀的、盗窃的、背叛的基因就被人类文化的基因库抛弃，富于同情、共情的基因则被保留。达尔文的这种生物社会学解释较好地将自然科学与伦理学关联阐释出来，成为利奥波德的良好示范。利奥波德进一步将自然选择理论与食物链、生态系统理论结合在一起作为大地伦理原则的科学启示。传统事实、价值的二分实际上是将事实归为客观，把价值归为主观。利奥波德大地伦理与传统的重要不同就在于，价值并非纯然人类德性的内在创造，而是人类在历经生物学、生态学变化后深深扎根于系统关系的一种直觉性、

<hr>

① 耿阳、彭凌玲：《从大地伦理到大地生命：现象学之生命显现思想进路》，《四川文理学院学报》2022 年第 1 期。

② Ricardo Rozzi, S. T. A. Pickett, Clare Palmer, Juan J. Armesto, J. Baird Callicott, eds., *Linking Ecology and Ethics for a Changing World-Values Philosophy and Action*, Dordrecht：Springer, 2013, p. 120.

本原性的特征。大地伦理既是生物进化、建立在物质关联基础上的历史必然，也是科学精神对人盲目自利行为进行去蔽的思想源泉。在生态哲学中，事实与价值本来就是一体的，利奥波德恰恰发现了这一点。

　　此外，利奥波德饱受批评的一点是整体主义伦理学将导致对个体的专制，这里的个体特指人。利奥波德的大地伦理建立在能量金字塔结构的稳定、和谐、美丽的整体主义价值观之上，个体或要素的重要性无法超越整体关系结构。基尔（Marti Kheel）因此称大地伦理为"专制主义"①。汤姆·里根（Tom Regan）也对这种整体主义不无批评。他说："这种视角的意义有着清晰前景，即个体可能在'维护生命共同体整体、稳定、美丽'的名义下为了更大的生物群落之善而被牺牲。我们很难看到个体权利观念在一种富有导向一端感染力的、简直可称为'环境法西斯主义'（environmental fascism）观念之下有自己的安身之所。"② 杨通进在反思大地伦理学时，也重点反思了西方学界对于利奥波德整体主义的批评。他认为西方自古典城邦政治时期就已经出现了整体主义伦理学观念，利奥波德的"共同体"观念不应当被现代人完全拒斥。大地伦理完全可以通过吸纳社会正义、自由等原则来丰富单一的生物学原则，将其伦理原则从规范伦理导向德性伦理。杨通进认为，诸种方式可有效解除当代理论界所批评的个体权利在整体利益面前的荒芜。然而，无论是批评声音还是学者的辩护，相关论述都忽略了问题的前提：人与他人的对立、人与整体的对抗。只有在对立、对抗的生存关系中，个体权利才会与整体利益存在尖锐冲突，也才会出现整体主义的专制。利奥波德大地伦理的基石却恰恰相反，它是万物相互依存的"共生"状态。这种"共生"并非生态学产生之后才有，而是归属于伦理学发展序列中长期被忽视的一种解释方式。利奥波德认为哲学和生态学是解释同一个伦理问题的两种方式，"伦理学的根源在于相互依赖的个体或团体有着进化合作模

　　① 基尔在《自然的解放：一个环形问题》中从女性主义视角否认了当代环境伦理学中个体权利与整体主义的断裂，她认为利奥波德以大地整体利益为宗旨，摒弃了依据个体存在物内在特征进行赋权的分类系统，建立了新型等级制度。

　　② Tom Regan, *The Case for Animal Rights*, Berkeley：University for California Press, 1983, pp. 361–362.

式的倾向。生态学家称这些为'共生'"①。伦理学的"共生"经历了处理人类个体间合作的"摩西十诫"，后来演化出个体与社会合作的民主制度，而大地伦理则是"共生"原则从人类拓展到自然界的新发展。"共生"从来都是存在个体与世界的本然关系，是伦理关系产生的生态学基础。它并不否定个体与整体的冲突可能，但认为这种冲突必须有利于整体长期稳定、和谐和健康，因为整体之善也意味着个体之善。由于人类造成的生态改变往往引起难以预料的后果，所以利奥波德认同一种推论："人类造成的改变越不激烈，生物金字塔成功的重新调整越有可能实现。"② 所以，利奥波德致力于改变人们以往经济、资源的自然观念，只重个人眼前利益的做法，他要求我们从生态关系角度来重新看待世界，减少对生态系统的人为干预。所谓"专制主义""环境法西斯主义"不过是从个人利益至上、个体与系统对立视角所做的评判，它们并没有建立在利奥波德所倡导的"共生"系统论观念之上。

　　一些基于传统伦理学对大地伦理的批评看似合理，实则站不住脚。传统基于事实、价值二分的伦理学仅将价值评判视作主体德性展开，是一种对价值问题生硬的静态切割。利奥波德的大地伦理并不是以价值主体、客体的对立综合来思考问题，而是以价值整体与内部成员"共生"的存在关系为轴线，以整体→人→整体的价值逻辑来建构。在利奥波德那里，人并不仅仅是价值的消费者，也是价值的生产者，这种生产是对生态整体或曰生命共同体而言的。包含人的大地整体自始至终都在以面向自身的方式运转，而非以独立于系统外的人为归宿。大地伦理并非以高高在上的天启智慧要求、束缚人的行为，而是引导人们去学习这些知识并在自然实践中重新发现生态整体本来具有的关联。当我们重新发现这种关联，大地伦理也就不存在所谓事实、价值的二元，它就是一种人类生存于大地之上本有的价值意识。这种价值意识是一种存在意义上感性与理性的一体，具有直觉性、本原性特征。它显在的是一种理性伦理

　　① Aldo Leopold, *A Sand Country Almanac & Other Writings on Ecology and Conservation*, Curt Meine, ed., New York: The Library of America, 2013, p.171.

　　② Aldo Leopold, "A Sand Country Almanac & Other Writings on Ecology and Conservation", Curt Meine, ed., New York: The Library of America, 2013, p.184.

抉择，隐含其中的则是充满感性的情感倾向。作为一位深耕自然实践的学者，利奥波德对大地伦理的叙述一方面是具有规范性的伦理学，另一方面则是感性化的依存美学。

二 "大地伦理"的审美观

20世纪北美著名的环境伦理学家在其理论高阶阶段往往走向美学，他们既是环境伦理学家同时也是环境美学家。这些可称为环境伦理美学的学说由于建立在新价值论之上，是未来环境美学发展的真正方向。在价值论变革基础上，我们说环境审美价值并不仅仅以人为最终归宿，它以复归于价值整体为指向。这种价值整体是以和谐伦理为基础的感性整体，也就是说环境审美价值复归于这种整体感性关联，同时也从根本上复归于伦理整体的和谐。这种感性复归同伦理关联属于一体两面，具有直觉性、本原性。但当代社会物质主义、消费主义盛行，这种存在基础上的切身关系越来越模糊，需要生态科学指导我们重新发现它、体验它。

虽然利奥波德并不是真正的环境美学家，其大地伦理的论述也旨在为环境保护提供理论根基，但正是这种发源于生态"共生"意义上的伦理关系渗透着新型的审美价值。正如利奥波德所言："对我而言，一种对于大地的伦理关系如果无关乎对于大地的爱（love）、尊重（respect）、赞美（admiration）以及对其价值（value）的高度重视，它是难以想象的。"[1] 利奥波德将人与生态环境的伦理关系与感性关联融合为一体。事实上，对于像利奥波德这样将自己毕生精力投入环境保护事业的学者，没有对生态自然的内在挚爱与感性审美是根本无法令人信服的。这也恰恰说明新价值论基础上的美学并不是由理论推论出来，而是建基于人的自然实践和本然存在状态。人对于大地自然的审美情感就是这样一种本然价值关系的复归，并成为人保护土地、自然的感性动力。它与大地伦理是本然结合在一起的。

利奥波德在《沙乡年鉴》最后的观点总结中，特别提到了自然保护

---

[1] Aldo Leopold, *A Sand Country Almanac & Other Writings on Ecology and Conservation*, Curt Meine, ed., New York: The Library of America, 2013, p. 187.

的美学。利奥波德将人与自然的这种感性关联同休闲联系起来。他说：
"休闲的发展并不是建造通往可爱乡村道路的工作，而是在人仍然无爱的
心灵中建造感受性。"① 在利奥波德那里，要建立这种感受性就必须以生
态学的生命共同体观念来看待自然、生态。我们不仅要摒弃那种仅仅将
自然视为对象属性的眼光，而且要用对自然的来源、功能、机能的洞悉
来培育自己的精神之眼。利奥波德对于自然的感性审美同其对于生态有
机体的伦理把握紧密联系在一起，生态整体的伦理关联能够提升人对于
环境的审美感受力。这种感受力的重新发现是一种人与自然价值关系的
去蔽，去除掉的是一种短视、资源型、经济型眼光，使人与自然系统的
间性关系重新彰显。伦理学显然对审美有着重要启示作用。

　　同时，利奥波德又将这种感性审美视为生态伦理发展的基本动力。
他认为：

　　　　为了让一种伦理的演进得到发展，必须去除的关键障碍仅仅是：
　　将合适的土地利用视为单独的经济问题。考察任意问题，不仅关注
　　什么在经济上是有利的，还要考虑什么在伦理学、美学上是正确的。
　　一件事情，只有当它倾向于保护生命共同体（biotic community）的整
　　体性（integrity）、稳定性（stability）和美（beauty）的时候，才是
　　正确的。当它导向其他方面则是错误的。②

　　在这里美学的原则与伦理学的原则同等重要，对于"美""丑"的审
美判断甚至成为伦理对错的重要基石。学者程相占认为："这段话的四个
英文关键词都以 Y 结尾，我们不妨将之概括为'4Y'原则。这里，'美'
被视为生命共同体的重要特征之一，是否保护自然事物之美成为人类行
为正确与否的准则之一。"③ 显然，对于生态有机整体的感性关联也并非

① Aldo Leopold, *A Sand Country Almanac & Other Writings on Ecology and Conservation*, Curt Meine, ed., New York: The Library of America, 2013, p. 151.
② Aldo Leopold, *A Sand Country Almanac & Other Writings on Ecology and Conservation*, Curt Meine, ed., New York: The Library of America, 2013, p. 188.
③ 程相占：《美国生态美学的思想基础与理论进展》，《文学评论》2009 年第 1 期。

仅仅是伦理关系的简单附着物，它也可以成为推动伦理演进的重要动力。当人类真正意识到自己是大地之子而非大地主人的时候，感性精神可以指引行为走向大地伦理。

虽然利奥波德并没有将自然审美作为环境保护的核心观念来探讨，但我们依然可以从其部分论述中看到这种建立在有机整体观念之上的新审美价值观。正如我们在第一节所做的表述，建立在存在基础之上的新价值观否定了传统价值客体对于价值主体的单向满足，转而寻求人与价值整体间的双向意义。传统的价值客体被包含人在内的价值整体代替，而人自身不再是唯一的价值主体。利奥波德将价值赋予了有机整体以及其他物种，这其实就是对传统主客价值观的否定。新价值观认为价值整体对人的意义只是环节之一。由于人与整体中其他构成要素有着存在基础上的伦理关联，所以价值整体对人的意义的实现也是对整体意义的复归。利奥波德以生态科学为基石，试图寻找人在其中参与的生态伦理语境。有机整体的伦理和谐不仅传达出对于人类生态存在的意义，而且在根本上也推动了由诸多价值主体构成之整体的共同完成。所以，生态伦理有着从整体到人再到整体的贯通性价值，人与生态整体的感性关联建立于这一基础之上，不仅成为和谐伦理实现的感性形态，而且为其实现提供动力。生态伦理与环境审美在这种有机整体的新价值观中得到统一。所以，利奥波德的生态伦理思想既强调伦理法则，同时也重视在此基础之上人的审美感知力的强化，并将两者统筹起来作为现实操作的指导原则。

第三节 罗尔斯顿的"荒野美学"

罗尔斯顿（1932—）是当代北美环境伦理学学科的创始人以及重要代表，是美国科罗拉多州立大学终身教授。他在 1975 年《伦理学》（*Ethics*）杂志上发表的《是否有一种环境伦理?》被认为是"环境伦理学"的起点。1990 年，他筹划组建了"国际环境伦理学协会"（ISEE）并担任第一届主席。罗尔斯顿的主要著作有《哲学走向荒野》（1986）、《环境伦理学》（1988）、《保护自然价值》（1994）、《一种新环境伦理学——地球生命的下一个千年》（2012）。由于在环境伦理学学科上的突出贡献，他也被称为"环境伦理学之父"。其理论虽然立足环境、生态伦理，但也广泛涉及环境审美问题，延续了利奥波德将伦理与审美结合的理论风格。

一　"荒野"的自然价值

作为学院派的理论家，罗尔斯顿可以说从哲学伦理学、美学等角度做了很多开创之功。他确认了作为生态整体中重要一环的人类对动物、有机体、濒危物种以及整个生态系统负有责任。在美学建树方面，罗尔斯顿有着肯定美学倾向，并通过自然价值论为核心的环境伦理学指涉自然全美的表达。正如卡尔松所指出的："特别是在当代关注生态学、生态问题的个人作品那里，肯定美学立场是显而易见的。也许这一立场不能被简单地界定为'科学审美'，而是事实上有人称为的'生态审美'。"①卡尔松这里意指的就是以米克尔、罗尔斯顿为代表的以生态学原则为根基的自然审美，后者不仅将生态原则作为审美标准，而且据此认定所有自然物具有肯定审美价值。

罗尔斯顿首先考察了自然的概念。他认为："自然在总体意义上，无论如何都是非常难以界定的。"② 因为从广泛的意义上来看，自然是指所有服从自然规律的事物，包含了天体宇宙的广袤空间。但罗尔斯顿认为更具体意义的自然是指"一个依赖于整个地球物质循环的生物圈"③，这就将自然限定在地球生命系统范围内。此说法延续了利奥波德对生物区金字塔能量循环的生态学界定。在利奥波德看来，自然就是大地上不同物种、有机物构成的相互合作、竞争、循环的圈层结构。两者都在努力将能量循环、生物圈、生态系统等生态科学知识作为自己哲学伦理学思

---

① Allen Carlson, *Aesthetics and the Environment*：*The Appreciation of Nature*, *Art and Architecture*, London and New York：Routledge, 2001, p. 95.

② Holmes Rolston Ⅲ, "Can and Ought We to Follow Nature", *Environmental Ethics*, Issue 1, 1979.

③ Holmes Rolston Ⅲ, "Can and Ought We to Follow Nature", *Environmental Ethics*, issue1, 1979.

考的理论起点，试图去除掉传统人类中心主义价值观。罗尔斯顿进一步强化了自利奥波德就已经走向科学化的"生命共同体"观念。"共同体"在环境科学之前就已经被提及，但一直缺乏严格的理论基础。直到利奥波德建立于生态学基础上的"大地伦理"学说出现，"共同体"理念才得到科学论证。罗尔斯顿继续沿着利奥波德的研究路径阐发了自然"荒野"（wildness）的独特意义。

"荒野"在罗尔斯顿那里是指纯粹的、未被人类改造过的自然，是一个去人化的世界。正如著作标题"哲学走向荒野"所暗示的那样，罗尔斯顿试图对自然的纯粹形态进行伦理学反思，希望发现相对隔绝的自然如何与人具有共生、依存关系。长久以来，"荒野"被视为人类开发、攫取利益的源泉，这在根本上暗示了一种对于"荒野"价值的解读。罗尔斯顿表示："我们可以进一步看一下人们更深层次的一个假定，即价值源于对人类利益的满足。从这个假定出发，只有人类的精神状态才具有非工具价值；如果没有了人类的选择与感觉，也就没有了内在价值。如果这样，自然作为有价值的体验之源必然就只有工具价值。"① 在传统的价值体系中，自然无论是作为物质材料还是对人的精神意义都只具有以人为归宿的工具价值。这种工具价值集中体现于人类的"资源"观。在利奥波德看来，资源有两种形式：一种是可以对其物质材料进行加工改造的常规资源，另一种是无须改变、只需鉴赏的超常规资源。前一种资源观视"荒野"为可转化为商品的原始质料，后一种资源观则将"荒野"视为人类休闲、放松、体验的场所。虽然超常规资源观具有超越经济利益走向感性经验的倾向，但其最终认定"荒野"保护和鉴赏是为了人自身。这种解释暗合了当代社会流行的一种认知："任何事物实际上都是一种资源。"资源无所不包，无论它功能如何，最终满足对象只能是人类。罗尔斯顿极力批判纯粹的"荒野"资源观，他说："我们在自然中的地位，使得我们有必要建立一些资源关系，但在某些时候，我们是想了解我们如何属于这个世界，而非这个世界如何属于我们；是想根据自然来

① ［美］霍尔姆斯·罗尔斯顿Ⅲ：《哲学走向荒野》，刘耳、叶平译，吉林人民出版社2000年版，第208页。

确定自己是什么，而非仅是根据自己来确定自然是什么。"① 纯粹资源观将一切自然视为为人服务的价值客体，这是一种彻底的人类中心主义。罗尔斯顿却将"荒野"视为人类价值的根源，一种人类需要常常回溯、接触、反思的"自然历史的遗产"。人类生于"荒野"，长于"荒野"，在"荒野"中开启与其他生命形式的密切关联，自然的价值意义在"荒野"中生成。这种价值具有系统性、整体性，要比人类单纯为己的价值观广阔得多。

在阐释"荒野"过程中，罗尔斯顿区分出了与人相关的"根""邻居""陌生者"。人类产生于"荒野"，那里是人类生命之"根"。早在《沙乡年鉴》中，利奥波德就描述过"荒野"的根源意义，但浅尝辄止。罗尔斯顿进一步深化了研究，他认为："这些野性的、生发生命的根是在人类出现之前就已在运行自然过程，这些过程给我们以很多价值，而且不管我们是否意识到，它们给我们的益处都一直在我们的生命中起作用。"② "荒野"对人的意义体现于历史和当下。人类历史的原型就在荒野之中，大脑、肢体、面部结构均有着鱼类、爬行动物的原始特征，我们可以通过走向荒野发现这些对人认知、情感均至关重要的历史源头。在当下，产生于 15 亿年前的细胞色素－C 分子仍然对人和动植物呼吸产生基本作用，氧气出现之前就出现于食物消化中的糖酵解过程依然在运行，"荒野"中大量绿植通过光合作用产生氧气，并通过食物链循环储存在人和动物的蛋白质中。没有"荒野"，人类当下就无法生存，更无从建设文化。"荒野"作为自然之"根"具有自身价值，它既存在于人周围又存在于人体内，人与其他物种共享这一生命之根。

"荒野"中那些非人类、与我们相似的生命种群，被罗尔斯顿视为人的"邻居"。它们虽然不是人类生命的基础，但却与人一样由荒野的生命之源产生出来。之所以称它们为邻居，罗尔斯顿意指人在"荒野"旅途经常发现那些生命在体验、心理、生物等方面与人具有很大相似性。但

---

① ［美］霍尔姆斯·罗尔斯顿Ⅲ：《哲学走向荒野》，刘耳、叶平译，吉林人民出版社 2000 年版，第 207 页。

② ［美］霍尔姆斯·罗尔斯顿Ⅲ：《哲学走向荒野》，刘耳、叶平译，吉林人民出版社 2000 年版，第 214 页。

与人相似就意味着有价值，依据是什么呢？罗尔斯顿依据的是一种"推理的对等性"。他说："它们会捕食和逃跑，会感到疲倦、渴、热，会寻找住所，会游戏，会摆尾巴，会挠痒，受伤时会感到痛苦，会舔舐伤口。蝾螈在遭到攻击时，先是装死，然后迅速逃跑。"① 人类可以对生物行为进行充分了解进而做出判断，以期达到对其生命主体性的同情理解，进而认同其价值。罗尔斯顿的论述有着丰富的生物化学、分子生物学、细胞学知识，而这是利奥波德时代无法获得的。他提到了在脊椎动物中普遍存在的同吗啡功能类似的内啡肽，在肌肉运动中肌凝蛋白对 ATP 的分解，脂肪细胞对于能量的存储与释放。这些生物学知识将有效消除人们对野生动物的误解，加深我们对生命力价值的体会。这些自然科学知识告诉我们，有机体在解决问题求得生存的过程中具有为己的内在价值，无论这种价值是否被人所发现和定义，我们都不能否认它。

除开我们的"邻居"，"荒野"中还有"陌生者"的存在。相较于"根"和"邻居"，"陌生者"处于人类接触和理解之外。对于理解之外的这些"陌生者"，罗尔斯顿也强调一种对其价值的尊重。罗尔斯顿认为："自然经过漫长的时间从低等生物进化出人来，但同时也产生了其它有价值的生命形式。这些生命形式单以其存在就使这世界更好，因此陌生的自然也是一种财富。"② "陌生者"的价值是由其基因所决定的生存方式的展开，它们同样支撑生命生长、繁殖、修复创伤、抗拒死亡，即便我们无法感知也无从理解。所以，"荒野"自身在"根""邻居""陌生者"的诸多意义上都具有内在价值。罗尔斯顿让我们明白价值不仅仅属于人自身或与人相关，它还可以扩大到任何具有完整生命形式的存在当中。所以，价值在其根本意义上，是"自然历史的成就"。

"荒野"作为人与其他生命形式共有的根源具有整体价值，同时它也将价值通过进化过程和生态联系赋予了各个构成要素。罗尔斯顿在论述荒野生命之根时，认为各种生命形式构成"生命共同体"金字塔，而金

---

① ［美］霍尔姆斯·罗尔斯顿Ⅲ：《哲学走向荒野》，刘耳、叶平译，吉林人民出版社2000年版，第215页。

② ［美］霍尔姆斯·罗尔斯顿Ⅲ：《哲学走向荒野》，刘耳、叶平译，吉林人民出版社2000年版，第222页。

字塔的共同体描述恰恰就来源于利奥波德的"大地"哲学。事实上，罗尔斯顿所讲述的"荒野"就是"大地"。"荒野"并非荒废之所，"大地"也并非专指土地，它们共同指向超越人本主义的生态整体，两者均为自然言说的比喻性话语。"荒野"和"大地"将各构成要素视为相互关联、相互支撑且富有规律的价值整体，"荒野"叙事将分子生物学、生物化学的连续作为关系纽带，"大地"叙事则将能量运转作为关系纽带。从"大地"到"荒野"，这种生态整体主义更加生态学化，也更加哲学化。

二 "自然价值论"及其审美观

荒野描述开启了罗尔斯顿的自然价值论。同利奥波德一样，自然的内在价值是罗尔斯顿所着重强调的，但后者的环境哲学可谓更细致、丰富、全面、开放。与利奥波德侧重对自然工具化的批评不同，罗尔斯顿将工具价值、内在价值、系统价值并举，肯定价值评判的多元性。他认为："在人类产生以前，有机体就从工具利用的角度来评判其他有机体和地球资源，有机体是具有选择能力的系统；植物把水和阳光作为资源来利用；昆虫高度评价植物通过光合作用而聚集下来的能量；鸣禽高度评价昆虫中的蛋白质；猎鹰高度评价鸣禽。价值的攫取和转化促进了生态系统的发展。在猎取工具价值的过程中，每一个有机体都是价值的一个增殖器。"① 工具价值是从满足个体生存、发展需要出发必然做出的评判，是在人类出现之前就有的。工具价值、内在价值是生态之网上相互交织的构成部分。所以，在罗尔斯顿那里，自然也具有为人的工具价值，这是无须羞于启齿的。这种价值可以被阐发为经济价值、消遣价值、科学价值、审美价值（对象性的）、生命支撑价值、宗教价值等。但自然为人的价值，一定是建立在自然内在价值基础之上的。没有自然的内在价值做基础，甚至否定这种价值的合理性，人类就走向了片面的人类中心主义。但价值观仅仅停留于工具价值、内在价值仍然是浅薄的，我们必须在它们之上置入另外一种视角——系统价值。

---

① ［美］霍尔姆斯·罗尔斯顿Ⅲ：《环境伦理学》，杨通进译，中国社会科学出版社2000年版，第253—254页。

系统价值弥漫于整个生态系统，使其具有很强的创造性和"选择能力"。罗尔斯顿认为："生态系统选择那些持续时间较长的性状，选择个性，选择分化，选择充足的遏制，选择生命的数量及质量，并借助于冲突、分散、概然性、演替、秩序的自发产生和历史性，在共同体层面恰如其分地做到了这一点。"① 系统价值并不是个体价值的相加，因为系统是一个充满博弈竞争、不断要求多元和开放的动态整体，而个体价值倾向于自保。系统价值观念虽然继承了利奥波德的生命共同体价值观，但比后者更加开放。生命共同体的循环系统是从有机微生物，到植物，继而是昆虫，然后是鸟类、啮齿类，再之后到达多样性的动物群。而罗尔斯顿的系统价值，不仅包括人类自然、动物自然、有机自然，还试图囊括地质自然、地壳自然、无序自然。罗尔斯顿说："有的物类并没有意志和利益，但其演化有着一定的方向、轨迹、特性和演替，使它们有一种建构上的整体性……如蜿蜒的河流或犹如一串念珠似的湖群，接受着时间的改造。内在价值不必是一成不变的。如果一事物有一个有趣的历史，或有着高度的和谐，或体现出高质量的设计，就可以是有价值的。"② 罗尔斯顿的系统价值隐含着令人惊叹的开放性，对自然本身几十亿年"生发能力"的思索是其将价值从有机自然推向无机自然的基础。可以说，这种生态科学知识和哲学深度的学术储备是利奥波德达不到的。

尽管罗尔斯顿在自然价值论上有更深刻研究，但我们必须肯定利奥波德与他在一个基本问题上站在同样的革命性层面——事实与价值的关系。正如前文所述，利奥波德的大地伦理不同于传统事实、价值二分的哲学，他认为生态系统的能量循环既是科学事实，同时也可以直接表现出生命间相互竞争、相互支撑的"共生"伦理。生态伦理本身自古有之，生态科学起到一种澄清、发现的作用。罗尔斯顿继承了利奥波德事实、价值一元的观念。他认为："我们对自然的评价陷入困境，这虽然说可算是笛卡尔主义留给我们的最后一份遗产，但也并非只是哲学家把我们引

① ［美］霍尔姆斯·罗尔斯顿Ⅲ：《环境伦理学》，杨通进译，中国社会科学出版社2000年版，第255页。

② ［美］霍尔姆斯·罗尔斯顿Ⅲ：《哲学走向荒野》，刘耳、叶平译，吉林人民出版社2000年版，第191—192页。

入了这个困境。在价值评判上的无能，可说也是硬科学的一大弱点。事实与价值的截然划分出了岔子，也是生态危机的一个重要根源。"① 传统笛卡尔式二元哲学以及近代以来非生态化的"硬科学"要求我们割裂与自然的连续性，把封闭的实验室成果应用于对自然的奴役活动，事实与价值自此割裂。罗尔斯顿直接提出"生态学作为一门伦理科学"的倡议，将生态学的"是"与伦理学的"应该"等同起来。那么，这种事实、价值一元的理由是什么？为什么生态伦理学家要走向传统基本问题的反叛？

实际上，无论是利奥波德还是罗尔斯顿，他们均认同人与自然其他要素的共生关系，均将理论思考的起点落在生态性存在而非人的精神或对象物质。传统的事实、价值二分源自认识论的思维逻辑。人的精神构造与自然对象分立两边，构成两极，进而形成现代自然科学、哲学思维体系。生态伦理学家不承认人完全独立于自然，认为人就是自然系统中依赖系统健康稳定状态的一个成员，一切问题、思考要建立在这个基础实存之上。生态存在不仅是一切问题的来源，而且形塑一切问题。从认识论走向生态存在，学问建构基石可谓从静态的历史横截面转向了活动的历史。如果坚持使用事实、价值这样的区分性词汇来描述人与自然的生态关系，那么我们可以说这是一种事实与价值的间性关系。事实与价值本就在人的自然存在中相互交叉、重叠和规定。罗尔斯顿说："自然的野蛮远不像先前人们想象的那样任意和低效。现在许多人都倾向于认为：生态系统中有某种智慧，令人不单单是畏服，而更多的是景仰。这样看的话，遵循自然就不仅是为了达到某种与自然无关的目的而精明地采用的手段，而本身就是一种目的。或者更精确地说，我们的一切价值都在人类与环境的相关性中建构出来。"② 遵循自然的生态伦理并不能说是人类自身"精明"的精神创造，而应该说是自然的系统关系在基础意义上要求人、规定人、推动人去践行这些原则，即便假使我们从来没有价值论这样一个学科。所以，从生态性存在的角度看，人本身就深深扎根于

---

① ［美］霍尔姆斯·罗尔斯顿Ⅲ：《哲学走向荒野》，刘耳、叶平译，吉林人民出版社2000年版，第154页。

② ［美］霍尔姆斯·罗尔斯顿Ⅲ：《哲学走向荒野》，刘耳、叶平译，吉林人民出版社2000年版，第87页。

系统关系，受制于系统逻辑，人的生态价值观本身也是维护人生态存在之"是"的延伸之物。所以，当我们与自然的关系处于澄明状态之时，可能无需一种生态价值论来揭示这样一种事实价值的间性，并引人走向规范的自然实践。但现代人类理性精神无限膨胀正日益使这种原初关系遭到遮蔽，我们已经到了必须以生态系统价值来澄清事实的地步。

利奥波德、罗尔斯顿所坚持的生态价值事实上就是我们在新价值论部分所论述的价值环形结构。利奥波德的大地金字塔结构，罗尔斯顿"荒野"包容根、人、邻居、陌生者的整体描述，都是一种包含人在内的价值整体，这种价值整体依赖于生态科学将人的视角从自然对立物中解脱出来，使人观照自然整体的关系结构。进一步，大地、荒野对人的价值指向并不是导向一个外在者、一个异质物，而是有生命力的整体对于一个自身构成要素的意义。从这个意义上说，存在系统内的一个要素并不是独立的，而是在关系网支撑下表现其性状、功能，其能动存在必然要与支撑系统中的其他要素具有稳定伦理关系。在这里我们看到利奥波德对生物群落相互依存关系的独特强调，罗尔斯顿对于人与"邻居""亲缘关系"的叙述均着眼于单独种群对其他物种的依赖以及伦理事实。最后，当价值整体面向系统中的人时，人与"邻居"的存在关系会因之发生变动，意义面向的是人的生存关系境域而非单独的人类自身。这是一种类似牵一发而动全身的价值关联。利奥波德、罗尔斯顿不止一次强调过自然进化所造成的物种竞争、系统对个别物种的阻挠均须从系统发展的角度来看。对人而言也是如此，人类对于自身欲望的克制，对于其他物种的开明、尊重将在根本意义上影响生态系统。因为此种现象背后的逻辑在于，价值整体对于个体种群的意义不是全然肯定或否定的，而是在发生作用过程中影响其存在关系系统。完全个类的价值满足可能意味着其他物种的灾难或灭绝，并反过来影响前者。人类对自然中价值的索取同样如此。所以，价值整体在面向人的过程中，实则最终复归于价值整体系统。每时每刻，人都是一种生态的关系性存在。人类需要明了自身在生态系统价值中的中介位置，并且人可以自觉完成这一角色。

从价值整体走向人并再次复归于价值整体的环形关系结构内含于两位环境伦理学家的理论阐述。这种事实、价值统一的新价值论也意味着多元价值本身其复归形式也是多元的。自然提供给人经济、功利、科学、审美等价值，这种价值并不会在人那里终结，而是会以人为中介复归于系统，显示系统为自身的目的。所以，利奥波德、罗尔斯顿的环境伦理学一直深深含有美学的感性因素。这是伦理复归与感性复归的本然一体。这种复归在根源意义上是一种直觉性、本原性的回归，生态学观念目的在于照亮它、澄清它。所以，罗尔斯顿才会掷地有声地说："这些东西，特别是会影响到我们心情的东西，不仅有一种从心理上说很重要的存在，而且还揭示出关于这世界的真理。如果审美情趣是使我们成为自然中的怪物，我们为什么会演化出这种情趣呢？我们的情感有保护我们机体的功能，但同时也将我们的自我伸展开来，使它与所处的环境结合为一体。"① 因此，人对生态的感性复归与伦理一样是一种生态关系存在的必然发生。

罗尔斯顿说："如果我们亵渎了自然，也就亵渎了我们自己。最基本的一点是很明显的：我们应将自己所统治的世界看作一个共和国，要促成它的所有成员的完整性；我们应该以爱来管理这个共和国。"② 从现实生活的层面来看，对于自然的审美经验确实是环境伦理的重要出发点。正如罗尔斯顿所举例证："变化从事实开始：'那里是大蒂顿（美国的一个国家公园）'，然后到审美价值：'哇，那儿很漂亮'，然后是道德责任：'人们应当保护蒂顿'。"③ 人们对于自然的伦理保护意识往往是从事实到审美再到责任，感性既为伦理奠基又与其融为一体。早在1975年发表的《生态伦理是否存在？》中，罗尔斯顿就告诉我们存在一些亚生态的道德情感。正是由其奠基，"我们在尚存的景观中还是发现一种美，是我们所不愿意毁坏的"④。感性审美在罗尔斯顿的环境伦理中如此重要和具有原初意义，是否意味着我们无须任何努力就可以实现它呢？然而事实上，

---

① ［美］霍尔姆斯·罗尔斯顿Ⅲ：《哲学走向荒野》，刘耳、叶平译，吉林人民出版社2000年版，第471页。

② ［美］霍尔姆斯·罗尔斯顿Ⅲ：《哲学走向荒野》，刘耳、叶平译，吉林人民出版社2000年版，第93页。

③ Allen Carlson and Sheila Lintott, eds. , *Nature, Aesthetics and Environmentalism: From Beauty to Duty*, New York: Columbia University, 2008, p. 325.

④ ［美］霍尔姆斯·罗尔斯顿Ⅲ：《哲学走向荒野》，刘耳、叶平译，吉林人民出版社2000年版，第24页。

人的很多自然审美情趣使人成为"自然中的怪物"，成为自然的敌人，自然成为人单方面攫取的资源。这又是为何呢？

我们认为，人与生态的感性关系存在双重感性特征。一种是自然中个别的物以其外形、颜色、线条、质地等外在感性特征成功引起人的审美兴趣，在无生存关联的情况下，人按照传统艺术的"无利害性"对其进行"静观"审美。我们称此为艺术型审美。艺术型审美建立在无生态关联、类比艺术的基础之上，是一种自然对象向主体之人的单向价值满足，因而是一种认识论的、资源型的审美。另一种感性关系建立在彻底的交互、依存的生态关系之上，是生态系统孕育的人对于整体世界的感性回馈，体现出一种"与自然相连续的情感"。我们称其为生态型审美。两种感性特征极易混淆，但差异巨大。艺术型审美是环形价值关系中价值整体面向人的庸俗化表达，即人为目的和终点。这种第一阶段的审美要么将焦点置于对象的物理性状，要么置于主体的美感心理，两种观点有时形成尖锐冲突。这一结果的根源在于，价值论上人与物是分裂和对立的。第二阶段的审美是环形价值关系中人向包含自身的生态整体的感性回归，人成为系统环形价值循环的中介和构成部分。在这一复归的感性中，人不再以对象的物理属性或主体的感性意象为审美激发点，而是在一种生态性的关联中对系统中其他"生态位"主体产生自发的欣赏。此时，生态意识充分觉醒的人甚至会被荒原、沙漠、冻原、极地等景观所吸引，因为这些景观并非孤立的对象自身，而是构成人类生态家园不可或缺的要素，具有与人耦合的亲缘性。生态型审美是如罗尔斯顿所言的"在家"感觉，是对生态自然的亲近感，是中国传统对自然造化伟力的诗意表达，它既可观照自然整体又可观照具体对象。

在现代性自然审美中，艺术型审美占据了绝对主流，即便是当代环境美学家也在走这种老路。① 我们并非否认艺术型审美的重要性，而是在

---

① 倡导科学认知主义的卡尔松的理论模型是分析美学的"艺术范畴"，倾向于对象要素；倡导感性经验的伯林特的理论模型是杜威无所不包的"一个经验"过程，倾向于以人的感知境域为核心；倡导日常经验同时重视文化知识的斋藤百合子实际上是突出艺术介入生活和自然的表达。就连当代中国强调以生态立论的美学家，其理论建构也仍然没有在价值论的隐含逻辑中突破艺术型审美。

基础意义上反对自然环境鉴赏仅仅局限于艺术型审美。不可否认的是，审美只要和人的感官、具体的物质对象相关就会有形式、颜色、线条、声音、质地等要素的美学意义。这些要素随着文明发展还会积累出丰富的文化惯例。从价值论角度看，艺术型审美的主体、客体互动关系也是进一步探讨问题的基本要素，但单一的艺术型审美随着文化积累越来越形成关于自然审美的巨大误导。在人类中心主义文化影响下，自然成为人工艺术的比拟物，成为人精神创造、改造、消费甚至拥有的对象，而非那一个与人有着密切存在关系的母体。罗尔斯顿意识到艺术型审美的不足，他谈道："问题在于审美模式使价值与人的兴趣满足相一致。事实上，审美仅仅将价值限定在一种特定兴趣"①，"一件艺术品是惰性的，它没有新陈代谢，没有活力，没有修复功能，没有营养金字塔，没有更迭，没有进化史。在博物馆中的它并不是处于共同体中。但景观中的物处于生命共同体中。将自然假定为纯正艺术的方式来对待它将是对自然的滥用……美学可以引起责任，但它不是通过仿照艺术将人类愉悦经验置于中心来完成"②。所以，生态型审美仍然需要建构和澄清，需要有深度的生态学知识来抵抗人类的主体文化倾向，将环形价值关系从第一阶段推向第二阶段。

罗尔斯顿积极推崇生态型审美的建构，他强调我们应当尊重自然中并未展现出来的、固有的东西，那些"不被人控制"的生态学因素。正如他所言："美学走向荒野。"人在自然审美中建立起同自然生态的感性关系，并以人做出肯定的审美判断为依据。罗尔斯顿为自然审美经验划分出两个组成要素：审美能力（aesthetic capacity）、审美属性（aesthetic property）。要建立有深度的自然审美必须重视自然的审美属性。这种属性并非来自人类当下的感性观察，而在于对生态有机体的理解。自然是一个包含动物、植物、微生物等构成要素的整体生命系统，它自身有着新陈代谢、繁殖、进化史。如果仅将自然对象属性看作其结构、完整性、

---

① Allen Carlson and Sheila Lintott, eds., *Nature, Aesthetics and Environmentalism: From Beauty to Duty*, New York: Columbia University, 2008, p. 326.

② Allen Carlson and Sheila Lintott, eds., *Nature, Aesthetics and Environmentalism: From Beauty to Duty*, New York: Columbia University, 2008, p. 327.

统一、对称等性质，结果仍然会倾向艺术型的肤浅。属性必须达到创造性自然的进化过程、物种对生态的适应性与关系性，"深入"的理解才有可能。一个具体自然物种以其自身生存目的契合于生态整体，它是创造生命的大自然的过程和产品。这种"深入"属性具有客观、启迪生态型审美意识的作用，而审美能力则在这种理解中得到提升。审美价值其实就在人——自然相遇所激发的关系性当中。^① 一个人必然不能像对待艺术品一样鉴赏自然，因为人就在景观之中，而且同时也是生命有机体的构成部分，人对自然的感知达到了罗尔斯顿所说的"一种对其他自然创造物的亲切感"。在罗尔斯顿那里，"美感已经转变为对生命的尊重。完全可以说，我们已经离开美学领域而进入内在的、生态系统价值的领域"^②，这便是一种生态型审美。此种感觉进一步来说就是对生命的尊重，一种切己的共生关系之下的尊重。人只有建立起对生命共同体的尊重，对于动植物内在价值的尊重、对于生命共同体共同福祉的尊重才能为审美价值提供充足的现实根基，而这一切都来源于生态系统知识所揭示的生态关系。生态型审美就是环形价值论中第二阶段美学与伦理学的统一，人们在美感中被激发出保护家园的动力和责任，也将道德义务融合进感性的依存之中。

罗尔斯顿坚信人类审美的艺术型格式塔心理一定会随"生命共同体"原则的理解而得到重构。在其著述中，罗尔斯顿引用大量例证证明人对生态系统、物种进化的理解如何建构出生态型审美。但必须指出的是，这种建构更多建立在一种信念上，即人对生态系统的理解必须也一定可以形成新美感。和利奥波德一样，罗尔斯顿认定人的生态性存在在伦理

---

① 虽然罗尔斯顿强调自然的内在价值，但并未将审美价值归为客观自然"属性"，而视"属性"为一种价值产生的预备和条件，审美价值产生于人与"属性"的相遇，产生于人的激发活动。从总体价值论上看，罗尔斯顿虽然承认自然对象有自在、自为的内在价值，但更多的是与工具价值相对举而言，并且内在价值最终归附于系统价值，它不能独立存在。罗尔斯顿在《环境伦理学》中明确说过："内在价值只是整体价值的一部分，不能把它割裂出来孤立地加以评价。"所以有学者认为罗尔斯顿的"内在价值"是从康德理性存在者的"绝对价值"转移过来，这是不对的。他们没有辨明罗尔斯顿的系统和康德的绝对个体完全不是一个层面概念。

② Allen Carlson and Sheila Lintott, eds. , *Nature, Aesthetics and Environmentalism: From Beauty to Duty*, New York: Columbia University, 2008, p. 334.

约束之外一定还有一种感性支撑，但其阐发其实较为模糊。通过环形关系新价值论的论述，我们为理解两位环境伦理美学家的学说提供了新路径，并且认为大地美学和荒野美学含有新价值论结构。环境美学的未来应当从价值关系的根本问题着手，突破艺术型审美，发展生态型审美理论。只有从价值论根本问题着手，环境美学才能为美学基本问题提供新方向和持久生命力。所有畅想应当期于未来。

结　语

在中国，西方视域的环境美学研究是从 20 世纪末开始的。陈望衡率先撰文阐发了环境美学在当代建构的使命。从 2006 年开始，陈望衡组织翻译的"环境美学译丛"得以出版，让更多学人得以窥见当代西方环境美学之堂奥。此后，曾繁仁、薛富兴、程相占、彭锋等一批知名学者从传统的美学领域转到环境美学研究。中国学界一时兴起了更为丰富的对于西方理论的翻译、解读和评价。环境美学显然成为较为热门的新兴领域。

首先，环境美学的兴起不得不提及当今的时代境况。当代中国，人与环境的矛盾不可谓不尖锐，小到城市的日常起居，大到区域生态，无处不体现出环境和人的不和谐。重视环境审美的理论研究自然被赋予了解决审美危机的良好夙愿。另外一点不可忽视的是，中国传统农耕文明影响下的自然观、生态观极易让我们对一种具有包容性的环境美学产生亲近感。不得不承认，如果能将当代环境美学建构同中国传统天人观、朴素生态观建立起关联，那么这一学科将会具有世界性意义。但就现在的国际环境美学话语来看，这一愿望还远未达成。中国环境美学在国际较有影响力的可能是被称为"生态美学"的理论。这一学术领域以程相占为首，他旗帜鲜明地提出同环境美学具有不同源流的"生态美学"。他认为"生态美学"的关注焦点在"审美方式"，即认同一种生态意识下的审美活动，而"环境美学"则是以"审美对象"立论。就本书所涉及的北美环境美学家理论而言，这种区分显然失之偏颇。因为无论是从连续性"经验"出发探讨环境审美发生的伯林特，还是将环境伦理视为自然

审美价值坚实基础的利奥波德、罗尔斯顿，他们的理论立足点其实都与
"审美方式"问题休戚相关。如果非要将环境伦理学家的美学观念视为生
态美学而非环境美学，这不过是为了表述同一理论话语的不同称谓而已。

其次，我们必须看到中国环境美学还没有形成具有很强阐释力的学
说。西方学者在环境美学建构话语中，一般极力强调对于传统的反叛以
突出新理论的革命意义。我们要清楚辨明的是，他们究竟反叛的是何种
传统？他们又在何种程度上维护了传统？卡尔松所极力排斥的如画性观
念、形式主义美学一方来源于18、19世纪的自然审美传统，一方来自20
世纪初的形式主义审美观。卡尔松从来没有提出过脱离自己时代语境的
阐释方法。寻求"审美相关性"的规范性诉求同分析美学对于艺术鉴赏
的相关性分析如出一辙。卡尔松并没有反叛分析美学的理论传统。在卡
尔松那里得到部分继承的"无利害性"在伯林特那里被完全否定。这一
被康德高扬的鉴赏判断态度在伯林特那里因违背了经验"连续性"而遭
到抛弃。可以说，环境的经验理论是伯林特艺术参与理论的恰当发展，
因为根本的理论内核一直都同杜威一致，而杜威的经验理论已经是环境
审美、日常生活审美的萌芽了。对于西方理论，只有当我们能够清晰地
从学术史视角区分出其理论反驳对象与论述根基，中国的环境美学建构
才能具有更为深刻的洞见。

当然，相关的学术史研究并非一概否定环境美学的理论革新意义。
我们的目的在于找到其意义的边界，继而寻求进一步推动理论发展的可
能。不可否认，卡尔松用一种规范性、客观性视野来强化环境鉴赏能够
为普通环境参与者提升审美经验提供帮助。但理论的意义可能并不仅仅
在于能够规范什么，还要面对如何澄清事实的问题。这一事实，是否就
是伯林特所强调的感知经验统一体的描述呢？伯林特部分地回答了这一
问题，因为这种连续性的经验发生确实打破了诸多在理论探讨中才出现
的分立。但同时，这样的统一体的感知也被理论过分泛化了，经验的一
体失去了现实的可能限制。所以，它似乎仅具有经验发生的全面可能性，
而没有融入现实存在的客观联系。

也许要为环境美学寻找一个具有普适性的理论根据并不可能，但从
不同文化基础之上的环境观念汲取营养应当会推进这一方向的发展。我

们现在面临的首要问题是如何清楚认识其他传统中理论观念的问题。本书希望能够提供一个研究西方环境美学的学术影响史视角，从立论的根基着手发现学者如何继承、反思、建构环境美学。我们认为，只有了解理论背景和根源，才能为环境美学的中西对话提供新的契机。

参考文献

一 环境美学外文文献

（一）著作

Allen Carlson, Barry Sadler, *Environmental Aesthetics: Essays in Interpretation*, Victoria: University of Victoria, 1982.

Allen Carlson, Sheila Lintott, *Nature, Aesthetics and Environmentalism: From Beauty to Duty*, New York: Columbia University Press, 2008.

Allen Carlson, *Aesthetics and the Environment: The Appreciation of Nature, Art and Architecture*, London: Routledge, 2000.

Allen Carlson, *Nature and Landscape: An Introduction to Environmental Aesthetics*, New York: Columbia University Press, 2009.

Arnold Berleant, Allen Carlson, *The Aesthetics of Human Environment*, Peterborough: Broadview Press, 2007.

Arnold Berleant, Allen Carlson, *The Aesthetics of Natural Environment*, Peterborough: Broadview Press, 2004.

Arnold Berleant, *Art and Engagement*, Philadelphia: Temple University Press, 1991.

Arnold Berleant, *Sensibility and Sense—The Aesthetic Transformation of the Human World*, Charlottesville: Imprint Academic, 2010.

Arnold Berleant, *The Aesthetic Field: A Phenomenology of Aesthetic Experience*, Springfield: Charles C Thomas Publisher, 1970.

Arnold Berleant, *Aesthetics Beyond the Art-New and Recent Essays*, Farnham:

Ashgate，2012.

Arnold Berleant，*Aesthetics and Environment-Variations on a Theme*，Farnham：Ashgate，2005.

Christopher Tunnard，*A World with a View：An Inquiry into the Nature of Scenic Values*，New Haven：Yale University Press，1978.

George Perkins Marsh，*Man and Nature*，Massachusetts：The Belknap Press of Harvard University Press，1965.

Glenn Parsons，Allen Carlson，*Functional Beauty*，Oxford：Clarendon Press，2008.

J. Douglas Porteous，*Environmental Aesthetics：Ideas，Politics and Planning*，London and New York：Taylor & Francise-library，2003.

Jack Nasar，*Environmental Aesthetics：Theory，Research，and Applications*，Cambridge：Cambridge University Press，1988.

John Baird Callicott，*Companion to a Sand County Almanac*，Wisconsin：University of Wisconsin Press，1987.

Ronald W. Hepburn，*"Wonder" and Other Essays：Eight Studies in Aesthetics and Neighbouring Fields*，Edinburgh：Edinburgh University Press，1984.

Tunnard，C.，Pushkarev，B.，*Man-made America：Chaos or Control?* New Haven：Yale University Press，1963.

（二）论文

Allen Carlson，"Contemporary Environmental Aesthetics and the Requirements of Enviromentalism"，*Environmental Values*，Issue 3，2010.

Allen Carlson，"Critical Notice of Rolston，Philosophy Gone Wild"，*Environmental Ethics*，Vol. 8，1986.

Allen Carlson，"The Relationship between Eastern Ecoaesthetics and Western Environmental Aesthetics"，*Philosophy East and West*，Issue 1，2017.

Arnold Berleant，"Aesthetics and Environment Reconsidered：Reply to Carlson"，*British Journal of Aesthetics*，Vol. 3，2007.

Donald W. Crawford，"Reviewed Work（s）：Aesthetics and the Environment：The Appreciation of Nature，Art and Architecture by Allen Carlson"，*The*

Philosophical Quarterly, Vol. 1, 2002.

Holmes Rolston, "Does Aesthetic Appreciation of Nature Need to Be Science Based", *British Journal of Aesthetics*, Issue 4, 1995.

Holmes Rolston, "From Beauty to Duty: Aesthetics of Nature and Environmental Ethics", in Carlson and Lintott, eds., *Nature, Aesthetics and Environmentalism: From Beauty to Duty*.

Janna Thompson, "Aesthetics and the Value of Nature", *Environmental Ethics*, Issue 3, 1995.

John Baird Callicott, "Leopold's Land Aesthetics", *Journal of Soil and Water Conservation*, Vol. 38, 1983.

Joseph W. Meeker, "Notes Toward an Ecological Aesthetic", *Cannadian Fiction Magazine*, Vol. 2, 1972.

Jusuck Koh, "An Ecological Aesthetic", *Landscape Journal*, Issue 2, 1988.

Kenneth H Simonsen, "The Value of Wildness", *Environmental Ethics*, Issue 3, 1981.

Noel Carroll, "On Being Moved by Nature: Between Religion and Natural History", in Kemal and Gaskell, eds., *Landscape Natural Beauty and the Arts* (244 – 266).

Paul Gobster, "The Shared Landscape: What Does Aesthetics Have to Do with Ecology?", *Landscape Ecology*, Vol. 22, 2007.

Philip Dearden, "Landscape Assessment: The Last Decade", *Canadian Geographer*, Issue 3, 1980.

Richard Routley, "Is There a Need for a New, an Environmental, Ethic?", in *Proceedings of XVth World Conference of Philosophy*, Bulgaria: Sofia Press, 1973.

二　环境美学中文文献

（一）著作

［法］勃朗：《走向环境美学》，尹航译，河南大学出版社 2015 年版。

［芬］约·瑟帕玛：《环境之美》，武小西、张宜译，湖南科学技术出版社

2006 年版。

［加］艾伦·卡尔松：《从自然到人文——艾伦·卡尔松环境美学文选》，薛富兴译，广西师范大学出版社 2012 年版。

［加］艾伦·卡尔松：《环境美学——自然、艺术与建筑的鉴赏》，杨平译，四川人民出版社 2006 年版。

［加］艾伦·卡尔松：《自然与景观》，陈李波译，湖南科学技术出版社 2006 年版。

［加］格林·帕森斯、艾伦·卡尔松：《功能之美——以善立美：环境美学新视野》，薛富兴译，河南大学出版社 2015 年版。

［加］卡菲·凯丽：《艺术与生存》，陈国雄译，湖南科学技术出版社 2008 年版。

［美］J. 贝尔德·卡利科特：《众生家园——捍卫大地伦理与生态文明》，薛富兴译，中国人民大学出版社 2019 年版。

［美］阿摩斯·拉普卜特：《建成环境的意义》，黄兰谷等译，中国建筑工业出版社 2003 年版。

［美］阿诺德·贝林特：《艺术与介入》，李媛媛译，商务印书馆 2013 年版。

［美］阿诺德·伯林特：《环境美学》，张敏、周雨译，湖南科学技术出版社 2006 年版。

［美］阿诺德·伯林特：《美学与环境——一个主题的多重变奏》，程相占、宋艳霞译，河南大学出版社 2013 版。

［美］阿诺德·伯林特：《美学再思考——激进的美学与艺术学论文》，肖双荣译，武汉大学出版社 2010 年版。

［美］阿诺德·伯林特：《生活在景观中——走向一种环境美学》，陈盼译，湖南科学技术出版社 2006 年版。

［美］阿诺德·伯林特主编：《环境与艺术：环境美学的多维视角》，刘悦笛等译，重庆出版社 2007 年版。

［美］戴斯·贾丁斯：《环境伦理学——环境哲学导论》，林官明、杨爱民译，北京大学出版社 2002 年版。

［美］霍尔姆斯·罗尔斯顿Ⅲ：《环境伦理学》，杨通进译，中国社会科学

出版社 2000 年版。

［美］霍尔姆斯·罗尔斯顿Ⅲ：《哲学走向荒野》，刘耳、叶平译，吉林人民出版社 2000 年版。

［美］凯文·林奇：《城市意象》，方益萍等译，华夏出版社 2001 年版。

［美］理查德·舒斯特曼：《生活即审美：审美经验和生活艺术》，彭锋等译，北京大学出版社 2007 年版。

［美］米歇尔·柯南：《穿越岩石景观——贝尔纳·拉絮斯的景观言说方式》，赵红梅、李悦盈译，湖南科学技术出版社 2006 年版。

［美］诺埃尔·卡罗尔：《超越美学》，李媛媛译，商务印书馆 2006 年版。

［美］史蒂文·布拉萨：《景观美学》，彭锋译，北京大学出版社 2008 年版。

［英］罗杰·斯克鲁顿：《建筑美学》，刘先觉译，中国建筑工业出版社 2003 版。

陈望衡：《环境美学》，武汉大学出版社 2007 年版。

陈望衡、丁利荣：《环境美学前沿》（第二辑），武汉大学出版社 2012 年版。

陈望衡主编：《环境美学前沿》（第一辑），武汉大学出版社 2009 年版。

程相占：《环境美学概论》，山东文艺出版社 2021 年版。

程相占：《生生美学论集——从文艺美学到生态美学》，人民出版社 2012 年版。

程相占：《生态美学引论》，山东文艺出版社 2021 年版。

程相占：《西方生态美学史》，山东文艺出版社 2021 年版。

程相占：《中国环境美学思想研究》，河南人民出版社 2009 年版。

程相占、［美］阿诺德·伯林特、［美］保罗·戈比斯特：《生态美学与生态评估及规划》，河南人民出版社 2013 年版。

盖光：《生态境域中人的生存问题》，人民出版社 2013 年版。

盖光：《文艺生态审美论》，人民出版社 2007 年版。

李庆本：《国外生态美学读本》，长春出版社 2009 年版。

刘成纪：《自然美的哲学基础》，武汉大学出版社 2008 年版。

刘悦笛：《美学国际：当代国际美学家访谈录》，中国社会科学出版社

2010 年版。

刘悦笛：《生活美学与艺术经验》，南京出版社 2007 年版。

彭锋：《回归：当代美学的 11 个问题》，北京大学出版社 2009 年版。

彭锋：《完美的自然：当代环境美学的哲学基础》，北京大学出版社 2005
年版。

王茜：《现象学生态美学与生态批评》，人民出版社 2014 年版。

徐恒醇：《生态美学》，陕西人民教育出版社 2000 年版。

薛富兴：《艾伦·卡尔松环境美学研究》，安徽教育出版社 2018 年版。

余谋昌：《自然价值论》，陕西人民教育出版社 2003 年版。

余谋昌、王耀先：《环境伦理学》，高等教育出版社 2004 年版。

曾繁仁：《美学之思》，山东大学出版社 2003 年版。

曾繁仁：《生态存在论美学论稿》，吉林人民出版社 2009 年版。

曾繁仁：《生态美学导论》，商务印书馆 2010 年版。

曾繁仁：《生态美学基本问题研究》，人民出版社 2015 年版。

曾繁仁：《转型期的中国美学》，商务印书馆 2007 年版。

赵红梅：《美学走向荒野——论罗尔斯顿环境美学思想》，中国社会科学
出版社 2009 年版。

（二）论文

［美］阿诺德·伯林特：《环境：向美学的挑战》，《江西社会科学》2004
年第 5 期。

［美］阿诺德·伯林特：《美学再思考》，《湖南人文科技学院学报》2006
年第 5 期。

［美］阿诺德·伯林特、程相占：《从环境美学到城市美学》，《学术研
究》2009 年第 5 期。

［美］阿诺德·伯林特、程相占：《审美生态学和城市环境》，《学术月
刊》2008 年第 3 期。

陈望衡：《环境伦理与环境美学》，《郑州大学学报》（哲学与社会科学
版）2006 年第 6 期。

程相占：《论环境美学与生态美学的联系与区别》，《学术研究》2013 年
第 1 期。

程相占：《审美欣赏理论：环境美学的独特美学观及其对美学原理的推进》，《学术月刊》2021 年第 2 期。

程相占：《生态审美的四个要点》，《天津社会科学》2013 年第 5 期。

程相占、王一凡：《自然审美中的认知与感知：环境美学对于审美理论的推进》，《江苏大学学报》（社会科学版）2021 年第 4 期。

程相占、杨阳：《论范畴的审美感知功能 ———以沃尔顿的艺术范畴理论及其对当代自然审美理论的影响为讨论中心》，《郑州大学学报》（哲学社会科学版）2021 年第 3 期。

邓军海：《连续性形而上学与阿诺德·伯林特的环境美学思想》，《郑州大学学报》（哲学社会科学版）2008 年第 1 期。

高树博：《审美无利害性与参与美学》，《哲学动态》2011 年第 10 期。

廖建荣：《环境美学与生态美学》，《郑州大学学报》（哲学社会科学版）2012 年第 1 期。

毛宣国：《伯林特对康德“审美无利害”理论批判辨析》，《郑州大学学报》（哲学社会科学版）2015 年第 6 期。

聂春华：《一种美学还是两种美学？——从阿诺德·柏林特的难题看环境美学学科建设》，《广西大学学报》2010 年第 5 期。

薛富兴：《艾伦·卡尔松的科学认知主义理论》，《文艺研究》2009 第 7 期。

薛富兴：《艾伦·卡尔松论建筑审美特性》，《西北师大学报》（社会科学版）2011 年第 4 期。

薛富兴：《对肯定美学的论证》，《中山大学学报》2009 年第 2 期。

薛富兴：《论艾伦·卡尔松的“环境模式”》，《南开学报》（哲学社会科学版）2010 年第 1 期。

薛富兴：《自然审美的两种客观性原则》，《文艺研究》2010 年第 4 期。

曾繁仁：《论生态美学与环境美学的关系》，《探索与争鸣》2008 年第 9 期。

曾繁仁：《西方 20 世纪环境美学述评》，《社会科学战线》2009 年第 2 期。

张法：《生态型美学的三个问题》，《吉林大学学报》（社会科学版）2012

年第 1 期。

张法：《西方生态型美学：领域构成、美学基点、理论难题》，《河南师范大学学报》（哲学社会科学版）2011 年第 3 期。

张敏：《阿诺德·伯林特的环境美学建构》，《文艺研究》2004 年第 4 期。

张敏、王会方：《论环境美学中的连续性问题——从杜威美学到参与美学》，《中南林业科技大学学报》2011 年第 1 期。

三　美学基础文献

（一）中文专著

［爱］斯托洛维奇：《审美价值的本质》，凌继尧译，中国社会科学出版社1984 年版。

［德］康德：《判断力批判》，邓晓芒译，人民出版社 2002 年版。

［美］阿瑟·丹托：《艺术的终结》，欧阳英译，江苏人民出版社 2001年版。

［美］阿瑟·丹托：《艺术终结之后——当代艺术与历史的界限》，王春辰译，江苏人民出版社 2007 年版。

［美］奥尔多·利奥波德：《沙郡年鉴》，张富华、刘琼歌译，外语教学与研究出版社 2010 年版。

［美］弗兰克·梯利：《西方哲学史》，贾辰阳、解本远译，商务印书馆1995 年版。

［美］门罗·比尔兹利：《西方美学简史》，高建平译，北京大学出版社2006 年版。

［美］桑塔耶纳：《美感》，杨向荣译，人民出版社 2013 年版。

［美］托马斯·门罗：《走向科学的美学》，石天曙、滕守尧译，中国文联出版公司 1985 年版。

［美］约翰·杜威：《经验与自然》，傅统先译，商务印书馆 2014 年版。

［美］约翰·杜威：《艺术即经验》，高建平译，商务印书馆 2005 年版。

［英］伯纳德·鲍桑葵：《美学史》，张今译，中国人民大学出版社 2010年版。

李德顺：《价值论》，中国人民大学出版社 2007 年版。

李连科:《价值哲学引论》,商务印书馆 1999 年版。

刘纲纪:《现代西方美学》,湖北人民出版社 1993 年版。

刘悦笛:《分析美学史》,北京大学出版社 2009 年版。

牛宏宝:《西方现代美学》,上海人民出版社 2002 年版。

彭富春:《美学原理》,人民出版社 2011 年版。

王玉樑:《价值哲学新探》,陕西人民出版社 1993 年版。

王玉樑、〔日〕岩崎允胤编:《价值与发展——中日〈价值哲学新论〉续集》,陕西人民教育出版社 1999 年版。

叶朗:《美学原理》,北京大学出版社 2009 年版。

张法:《20 世纪西方美学史》,四川人民出版社 2007 年版。

赵敦华:《现代西方哲学新编》,北京大学出版社 2001 年版。

周宪:《20 世纪西方美学》,高等教育出版社 2004 年版。

朱狄:《当代西方美学》,武汉大学出版社 2007 年版。

朱光潜:《西方美学史》,人民文学出版社 2002 年版。

(二) 英文专著

Aldo Leopold, *A Sand County Almanac*: *With Essays on Conversation*, Oxford University Press, 2001.

Bender John W., H. Gene Blocker, *Contemporary Philosophy of Art*, New York: Prentice-Hall, Inc., 1993.

Clive Bell, *Art*, New York: G. P. Putnam's Sons, 1958.

George Dickie, *Art and the Aesthetic*, *An Institutional Analysis*, Ithaca: Cornell University Press, 1974.

Jerome Stolnitz, *Aesthetics and Philosophy of Art Criticism*, *A Critical Introduction*, Boston: Houghton Mifflin, 1960.

Michael Kelly ed., *Encyclopedia of Aesthetics*, New York: Oxford University Press, 1998, Vol2.

Monroe Beardsley, *Aesthetics*: *Problems in the Philosophy of Criticism*, New York: Harcourt & Brace Co, 1958.

Morris Weitz, *Problems in Aesthetics*, New York: Macmillan Publishing Co, 1970.

Richard Shusterman, *Analytic Aesthetics*, Oxford: Basil Blackwell, 1989.

Sir Uvedale Price, *An Essay on the Picturesque*: *As Compared with the Sublime and the Beautiful*; *And*, *on the Use of Studying Pictures*, *for the Purpose of Improving Real Landscape*, London: J. Robson, 1796.

William Elton, *Aesthetics and Language*, Oxford: Basil Blackwell, 1954.

（三）英文论文及学位论文

Allen Arvid Carlson, *The Use of "Reaction Terms" in Aesthetic Judgement*, Michigan: The University of Michigan, 1971.

George Dickie, "The Myth of the Aesthetic Attitude", *American Philosophical Quarterly*, Vol. 1, 1964.

Henry David Aiken, "The Concept of Relevance in Aesthetics", *The Journal of Aesthetics and Art Criticism*, Vol. 6, 1947.

Henry David Aiken, "Some Notes Concerning the Aesthetic and the Cognitive", *The Journal of Aesthetics and Art Criticism*, Vol. 3, 1955.

Jerome Stolnitz, "On the Origins of Aesthetic Disinterestedness", *The Journal of Aesthetics and Art Criticism*, Vol. 20, No. 2, 1961.

Jerome Stolnitz, "The Aesthetic Attitude in the Rise of Modern Aesthetics", *The Journal of Aesthetics and Art Criticism*, Vol. 36, No. 4, 1978.

Kendall L. Walton, "Categories of Art", *The Philosophical Review*, Issue 3, 1970.

Ronald W. Hepburn, "Aesthetic Appreciation of Nature", in H. Osborne (ed.) *Aesthetics in the Modern World*, London, Thomas and Hudson, 1968.

Marcia Muelder Eaton, "Good and Correct Interpretations of Literature", *The Journal of Aesthetics and Art Criticism*, Issue 2, 1970.

Marcia Muelder Eaton, "Where Is the Spear—the Question of Aesthetic Relevance", *British Journal of Aesthetics*, issue 1, 1992.

Marcia Muelder Eaton, "Kantian and Contextual Beauty", *The Journal of Aesthetics and Art Criticism*, Issue 1, 1999.

Monroe C. Beardsley, "Reviewed Work: Aesthetics and Philosophy of Art Criticism-A Critical Introduction by Jerome Stolnitz", *The Journal of Philoso-*

phy, Vol. 57, No. 19, 1960.

Paul Ziff, "Anything Viewed", in *Antiaesthetics, an appreciation of the cow with subtile nose*, Dordrecht, Reidel, 1984.

Paul Ziff, "Reasons in Art Criticism", in *Philosophical Turnings: Essays in Conceptual Appreciation*, Ithaca, Cornell University Press, 1966.

Stephen C. Pepper, Karl H. Potter, "The Criterion of Relevancy in Aesthetics: A Discussion", *The Journal of Aesthetics and Art Criticism*, Vol. 2, 1957.

后　记

　　我与环境美学结缘始于十二年前。那时候我刚考取文艺学研究生，对学术研究知之甚少。导师陈国雄教授同我说："你愿意，就跟我做环境美学吧，这个领域大有可为。"陈老师将自己的包括国家课题申报书在内的所有研究资料打包发给了我。在陈老师的指导下，我做了"当代环境审美模式研究"的硕士论文，自此走上美学道路。

　　博士期间，我有幸跟随著名美学家刘纲纪先生学习美学。刘先生同李泽厚既为同窗，也为实践美学的主要代表，由刘、李二位先生合作的《中国美学史》成为该领域的开山之作。刘先生在实践美学、周易美学、书画美学、艺术史论诸领域有极高造诣并享有盛誉，即便晚年也笔耕不辍。当然，先生对于中国美学史的新理解仍然沉寂于几十本手稿中未得彰显。读先生书，闻先生言，使珞珈四年对我具有跨越时空的意义。特别是先生离世后，我常想起，先生总结自己人生鹄的在追求真理，并借孔子语"吾道一以贯之"以示坚持。对先生志向，我深以为然，并愿意继续追随践行。

　　陈望衡先生是中国环境美学学科的发起人，读博期间我就旁听了他在武汉大学城市设计学院开设的《景观美学》课程，并多次请教学习。陈老师真诚，充满活力，在中国美学史、实践美学、环境美学、科学技术美学等领域均有丰硕成果。考博时，我本希望跟随陈先生，但机缘巧合报了刘先生。毕业后，我赴深圳大学任教，陈先生多次来深讲学、参会，我均陪同。陈先生成为我学业的领路人。

　　能够跟随几位老师学习美学实乃人生大幸！感谢！

　　我在深圳大学美学与文艺批评研究院工作六年，结识了学术名家高建平教授、李健教授以及李永胜、朱海坤、史雄波、李丹舟等一批青年才俊，开拓了我原本不宽广的学术视野与交际圈。高建平教授、李健教授为小院带来了一场场名家学术盛宴、一次次全国性学科会议，让我在惊叹之余目不暇接。我们几个年轻人尽管研究领域不一，但谈话投机、性情相合，一起天台摘荔枝的画面成为回忆。近期我入职中国海洋大学，念及深圳往事，惟愿友谊长存！

　　如果说有人全程见证此书从博士论文初稿转变为编校样书，那一定是我的妻子张鑫女士。她的热情、乐观和聪慧从校园延伸到家庭，常常成为打开我心结的钥匙。人生不只有学术，但学术有时奠基于日常性的生活。用一种相对积极、智慧的方式面对人生是张鑫女士给我的无价珍宝！2021年，小图南降临我们家，我的爸妈成为最操劳的人。许多年前，我问妈妈，看着自己的孩子一点点长大是什么感觉？她说，就像看到自己的投资一点点升值的那种喜悦。我希望这种喜悦能够让重复辛劳的爸妈稍感安慰。感恩！

　　这部草稿能够成书出版，离不开高建平教授、李健教授的大力支持，离不开中国社会科学出版社张潜老师的辛勤劳动，在此一并致以谢意！

　　往事已矣，留下这本小书。我收拾行囊，准备继续前行。

2023 年 5 月于青岛崂山